全面推进美丽中国建设出版工程

城市建设关键技术丛书

低碳建筑材料应用关键技术

丛书主编　王清勤　樊金龙

主编　王景贤　王志霞　王　伟

组织编写　中国建筑科学研究院有限公司

中国建筑工业出版社

图书在版编目（CIP）数据

低碳建筑材料应用关键技术 / 王景贤，王志霞，王伟主编；中国建筑科学研究院有限公司组织编写. 北京：中国建筑工业出版社，2025.5. --（绿色低碳城市建设关键技术丛书 / 王清勤，樊金龙主编）. -- ISBN 978-7-112-31230-6

Ⅰ. TU5

中国国家版本馆 CIP 数据核字第 2025S4H017 号

责任编辑：高　悦　周娟华　曹丹丹
书籍设计：锋尚设计
责任校对：赵　菲

全面推进美丽中国建设出版工程·绿色低碳城市建设关键技术丛书

低碳建筑材料应用关键技术

丛书主编　王清勤　樊金龙
主编　王景贤　王志霞　王　伟
组织编写　中国建筑科学研究院有限公司

*

中国建筑工业出版社出版、发行（北京海淀三里河路9号）
各地新华书店、建筑书店经销
北京锋尚制版有限公司制版
建工社（河北）印刷有限公司印刷

*

开本：787毫米×1092毫米　1/16　印张：14¼　字数：313千字
2025年6月第一版　　2025年6月第一次印刷
定价：**68.00**元
ISBN 978-7-112-31230-6
（43736）

丛书编委会

本书编委会

主编：王景贤　王志霞　王　伟

编委：杜宇航　陈　迅　周全生　丁晓晓　陕国瑶　石　宇

　　　王宝艳　杨志光　张正正　崔古月　王连盛　邢冠群

　　　任俊超　周瑞娟　王　博　王琳娜　滕晓敏　李文婷

　　　曹莹莹　李　鹏　张维杰

▶ 前言 ◀

　　在全球气候变化加剧、资源环境约束趋紧的背景下，2020年9月，习近平主席在第七十五届联合国大会一般性辩论上发表重要讲话，指出中国二氧化碳排放力争于2030年前达到峰值，努力争取2060年前实现碳中和。

　　作为碳排放大户的建筑行业在低碳转型方面存在巨大挑战。根据联合国环境规划署统计，全球建筑运营与建材生产每年产生约140亿吨二氧化碳当量，占能源相关排放的37%。绿色低碳建筑逐渐成为全球建筑领域转型的核心方向，尤其在巴黎协定1.5℃温控目标倒逼下，欧盟已立法要求2030年起所有新建公共建筑实现全生命周期碳中和。作为实现建筑全生命周期减碳目标的关键环节，材料选择不仅关乎建筑的能耗效率与环境负荷，更需破解隐含碳（Embodied Carbon）的难题（传统建材设计生产阶段碳排放占建筑全周期总量的50%～70%，远超运营阶段），同时直接影响人居健康、生态平衡及社会的可持续发展。如何在设计中科学遴选低碳、可再生、高性能的建材，这既是建筑行业响应"碳中和"使命的必由之路，也是推动建筑业从粗放型增长向高质量发展跃迁的重要实践，更是重构"人-建筑-自然"共生关系的文明觉醒。

当前，传统建筑材料的生产与使用仍是全球碳排放的主要来源之一。国际能源署（IEA）数据显示，2022年全球水泥行业碳排放量达24亿吨，钢铁行业碳排放量占比超7%。水泥、钢铁等高耗能材料的广泛使用，不仅加剧了能源消耗与温室气体排放，还带来资源枯竭、环境污染等问题。与此同时，超低能耗、近零能耗、绿色低碳材料的创新与应用正在突破技术瓶颈，从高效保温材料、高效节能窗户、超高效隔热材料到光伏一体化构件等综合利用可再生能源，材料科学与建筑设计的交叉融合为行业开辟了新的可能性。然而，选材实践仍面临成本、性能、标准体系等多重挑战，亟需系统性思维与跨领域协作。

本书聚焦绿色低碳建筑设计中的材料选择策略，给出超低能耗、近零能耗、零碳建筑设计选材方法，从环境效益、技术性能等多维度出发，剖析前沿材料的特性与示范应用场景，探索低碳选材的创新路径。我们希望通过理论与实践的结合，为建筑师、工程师、材料研发者及政策制定者提供科学参考，共同推动建筑行业向更绿色、更智慧的未来迈进。

▶ 目录 ◀

1

第一章　绪论

1.1
全球气候变暖面临的挑战

1.1.1 全球气候变暖

▶ 全球气候变暖是指地球表面平均温度逐渐上升的现象，主要是由于化石燃料的燃烧产生的温室气体（如二氧化碳、甲烷等）的增加所引起的。这些温室气体可以在大气层内形成一种像温室一样的效应，使得地球表面的温度不断升高。

全球气候变暖的问题最早是由科学家们在20世纪50年代提出的。人们发现，随着工业化和城市化的发展，大量的温室气体被排放到大气中，导致地球表面温度上升。随着时间的推移，越来越多的科学家开始研究这个问题，并且通过各种手段（如气象观测、冰川测量、海洋温度测量等）收集了更多的数据。

20世纪80年代，科学家们已经确定了全球气候变暖的趋势，并且提出了一些预测。他们发现，全球气候变暖将对地球的生态系统、水资源、海岸线、农业和健康等多个方面产生影响。这些影响可能是严重的，甚至可能是灾难性的。

为了减缓全球气候变暖的趋势，科学家们提出了一系列的措施，包括减少温室气体排放、发展清洁能源、提高能源效率、保护森林等。这些措施已经被许多国家所采纳，并且在一定程度上减缓了全球气候变暖的速度。

然而，全球气候变暖的问题仍然是一个严峻的挑战。许多国家仍然在毫无节制地燃烧化石燃料，并且温室气体的浓度仍在不断上升。因此，科学家们呼吁采取更加积极的措施来应对全球气候变暖，以确保地球的未来。

1.1.2 全球气候变暖的原因

科学研究表明，全球气候变暖的主要原因如下：

（1）工业化和能源消耗增加

自工业革命以来，人类社会进入了一个快速发展的阶段。工业化和能源消耗的增加是导致全球气候变暖的主要原因之一。人类使用化石燃料（如煤炭、石油和天然气）的数量不断增加，这些燃料的燃烧产生大量的温室气体（如二氧化碳、甲烷和氧化亚氮等），导致大气中温室气体浓度增加，地球表面温度上升。

化石燃料的燃烧是产生温室气体的主要原因。以煤炭为例，它在燃烧过程中会释放出大量的二氧化碳、甲烷和氧化亚氮等温室气体。这些温室气体会聚集在大气中，形成一种类似于温室的效应，导致地球的平均温度上升，即全球变暖。

（2）交通运输和城市化发展

交通运输和城市化发展是现代社会发展的重要标志，然而它们也是导致全球气候变暖的原因之一。随着交通运输的发展，如汽车、飞机、火车等，排放的尾气中含有大量的温室气体，增加了大气中的温室气体。同时，城市化发展导致城市面积扩大，建筑、道路等基础设施的建设，减少了城市地区的绿化覆盖率，使得城市地区的温度升高。

交通运输是温室气体排放的主要来源之一。汽车、飞机、火车等交通工具燃烧化石燃料时，会释放出二氧化碳、甲烷等温室气体，这些气体会加剧大气中温室气体的累积，导致地球温度升高。据统计，交通运输行业贡献了全球约17%的二氧化碳排放量，成为仅次于能源和工业部门的第三大温室气体排放源。

城市化发展也是导致气候变暖的重要因素之一。城市化过程中，大量的土地被用于建筑和基础设施建设，同时城市地区的人口密度增加，导致城市地区的能源消耗和温室气体排放量增加。此外，城市地区的绿化覆盖率下降，使得城市地区的温度升高。城市地区的热岛效应进一步加剧了气候变暖，特别是在夜间，城市地区的温度往往比周边地区高出许多。

（3）森林砍伐和土地利用变化

森林是地球上最重要的自然资源之一，不仅可以为我们提供清新的空气和美丽的景观，还是地球上最大的碳汇，能够吸收大量的二氧化碳。由于人类大量砍伐森林，使得森林面积减少，森林吸收二氧化碳的能力减弱，导致大气中二氧化碳浓度增加。

森林砍伐是导致森林面积减少的主要原因之一。森林砍伐是指将森林中的树木砍伐掉，以便将其用于木材、造纸、燃料和其他目的。然而，这种行为会导致森林的生态平衡被破坏，使得森林无法再吸收大量的二氧化碳。此外，森林砍伐还会导致生物多样性丧失和生态系统崩溃，对地球的生态环境造成不可逆转的损害。

土地利用变化也是导致温室气体排放增加的重要原因之一。土地利用变化是指将原本用于森林、草地、湿地等自然生态系统的土地，转变为用于农业、城市化、工业等目的的土地。这种行为会导致大量的温室气体排放，如二氧化碳、甲烷和氧化亚氮等，从而导致大气中温室气体浓度的增加。

（4）温室气体排放和气候反馈机制

全球气候变暖是一个复杂的问题，涉及许多因素，包括自然因素和人为因素。其中，温室气体排放和气候反馈机制是导致全球气候变暖的两个重要原因。

温室气体排放是指人类活动排放出的二氧化碳、甲烷、氧化亚氮等温室气体，这些气体可以在大气中形成一种像温室一样的效应，使得地球表面温度上升。随着人类活动对环境影响的不断加剧，温室气体排放量不断增加，导致大气中温室气体浓度增加，使得地球表面温度不断上升。

气候反馈机制是指地球气候系统对于外部因素的响应，导致气候变化的加剧。例如，海冰的融化导致海洋表面温度上升，进而导致更多的海冰融化，形成正反馈机制，使得地球表面温度上升。这种正反馈机制使得气候变化不断加剧，导致全球气候变暖。

1.1.3 全球气候变暖的影响

全球气候变暖是由人类活动排放大量温室气体导致的，它对地球的影响非常广泛，包括以下几个方面：

（1）海平面上升和海岸线退缩

全球气候变暖是当今世界最紧迫的环境问题之一，其导致的冰川和极地冰盖融化，海水温度上升，海水膨胀等问题，已经成为全球海平面上升的主要原因。科学研究表明，自20世纪以来，全球海平面已经上升了约0.7m，并且未来海平面将继续上升，可能会导致沿海地区洪水、海岸线退缩、海洋生态系统破坏等问题，对人类和地球生态系统造成严重的影响。

沿海地区洪水是海平面上升最直接的影响之一。随着海平面的上升，沿海地区的水位也会逐渐升高，导致洪水和风暴潮的发生频率和强度增加，从而对人类生命和财产造成巨大的威胁。例如，2012年飓风桑迪袭击美国东海岸，导致海水漫过海岸线，造成了大规模的破坏和损失。

海岸线退缩也是海平面上升的一个严重问题。随着海平面的上升，海岸线会逐渐后退，导致土地损失和生态系统的破坏。在一些低洼的岛屿和沿海地区，海平面上升甚至可能导致整个地区的沉没和消失。例如，马尔代夫是一个由珊瑚礁和岛屿组成的国家，由于海平面上升，该国已经有数个岛屿被淹没。

海平面上升还会对海洋生态系统造成破坏。随着海水温度的上升和海水酸化的加剧，海洋生物栖息环境和食物链发生了变化，导致一些物种灭绝或者迁移。此外，海平面上升还会导致海洋污染的加剧，对海洋生态系统造成更加严重的破坏。

（2）气候变化和极端天气事件增加

全球气候变暖是由人类活动引起的，主要是由于大量排放温室气体，如二氧化碳、甲烷等，导致大气中温室气体浓度增加，从而加剧了地球的温度升高。气候变化导致了许多极端天气事件的增加，如暴雨、洪水、干旱、飓风等，对人类生活产生了深刻的影响。

气温升高是全球气候变暖的一个显著特征。由于气温升高，气候变得更加极端，导致了许多极端天气事件的发生。例如，高温热浪的发生频率增加，导致许多人死亡和疾病传播。同时，气温升高也会导致冰川融化，海平面上升，从而加剧了海岸地区的洪水和风暴潮等极端天气事件的发生。

降水分布的改变也是全球气候变暖的一个显著影响。在某些地区，降水增加，导致洪水和内涝等灾害。在另一些地区，降水减少，导致干旱和农业生产下降。这些极端天气事件对人类生活产生了深刻的影响，特别是在农业和水资源方面。

气候变化对农业产生了巨大的影响。由于气温升高和降水分布的改变，许多农作物的生长季节和产量都发生了变化。某些地区的农业生产可能会受到极端天气事件的严重影响，例如干旱、洪水、飓风等，导致农作物的歉收和死亡。

气候变化也对水资源产生了深远的影响。由于气温升高和降水分布的改变，许多地区的水资源变得更加紧缺。同时，极端天气事件也会导致水资源的浪费和污染，例如洪水和内涝等。这些因素都会导致水资源的短缺，对人类生活产生严重的影响。

最后，极端天气事件也对城市基础设施造成了严重的影响。由于气候变化，城市面临的灾害风险增加，例如暴雨、洪水、飓风等。这些灾害可能会导致城市基础设施的破坏和瘫痪，例如道路、桥梁、水电站等。同时，城市基础设施的老化和维护不足也会加剧极端天气事件的影响。

（3）生物多样性丧失和生态系统崩溃

全球气候变暖已经成为世界面临的一个严峻挑战。气候变化不仅对人类社会产生了深远的影响，也对生物多样性和生态系统带来了显著的影响。气候变化导致了某些物种的生长和繁殖季节发生变化，分布范围缩小，甚至灭绝。同时，生态系统也会受到影响，如海洋生态系统、森林生态系统、草原生态系统等都可能发生崩溃。以下是气候变化对生物多样性和生态系统的具体影响。

首先，气候变化对物种的分布和数量产生了影响。气候变暖导致一些物种的生存环境发生改变，使其分布范围缩小，甚至被迫迁移。比如，一些喜寒物种在气温上升的情况下无法适应新的环境，从而面临灭绝的风险。此外，气候变化还可能导致物种的繁殖季节发生变化，使其与食物链上的其他物种出现生态失调，进一步影响其数量和种群稳定性。

其次，生态系统也受到了气候变化的严重影响。以海洋生态系统为例，气候变暖导致海水温度上升、海水酸化、海平面上升等现象，这些都会对海洋生物产生不良影响。一些海洋生物无法适应新的环境，导致数量减少，甚至灭绝。此外，海洋生态系统的变化还会对海洋食品链产生影响，进而影响人类的食物安全。

森林生态系统也是气候变化的受害者。气候变暖导致森林火灾频繁发生，林木死亡，林区生物多样性下降。同时，气候变化还使得森林病虫害加剧，进一步破坏森林生态系统的稳定性。森林生态系统的破坏将对地球的碳循环产生严重影响，加剧全球气候变暖。

草原生态系统同样受到了气候变化的影响。气候变暖导致草原干旱，草原面积退化，一些草原物种面临生存危机。草原生态系统的退化还将影响草原上的畜牧业，对人类社会的发展产生负面影响。

（4）食品安全和饮水安全问题

全球气候变暖是由人类活动排放大量温室气体所引起的，它对地球的生态系统和人类社会产生了深远的影响。其中，对水资源和粮食生产的影响尤为严重。

气候变暖可能导致水资源分布发生变化。随着气温升高，冰川和冰盖融化加速，导致海平面上升，进而导致沿海地区水源短缺。同时，气候变化也可能导致水资源分布不均，一些地区可能出现洪涝灾害，而另一些地区则可能出现干旱。这些变化都可能导致水质变差，从而影响人们的饮水安全。

气候变化也可能影响农作物的生长和产量。由于气温升高和气候变化，一些农作物可能无法适应新的生长环境，导致产量下降。同时，气候变化也可能导致一些病虫害的传播速度加快，从而对农作物产生更大的破坏。这些变化都可能导致粮食短缺和价格上涨，从而影响全球粮食安全。

1.1.4 国际合作和应对气候变化的挑战

（1）联合国气候变化框架公约和巴黎协定

联合国气候变化框架公约（UNFCCC）是国际社会为应对气候变化而制定的一个框架性公约，于1992年6月签署，1994年3月生效。该公约规定了各国在应对气候变化方面的基本原则，包括公平原则、共同但有区别的责任原则、可持续发展原则等。公约的目标是"将大气中的温室气体浓度稳定在一个水平上，使生态系统能够适应这种变化，并确保粮食生产和经济发展不受影响"。

在UNFCCC的指导下，国际社会一直在努力应对气候变化。然而，尽管有一些进展，但全球温室气体排放量仍在继续增加，气候变化带来的影响也越来越明显。因此，2015年12月12日，在巴黎气候变化大会上通过了一项全球性协定，即巴黎协定（Paris Agreement），旨在加强全球应对气候变化的行动。

巴黎协定规定了全球平均气温上升幅度不超过2℃，并努力控制在1.5℃以下的目标。为了实现这个目标，协定要求各国定期提交国家自主贡献（NDCs）目标，以实现全球减排目标。这些NDCs目标是各国根据自己的国情和能力制定的，旨在减少温室气体排放和提高适应气候变化的能力。

除了NDCs目标外，巴黎协定还规定了一些其他的重要内容。例如，协定强调了透明度和问责制的重要性，要求各国定期报告其减排进展情况，并接受国际社会的审查。协定还鼓励各国加强合作，分享技术和经验，以共同应对气候变化。

巴黎协定是一个重要的全球性协定，旨在加强全球应对气候变化的行动。与UNFCCC

相比，巴黎协定更为严格和具体，提出了明确的减排目标和时间表，并强调了透明度和问责制的重要性。随着巴黎协定的生效，国际社会在应对气候变化方面又迈出了重要一步。

（2）国际合作和气候变化谈判

国际合作是应对气候变化的关键。由于气候变化是一个全球性问题，不仅对一个国家的发展产生了深远的影响，而且对全球的经济、社会和环境都带来了巨大的挑战。因此，各国需要共同合作，分享经验和技术，以应对气候变化带来的挑战。

国际合作可以通过多种途径进行。国际组织是一个重要的途径。联合国气候变化框架公约最具代表性，自1990年以来一直在推动全球气候变化谈判。该公约下的气候变化谈判是国际社会关注的焦点，旨在达成全球性协定，以降低温室气体排放和应对气候变化。在这些谈判中，各国代表就减排目标、资金和技术支持等议题进行讨论和协商。此外，国际组织还可以通过制定国际标准和准则来推动各国的合作。

政府间合作是国际合作的另一个重要途径。政府间合作可以通过双边、区域和多边合作来实现。例如，欧盟和中国之间的合作就是一个很好的例子。双方发表了中欧气候变化联合声明，并定期举行高层会晤，就气候变化议题进行深入探讨和交流。政府间合作还可以通过共同研发和技术转移来促进合作。

企业间合作也是国际合作的一个重要途径。企业是全球气候变化的主要责任人之一，因此他们之间的合作至关重要。企业可以通过共同制定标准和准则、共同研发和技术转移、共同推广低碳技术等方式进行合作。例如，一些跨国公司已经成立了联盟，共同推动低碳技术的研发和应用。

国际合作是应对气候变化的关键。各国需要共同合作，分享经验和技术，以应对气候变化带来的挑战。国际合作可以通过多种途径进行，包括国际组织、政府间合作、企业间合作等。气候变化谈判是国际合作应对气候变化的一个重要方面。

（3）面临的挑战和机遇

气候变化是当今全球面临的重要挑战之一，其影响已经超出了国界和地域的范围，因此国际合作应对气候变化变得尤为重要。然而，应对气候变化国际合作面临诸多挑战。

各国在应对气候变化方面的利益、目标、责任和能力存在差异，导致协调困难，谈判进程缓慢，难以达成共识。例如，一些国家可能会担心减排会影响其经济发展，而另一些国家则可能更关注气候变化对生态系统和人类健康的影响。这些差异可能导致国家之间的矛盾和分歧，从而阻碍国际合作的进展。

全球气候治理机制尚不完善，缺乏一个强有力的国际机构来推动和监督各国的行动。目前，联合国气候变化框架公约是全球气候治理的主要机制，但其执行力和强制力相对较弱，难以对各国形成有效的约束和监督。

气候变化问题涉及众多领域，包括环境、经济、社会等，需要各领域间的协作和整合。例如，要实现减排目标，需要能源、交通、建筑等多个领域的协同作用，这需要各国政府、企业、学术界、民间组织等各方共同努力，加强跨领域、跨国界的合作。

尽管面临这些挑战，国际合作应对气候变化也存在机遇。全球气候治理正在逐步推进，随着巴黎协定的生效和各国在减排方面的努力，全球温室气体排放呈现下降趋势。新技术的发展为应对气候变化提供了新的途径，如可再生能源、智能电网、电动汽车等。此外，越来越多的企业、城市和地区主动参与气候变化治理，发挥着积极的作用。这些积极因素为国际合作应对气候变化提供了机遇和动力。

应对气候变化国际合作面临诸多挑战，但也存在机遇。各国应该加强对话和合作，以共同应对气候变化挑战。

1.1.5 应对气候变化的措施

（1）减少温室气体排放和能源消耗

气候变化是当今全球面临的重要挑战之一。人类活动导致的温室气体排放和能源消耗是导致气候变化的主要原因之一。为了减缓和适应气候变化，需要采取一系列措施来减少温室气体排放和能源消耗。

推广节能技术，提高能源利用效率是一种有效的减少能源消耗的方法。通过采用先进的节能技术，可以在不牺牲生产效率和生活质量的前提下，减少能源消耗。例如，使用高效节能灯具、电机和空调等设备可以大大降低能源消耗。

减少化石燃料的使用，尤其是煤炭，是减少温室气体排放的重要手段。化石燃料的燃烧是导致温室气体排放的主要原因之一。减少化石燃料的使用可以降低温室气体排放量，从而减缓气候变化的进程。政府可以出台相关政策，限制化石燃料的开采和使用，同时鼓励使用清洁能源。

促进清洁能源的发展，如太阳能、风能、水能等，是减少温室气体排放的另一种重要手段。清洁能源的使用可以大大降低温室气体排放量，同时促进经济发展。政府可以通过提供补贴、减免税等措施来鼓励企业和个人使用清洁能源。

实施碳排放交易和碳税等经济手段，鼓励企业减少碳排放。碳排放交易和碳税等经济手段可以通过经济激励机制，鼓励企业采取减排行动。例如，碳排放交易可以让企业通过购买其他企业剩余的碳排放指标来满足自己的碳排放目标，从而鼓励企业采取减排措施。

减少温室气体排放和能源消耗是减缓和适应气候变化的重要手段。政府可以通过推广节能技术、减少化石燃料的使用、促进清洁能源的发展、实施碳排放交易和碳税等经济手段来鼓励企业和个人采取减排措施。

（2）推动可再生能源和清洁能源发展

可再生能源和清洁能源是减少温室气体排放的重要手段，政府可以通过以下方式推动可再生能源和清洁能源的发展：

提供财政支持，如补贴、税收减免等。政府可以通过提供经济激励措施来促进可再生能源和清洁能源的发展。例如，政府可以为使用清洁能源的企业或个人提供税收减免或补贴，鼓励更多人使用清洁能源。此外，政府还可以为研发可再生能源技术的企业或机构提供资金支持，推动技术创新和降低成本。

制定鼓励可再生能源和清洁能源发展的政策和法规。政府可以通过制定政策和法规来鼓励可再生能源和清洁能源的发展。例如，政府可以制定可再生能源目标，要求电力公司使用一定比例的可再生能源发电。政府还可以制定法规限制使用化石燃料，减少温室气体排放。

建立清洁能源市场，促进清洁能源的流通和交易。政府可以建立清洁能源市场，为清洁能源的流通和交易提供平台。例如，政府可以建立清洁能源交易市场，让使用清洁能源的企业可以在市场上出售清洁能源，而需要使用清洁能源的企业可以在市场上购买清洁能源。这样可以促进清洁能源的发展和流通。

加强技术创新，提高可再生能源和清洁能源的效率和质量。政府可以通过加强技术创新来提高可再生能源和清洁能源的效率和质量。例如，政府可以支持研发新型太阳能电池板、风力发电机等可再生能源技术，提高转化效率和降低成本。政府还可以支持研发清洁能源储存技术，提高清洁能源的使用效率和稳定性。

政府可以通过提供财政支持、制定政策和法规、建立清洁能源市场和加强技术创新等多种手段来推动可再生能源和清洁能源的发展，减少温室气体排放，保护环境。

（3）森林保护和土地利用规划

森林和土地是地球上最重要的生态系统之一，它们通过吸收和存储大量的温室气体，对减缓全球气候变暖起着至关重要的作用。政府作为管理者和监管者，可以通过一系列政策和措施来保护森林和土地，从而促进温室气体的吸收和减少环境污染。

首先，政府可以实施森林保护政策，禁止滥伐和非法砍伐。森林是地球上最大的温室气体储存库之一，通过保护森林，可以避免大量的温室气体释放到大气中，从而减缓全球气候变暖。政府可以通过制定相关法律法规、加强森林巡查和执法力度等方式来实现森林保护。

其次，政府可以推广森林种植和造林，增加森林覆盖率。森林种植和造林是减少温室气体排放的有效措施之一，因为植物在生长过程中可以吸收大量的二氧化碳，并将其转化为有机物质。政府可以通过提供经济补贴、技术指导和宣传教育等方式来鼓励农民和土地所有者参与森林种植和造林活动。

再次，政府可以实施土地利用规划，保护耕地和自然生态系统。土地利用规划可以确定土地用途，保障耕地和自然生态系统的保护和恢复。通过合理规划土地利用，可以避免土地的过度开发和污染，从而减少温室气体的排放。政府可以通过制定土地利用规划、加强土地监管和管理等方式来实现土地保护。

最后，政府可以鼓励森林和土地的碳汇作用，通过碳汇交易等方式获得经济收益。碳汇是指森林和土地吸收和存储温室气体的能力，政府可以通过制定相关政策和措施，鼓励企业和个人参与碳汇交易，从而获得经济收益，进一步促进森林和土地的保护和恢复。

（4）气候适应和气候智慧型城市建设

气候变化是当前全球面临的严峻挑战之一，其影响已经不可逆转。因此，政府需要采取措施适应气候变化，建设气候智慧型城市。

首先，政府应该提高城市排水和防洪能力，以应对极端气候事件。这可以通过加强城市排水系统建设、提高防洪堤坝的高度和加强河流治理等方式来实现。此外，政府还应该加强自然灾害预警机制建设，提高市民的防灾意识和自救能力。

其次，政府应该建设绿色基础设施，如城市绿化、屋顶花园等，缓解城市热岛效应。城市热岛效应是指城市中的气温明显高于周边地区的现象，这会导致城市能源消耗增加，影响居民的生活质量。通过增加城市绿化覆盖率和建设屋顶花园，可以有效降低城市气温，减少能源消耗和空气污染。

再次，政府应该推广可持续交通方式，如公共交通、自行车等，减少交通拥堵和空气污染。交通拥堵和空气污染是城市面临的严重问题，可持续交通方式可以有效缓解这些问题。政府可以通过加大对公共交通和自行车等出行方式的投入和建设，鼓励市民选择可持续出行方式，减少对环境的污染和交通拥堵。

最后，政府应该建立气候信息系统和预警机制，及时应对气候变化事件。气候信息系统可以帮助政府和市民更好地了解气候变化情况，及时采取应对措施。预警机制可以加强政府和市民对气候变化事件的预警和防范能力，减少气候变化对城市带来的不利影响。

1.2
全球主要国家（地区）碳达峰、碳中和发展规划

▶　　中国和主要国家（地区）碳达峰、碳中和发展规划是全球应对气候变化的重要举措。

1.2.1　中国

（1）背景和目标

碳达峰和碳中和是中国近年来提出的两个重要环保目标。碳达峰是指中国将在2030年前达到碳排放峰值，之后碳排放量将逐渐减少；而碳中和则是指中国将在2060年前实现碳排放达到"净零"，即

碳排放量与碳吸收量相等。

这两个目标的提出背景是全球气候变化问题日益严峻。随着全球经济和人口的增长，碳排放量不断增加，导致气候变暖、海平面上升等严重问题。为了减缓气候变化，全球各国纷纷提出了碳中和碳达峰的目标。

中国的碳达峰和碳中和目标的实现对于全球环保事业具有重要意义。中国是全球最大的碳排放国家，其碳排放量占全球总量的约30%。如果中国能够成功实现碳达峰和碳中和目标，将对全球气候变化产生积极的影响。

（2）政策措施

中国碳达峰、碳中和发展规划政策措施包括以下方面：

政策框架：中国政府制定了一系列的政策框架，旨在推动碳达峰和碳中和目标的实现。这些政策框架包括国家应对气候变化规划、能源发展规划、工业和信息化发展规划等。

碳排放权交易管理办法：中国政府制定了碳排放权交易管理办法，旨在通过市场机制促进碳减排。该办法规定了碳排放权的交易规则、监管机制和法律责任等方面的内容。

绿色产品标准、认证、标识体系：中国政府建立了绿色产品标准、认证和标识体系，旨在促进绿色产品的生产和消费。这些标准和标识涵盖了节能、环保、低碳等方面。

碳计量体系建设：中国政府加强了碳计量体系建设，提高了碳排放量的测量、监测和计算能力。这有助于加强碳排放的监管和管理，促进碳减排。

绿色供应链发展：中国政府鼓励企业发展绿色供应链，通过优化供应链管理、推广绿色采购等方式，降低企业碳排放。

能源结构调整：中国政府通过政策引导、科技创新等方式，推动能源结构调整。这包括推广清洁能源、提高能源利用效率、优化能源消费结构等方面的内容。

产业结构优化：中国政府通过产业结构优化，推动高碳产业向低碳产业转型。这包括淘汰落后产能、发展新兴产业、推动产业升级等方面的内容。

节能减排和清洁生产：中国政府通过节能减排和清洁生产，降低企业碳排放。这包括推广节能技术、加强环保监管、推动清洁生产等方面的内容。

碳汇建设和生态保护：中国政府加强了碳汇建设和生态保护，通过植树造林、土壤保护、湿地建设等方式，增加碳汇容量，降低碳排放。

绿色交通发展：中国政府推动绿色交通发展，通过推广新能源汽车、发展轨道交通、优化交通管理等方式，降低交通领域的碳排放。

绿色建筑推广：中国政府推广绿色建筑，通过提高建筑节能水平、采用环保建材、优化建筑设计等方式，降低建筑领域的碳排放。

绿色消费倡导：中国政府鼓励民众采取低碳生活方式，通过绿色消费、节能减排等方式，降低个人碳排放。政府也在全社会范围内推广碳达峰和碳中和理念，加强环保意识教育。

（3）行动计划

中国碳达峰、碳中和发展规划行动计划包括两个主要目标：在2030年前实现碳排放达峰，在2060年前实现碳中和。该计划旨在通过减少碳排放和推动绿色低碳发展，实现中国经济的可持续发展。以下是具体的行动计划：

1) 2030年前碳排放达峰行动计划

优化能源结构：减少传统化石能源的使用，增加可再生能源的比例，到2030年，非化石能源占一次能源消费比重达到25%左右。

产业结构调整：推动传统产业转型升级，发展新兴产业，提高服务业占比，到2030年，服务业增加值占GDP比重达到60%以上。

节能减排：通过节能技术创新和管理升级，降低企业碳排放强度，到2030年，单位国内生产总值碳排放比2005年下降65%以上。

推动绿色交通：提高公共交通出行比例，推广新能源汽车，到2030年，新能源汽车占全部汽车销量的比例达到40%以上。

培育低碳生活方式：推广低碳生活方式，鼓励节能减排，到2030年，全国单位建筑面积碳排放量比2015年下降20%以上。

2) 2060年前碳中和行动计划

持续优化能源结构：进一步提高可再生能源比例，推动清洁能源发展，到2060年，非化石能源占一次能源消费比重达到80%以上。

产业结构升级：持续推动产业结构调整，提高高端制造业和现代服务业占比，到2060年，服务业增加值占GDP比重达到70%以上。

强化节能减排：进一步提高能源利用效率，推动技术创新和管理升级，实现企业碳排放强度持续下降。

推动绿色交通：持续推广新能源汽车，提高公共交通出行比例，到2060年，新能源汽车占全部汽车销量的比例达到100%。

加强生态保护：扩大森林覆盖面积，提高森林质量，加强生态系统碳汇建设，到2060年，森林覆盖率达到30%以上。

以上是中国碳达峰、碳中和发展规划行动计划的具体内容，旨在通过多方面的努力，实现中国经济的可持续发展。

(4) 预期效果

中国碳达峰、碳中和发展规划预期效果包括以下几个方面：

碳排放量下降：通过实施碳达峰、碳中和发展规划，中国计划在2030年前达到碳排放峰值，并在2060年前实现碳中和。这意味着中国将在未来几十年内大幅降低碳排放量，从而对全球气候变化做出积极贡献。

空气质量改善：碳达峰、碳中和发展规划的实施将有助于减少空气中有害物质的排放，从而改善空气质量。随着清洁能源和绿色技术的推广，未来中国的空气质量有望得到进一步改善。

绿色产业发展：碳达峰、碳中和发展规划将推动中国产业结构的转型升级，鼓励发展绿色产业和清洁能源，推动经济高质量发展。这将有助于创造更多的就业机会，提高人民生活水平。

节能减排效益：通过实施碳达峰、碳中和发展规划，中国将提高能源利用效率，降低单位GDP能耗，从而实现节能减排效益。这将有助于降低企业的生产成本，提高竞争力。

生态环境质量提升：碳达峰、碳中和发展规划的实施将有助于减少污染物排放，保护生态环境。随着绿色技术的推广和产业结构的转型升级，中国的生态环境质量有望得到显著提升。

（5）国际合作

中国碳达峰、碳中和发展规划国际合作主要包括以下几个方面：

国际合作框架：中国政府积极与国际社会展开合作，构建碳达峰、碳中和的国际合作框架。这包括参加联合国气候变化大会、与其他国家和地区开展双边和多边合作等，共同应对全球气候变化挑战。

碳排放权交易和国际互认：中国与国际合作伙伴开展碳排放权交易合作，探索建立碳排放权国际互认机制。通过国际合作，推动全球碳市场发展和碳减排技术的传播与推广。

碳计量基标准、碳监测及效果评估国际合作：中国加强与国际机构和各国政府在碳计量、碳监测和碳效应评估领域的合作，共同研究和制定碳排放计量标准，提高碳排放数据质量，确保碳减排效果。

绿色技术创新和产业合作：中国与国际合作伙伴共同推动绿色技术创新和产业合作，促进绿色产业发展。这包括开展新能源、智能电网、绿色交通、绿色建筑等领域的技术研发和产业合作，共同推进全球绿色转型。

综上所述，中国碳达峰、碳中和发展规划国际合作涵盖了多个领域，旨在通过与国际社会的广泛合作，共同应对气候变化挑战，推动全球绿色可持续发展。

（6）组织实施

中国碳达峰、碳中和发展规划组织实施包括以下方面：

组织机构和职责：中国碳达峰、碳中和发展规划的组织实施主要由国家发展和改革委员会（NDRC）负责，其他相关部门如生态环境部、国家能源局、工业和信息化部等也会参与。NDRC成立了碳达峰、碳中和工作领导小组，负责统筹协调和领导相关工作。同时，NDRC还成立了碳达峰、碳中和专家委员会，为规划实施提供技术支持和意见建议。

政策协调和配合：为实现碳达峰、碳中和目标，中国政府制定了一系列政策，包括能源、工业、建筑、交通等领域的政策。这些政策需要协调和配合，确保目标实现的一致性和有效性。NDRC和其他相关部门会加强对各项政策的协调和配合，确保政策效果的最大化。

资金支持和投入：实现碳达峰、碳中和目标需要大量的资金支持和投入。中国政府已经制定了一系列资金支持政策，包括设立碳达峰、碳中和专项基金、对绿色低碳产业给予财政支持等。同时，中国还鼓励社会资本积极参与，共同推动碳达峰、碳中和目标的实现。

宣传教育和公众参与：宣传教育和公众参与是实现碳达峰、碳中和目标的重要保障。中国政府将加强宣传教育，提高公众对碳达峰、碳中和目标的认识和支持度。同时，政府还将鼓励公众积极参与，如通过节约能源、使用低碳交通等方式，为实现碳达峰、碳中和目标做出贡献。

1.2.2 欧盟

（1）背景和目标

欧盟是世界上最大的碳排放地区之一，其碳排放量占全球总排放量的10%左右。随着全球气候变化的加剧，欧盟面临着减少碳排放、应对气候变化的巨大压力。因此，欧盟碳达峰、碳中和的目标至关重要。

2019年12月，欧盟委员会发布了《欧洲绿色新政》，明确提出了欧盟到2050年实现碳中和的目标，即二氧化碳排放量在1990年的基础上减少80%以上。同时，欧盟还提出了2030年碳达峰的目标，即二氧化碳排放量在1990年的基础上减少40%以上。

为了实现碳达峰、碳中和的目标，欧盟制定了一系列具体的行动计划和政策措施。其中，最重要的是欧盟碳排放交易系统（EU ETS）和《可再生能源指令》（Renewable Energy Directive）。

在欧盟排放交易系统下，欧盟成员国需要在2020年之前提交二氧化碳排放量计划，并按照计划进行减排。同时，欧盟还将设立一个碳边界调整机制，对进口商品的碳排放进行调整，以避免碳泄漏。

在可再生能源指令下，欧盟成员国需要在2020年之前实现可再生能源在总能源消费中的占比达到20%的目标，并在2030年之前进一步提高到32%的目标。

除此之外，欧盟还制定了一系列政策措施，包括能源效率、可持续交通、土地利用和森林保护等方面的措施，以确保实现碳达峰、碳中和的目标。

（2）碳排放减量

欧盟在碳达峰和碳中和发展规划中，制定了具体的碳排放减量计划和目标。从2020年开始，欧盟范围内的新生产轻型商用车的碳排放标准将降低到每公里175g，并在2030年进一步降低到每公里127g。此外，欧盟各国也制定了各自的碳排放减量目标，例如德国计划在2030年将碳排放量减少至1990年的水平。

为了实现碳排放减量目标，欧盟正在推动能源转型，提高可再生能源比例。欧盟计划到2030年，可再生能源在总能源消耗中所占比例将从现在的18%提高到32%。此外，欧盟还制定了能源效率目标，旨在提高能源利用效率，减少能源浪费。

欧盟还在促进工业和交通等领域的低碳技术创新和应用。在工业领域，欧盟正在推广低碳生产工艺和技术，以减少工业生产过程中的碳排放。在交通领域，欧盟正在鼓励低碳出行，推广电动汽车和自行车等低碳交通方式。此外，欧盟还制定了碳排放交易体系，以

低碳建筑材料应用关键技术

鼓励企业通过减排和碳捕获等手段降低碳排放。

总之，欧盟在碳达峰和碳中和发展规划中，制定了具体的碳排放减量计划和目标，并采取了一系列措施，包括推动能源转型、提高可再生能源比例、促进低碳技术创新和应用等，以实现减排目标并促进可持续发展。

（3）碳汇增加

欧盟碳达峰、碳中和发展规划中，增加碳汇是实现碳中和的重要手段之一。具体措施包括：

保护和恢复自然生态系统，增加碳汇容量。这意味着通过保护和恢复自然生态系统，如森林、草地、湿地等，增加碳汇的容量。这些生态系统可以吸收并储存大量的二氧化碳，是地球上最重要的碳汇之一。通过保护和恢复这些生态系统，可以减缓气候变化，提高生态系统的稳定性和可持续性。

推广森林种植和森林管理，提高森林碳汇吸收能力。森林是地球上最大的碳汇之一，通过推广森林种植和森林管理，可以提高森林的碳汇吸收能力。具体措施包括：植树造林，增加森林覆盖率；加强森林管理，防止森林火灾、病虫害等；推广森林经营，提高森林生产力和碳汇吸收能力。

支持碳捕获和储存技术研究与应用。碳捕获和储存技术是一种将二氧化碳从工业和能源生产过程中捕获并储存在地下或其他地方的技术。通过支持碳捕获和储存技术的研究和应用，可以降低工业和能源生产过程中的二氧化碳排放量，达到碳中和的目标。

综上所述，欧盟碳达峰、碳中和发展规划中，增加碳汇是实现碳中和的重要手段之一。通过保护和恢复自然生态系统、推广森林种植和森林管理、支持碳捕获和储存技术研究与应用等措施，可以提高碳汇的容量和吸收能力，减缓气候变化，提高生态系统的稳定性和可持续性。

（4）政策和措施

欧盟碳达峰、碳中和发展规划政策和措施主要包括以下几个方面：

制定相关政策和措施，确保碳达峰、碳中和目标的实现。欧盟在2019年发布了《欧洲绿色新政》，提出了一系列措施，包括加强能源效率、发展可再生能源、促进低碳交通、鼓励碳捕获和储存等。此外，欧盟还制定了一系列法规和指令，如《能源效率指令》《可再生能源指令》和《汽车排放指令》等，以确保碳减排目标的实现。

推动欧盟内部合作，加强各国之间的协调和合作。欧盟成员国之间的合作是实现碳减排目标的关键。欧盟通过定期召开欧盟能源部长会议和欧盟环境部长会议等方式，加强各国之间的协调和合作，共同制定碳减排计划和策略，并分享经验和最佳实践。

引入市场机制，通过碳排放权交易和碳税等方式促进减排行动。欧盟在2005年启动了欧盟碳排放交易系统（EU ETS），该系统是全球最大的碳排放交易市场之一。在该系统下，欧盟成员国企业需要购买碳排放许可证，如果其排放量超过许可证规定的限额，则需要支付罚款。此外，欧盟还实施了碳税等经济措施，以促进减排行动。

除了上述政策和措施外，欧盟还积极推动国际合作，与其他国家和地区合作应对气候变化。同时，欧盟也鼓励和支持科技创新，促进低碳技术和解决方案的发展和应用。

（5）资金和支持

欧盟碳达峰、碳中和发展规划资金和支持的具体内容如下：

提供资金支持和技术援助，帮助成员国实现碳达峰、碳中和目标。欧盟将通过提供资金支持和技术援助，帮助成员国实现碳达峰、碳中和目标。这些支持和援助将主要用于以下几个方面：

促进可再生能源的发展和整合，包括太阳能、风能、水力能等。

促进能源效率的提高，包括建筑、工业、交通等领域。

促进低碳技术的研发和应用，包括碳捕获和储存技术、氢能技术等。

促进森林和土地管理的可持续性，增加碳汇的容量。

促进公共和私人投资的协同作用，推动低碳技术的研发和应用。欧盟将通过促进公共和私人投资的协同作用，推动低碳技术的研发和应用。这些投资将主要用于以下几个方面：

支持企业的研发和创新活动，促进低碳技术的开发和应用。

支持成员国的基础设施建设，促进可再生能源和能源效率的提高。

支持国际合作项目，促进全球碳达峰、碳中和进程。

加强与国际金融机构和国际组织的合作，共同推动全球碳达峰、碳中和进程。欧盟将加强与国际金融机构和国际组织的合作，共同推动全球碳达峰、碳中和进程。这些合作将主要包括以下几个方面：

与国际金融机构合作，共同提供资金支持和技术援助，帮助发展中国家实现碳达峰、碳中和目标。

与国际组织合作，共同制定碳达峰、碳中和的国际标准和规范，推动全球碳达峰、碳中和进程。

参加国际气候变化谈判，推动全球气候变化治理的进展。

（6）监测和评估

欧盟碳达峰、碳中和发展规划监测和评估是一个重要的过程，需要建立一个完善的监测和评估体系，以跟踪欧盟在实现碳达峰和碳中和目标方面的进展情况。该体系包括以下方面：

数据收集和监控：建立一个可靠的数据收集系统，收集与碳达峰和碳中和相关的数据，例如温室气体排放量、能源消耗、能源生产和传输等。这些数据应该来源于不同的来源，包括政府机构、企业、学术机构和民间组织等。同时，需要对数据进行监控和验证，以确保其可靠性和准确性。

目标和指标的设定：设定明确的目标和指标，以衡量欧盟在实现碳达峰和碳中和目标方面的进展情况。这些目标和指标应该与欧盟的长期战略目标相一致，并且可以衡量和反映出不同层面的进展情况，例如国家、地区、行业等。

报告发布：定期发布报告，分析欧盟碳达峰、碳中和的目标实现情况和存在的问题。这些报告应该向公众、政策制定者和利益相关者公开，并且应该包括关于欧盟在实现碳达峰和碳中和目标方面的进展情况、存在的问题和挑战、政策措施的成效等方面的信息。

评估和反馈：通过评估和反馈，及时调整和完善碳达峰、碳中和的发展规划。评估应该覆盖欧盟碳达峰和碳中和计划的所有方面，包括政策措施、实施效果、成本效益等。评估结果应该用于调整和完善碳达峰和碳中和的发展规划，以确保规划的可行性和有效性。

欧盟碳达峰、碳中和发展规划监测和评估是一个复杂的过程，需要不同的层面和方面的参与和合作。该过程需要依靠科学数据和分析，以制定有效的政策和措施，并确保欧盟能够实现其碳达峰和碳中和目标。

1.2.3 美国

美国碳达峰、碳中和发展规划的提纲如下：

（1）背景

气候变化是当今全球面临的最大挑战之一。随着全球人口的增长和工业化的加速，人类活动导致的温室气体排放不断增加，导致地球气温上升、极端天气事件频繁发生、海平面上升等。这些气候变化对人类、动物和植物的生存都带来了很大的威胁，同时也对全球经济和社会稳定造成了很大的影响。

美国是世界上最大的碳排放国家之一，其碳排放量占全球总排放量的约15%。美国的碳排放主要来源于能源部门，包括电力、交通、建筑等领域。在过去几十年里，美国的碳排放量一直在增长，尽管近年来出现了一些减缓的迹象，但仍面临着很大的减排压力。

为了应对气候变化和碳排放减少的挑战，美国政府制定了一系列的政策和计划，旨在促进低碳经济的发展。在奥巴马政府时期，美国政府提出了"清洁电力计划"，旨在通过减少电力行业的碳排放来降低全国的碳排放水平。在特朗普政府时期，美国政府退出了巴黎协定，但各州和地方政府以及企业仍在积极推进低碳经济的发展。在拜登政府上台后，美国重新加入了巴黎协定，并提出了更加积极的减排目标。

（2）目标和原则

美国曾在2021年2月宣布，将在2030年前将二氧化碳排放量降至2005年的水平，并在2050年前实现碳中和。然而，在2020年11月，美国政府宣布退出巴黎协定，这一决定引起了国际社会的广泛关注和谴责。

美国在实现碳达峰和碳中和的目标方面，采取以下原则和策略：

基于市场机制：通过市场机制来促进碳减排，例如通过碳交易市场和碳税等方式，使企业和个人有动力采取减排措施。

技术创新：通过技术创新来降低能源消耗和碳排放，例如发展清洁能源、智能电网、能源存储等技术。

政策支持：通过政策支持来促进碳减排，例如制定强制性的碳排放标准、提供财政支持、鼓励低碳生活方式等。

国际合作：通过国际合作来共同应对全球气候变化挑战，例如与其他国家和地区开展合作、参加国际气候变化谈判等。

（3）政策措施

美国碳达峰、碳中和发展规划政策措施主要包括联邦、州和地方三个层面的政策和法规。

联邦政府的政策和法规：

建立碳排放标准：美国联邦政府通过环保局（EPA）等机构制定碳排放标准，限制企业、车辆、发电厂等排放源的二氧化碳排放量。例如，奥巴马政府时期推出的《清洁电力计划》就制定了碳排放标准，要求发电厂在2030年之前将碳排放量降低32%。

加强监管和执法：联邦政府对企业和州政府的碳排放行为进行监管，确保其符合碳排放标准。同时，对违规排放的企业进行处罚和强制执行。例如，EPA可以对违规排放的企业进行罚款、停产等处罚。

提供财政刺激和税收优惠：联邦政府通过提供财政刺激和税收优惠等手段，鼓励企业和个人减少碳排放。例如，联邦政府为太阳能、风能等清洁能源项目提供税收减免和补贴等支持。

州的政策和法规：

实施区域性碳排放交易市场：部分州设立了区域性碳排放交易市场，如加州、纽约州等。这些市场允许企业在一定范围内进行碳排放权的买卖，以此鼓励企业主动减少碳排放。

推广清洁能源汽车：一些州政府通过立法推广清洁能源汽车，如加州规定在2035年前，所有新车销售的比例中，零排放汽车要占一半以上。

加强建筑节能：州政府出台建筑节能标准和法规，要求新建建筑符合一定的节能标准。同时，对既有建筑进行节能改造，提高建筑的能源利用效率。

地方的政策和法规：

开展城市层面的碳减排计划：一些城市出台了碳减排计划，如纽约市的"80×50"计划，旨在在2050年前将城市碳排放量降低80%。

推广低碳生活方式：地方政策鼓励市民选择低碳出行方式，如骑自行车、步行、乘坐公共交通工具等，同时推广低碳家庭生活，如使用节能家电、减少垃圾等。

（4）技术创新

美国碳达峰、碳中和发展规划技术创新主要包括以下三个方面：

发展清洁能源：太阳能、风能、水能等可再生能源。

美国是全球最大的太阳能市场之一，截至2021年，美国太阳能发电装机容量已经超过100GW。同时，美国也是全球最大的风能市场之一，2020年美国新增风电装机容量为46GW，累计装机容量已经超过120GW。此外，美国还拥有丰富的水能资源，水力发电是美国可再生能源发电的重要组成部分。

推广节能技术：智能电网、能源储存、高效建筑等。

美国是全球最先进的智能电网市场之一，智能电网技术可以实现对电力需求的实时监测和调节，提高能源利用效率。同时，美国也在积极推广能源储存技术，例如电池储能系统等，以提高能源利用效率和减少能源浪费。此外，高效建筑也是美国节能技术的重要组成部分，通过提高建筑的能源利用效率和采用环保材料等方式，降低建筑的能源消耗和碳排放。

研发碳捕获和封存技术：将二氧化碳捕获并储存在地下。

碳捕获和封存技术是一种重要的碳减排技术，可以有效减少燃煤等化石燃料的碳排放。美国一直在积极研发碳捕获和封存技术，并已经在一些燃煤电厂开展了相关示范项目。例如，美国田纳西州的一个燃煤电厂采用了碳捕获和封存技术，将捕获的二氧化碳注入地下，以达到减少碳排放的目的。

（5）市场机制

美国在实现碳达峰和碳中和的目标过程中，采取了一系列市场机制措施，主要包括建立碳排放交易市场、发展绿色金融和推广碳标签和碳足迹。

1）建立碳排放交易市场

美国建立了多个碳排放交易市场，其中最具代表性的是加州碳交易市场和区域性温室气体倡议（RGGI）。这些市场通过设定碳排放总量控制和碳排放权交易制度，促使企业主动采取减排措施。

加州碳交易市场（California Cap-and-Trade Program）：该市场于2012年启动，是全美最大的碳交易市场。加州政府制定了碳排放总量控制制度，企业可以通过购买碳排放配额或碳抵消信用来满足减排要求。市场运行以来，加州的碳排放量已显著下降。

区域性温室气体倡议（RGGI）：RGGI是一个由美国东北部和中西部13个州组成的区域性碳交易市场。这些州共同制定了碳排放总量控制目标，并允许企业在市场交易碳排放配额。RGGI市场已成为美国碳交易市场的典范，为其他地区和国家提供了借鉴。

2）发展绿色金融

美国积极发展绿色金融，通过绿色债券、绿色贷款等金融工具筹集资金，支持低碳、环保项目的建设和发展。

绿色债券：美国政府和私人部门发行的、用于支持环保和低碳项目的债券。这些债券的募集资金主要用于可再生能源、能源效率、绿色建筑等领域的项目。

绿色贷款：美国金融机构为低碳、环保项目提供的贷款。绿色贷款通常具有较低的利率，以鼓励企业投资于环保产业。

3）推广碳标签和碳足迹

美国积极推广碳标签和碳足迹，要求企业在产品上标注碳足迹信息，消费者可以根据碳足迹选择低碳产品。

产品碳足迹标识：美国鼓励企业对产品进行碳足迹评估，并在产品包装上标注碳足迹信息。这有助于消费者了解产品的碳排放量，从而选择低碳产品。

碳排放核算：美国政府和各类组织积极开展碳排放核算工作，对各类产品的生命周期碳排放进行评估，为消费者提供准确的碳排放信息。

总之，美国通过建立碳排放交易市场、发展绿色金融和推广碳标签和碳足迹等市场机制措施，有力地推动了碳达峰和碳中和目标的实现。这些做法值得其他国家学习和借鉴。

（6）国际合作

参加国际气候变化谈判和协议：

美国是联合国气候变化框架公约的成员国之一，一直积极参与国际气候变化谈判。在巴黎协定签署之前，美国曾在2010年承诺到2020年，将碳排放量在2005年的基础上减少17%。尽管美国在2020年11月退出了巴黎协定，但美国仍在采取措施减少碳排放，并积极参与国际气候变化合作。

与其他国家开展合作：

美国与其他国家开展合作，加强技术交流、共同实施减排项目、推动全球碳市场等。例如，美国与加拿大、墨西哥签署了北美气候、清洁能源和环境合作协定，共同致力于减少碳排放和促进清洁能源发展。美国还与中国、印度等国家开展合作，通过技术交流和项目合作等方式，共同推动碳减排和清洁能源发展。此外，美国还在推动全球碳市场方面发挥了积极作用，与其他国家和地区合作建立碳排放交易体系，促进全球碳市场的发展。

（7）监测和评估

为了实现碳达峰和碳中和目标，美国制定了一系列的政策和规划，其中建立碳排放监测和报告制度以及开展碳中和评估是重要的措施之一。

首先，美国建立了碳排放监测和报告制度，包括企业碳排放报告和国家碳排放清单等。企业需要按照规定向政府报告其碳排放情况，这些数据将用于评估企业的碳排放绩效以及政策制定。同时，国家碳排放清单也是重要的监测工具，可以全面掌握国家碳排放情况，为政策制定和碳减排措施的实施提供依据。

其次，美国还开展了碳中和评估，对碳减排效果进行评估和反馈，并不断完善政策和措施。这包括对碳排放量的测量、监测和核算，以及对碳减排政策的效果进行评估。通过这些评估工作，可以及时发现政策实施中存在的问题，并对政策进行调整和优化，以保证碳减排目标的实现。

最后，建立碳排放监测和报告制度以及开展碳中和评估是美国实现碳达峰和碳中和的重要手段之一，这有助于掌握国家碳排放情况，评估政策效果，不断完善政策和措施，从而实现碳减排目标。

1.2.4 日本

（1）背景和目标

日本是一个高度发达的国家，其经济、工业和交通等领域都对碳排放有着较大的贡献。随着全球气候变化的加剧，日本政府意识到碳排放对环境和经济的影响，因此采取了一系列措施来降低碳排放。

2018年，日本政府发布了《能源基本计划》，提出了到2030年将可再生能源在总能源消费中所占比例提高到22%至24%的目标，并计划到2050年实现碳中和，即二氧化碳排放量为零。

为了实现碳中和目标，日本政府制定了一系列政策和措施，包括：

提高可再生能源比例：日本政府计划到2030年将可再生能源在总能源消费中所占比例提高到22%至24%，到2050年进一步提高到60%至80%。

促进节能减排：日本政府制定了一系列节能减排政策，包括推广高效节能技术、加强建筑物和交通工具的能源效率管理等。

推广碳捕获和储存技术：日本政府认为碳捕获和储存技术是实现碳中和的重要手段之一，因此计划大力推广该技术。

加强国际合作：日本政府认为国际合作是实现碳中和的重要手段之一，因此计划与其他国家和地区加强合作，共同推进碳减排。

（2）政策措施

日本政府制定了一系列政策措施，以促进碳减排和碳中和。这些措施包括：

加强能源效率措施：日本政府通过制定和实施能源效率措施，鼓励企业和家庭提高能源利用效率，减少能源浪费。这些措施包括推广高效节能技术、加强建筑节能、推广节能产品等。

推广可再生能源：日本政府鼓励发展和使用可再生能源，如太阳能、风能、水能等。政府提供了一系列激励措施，如补贴、税收减免等，以促进可再生能源的发展和应用。

加强碳排放权交易：日本政府建立了碳排放权交易制度，鼓励企业通过购买碳排放权来达到碳减排的目的。政府还制定了一系列政策，鼓励碳排放权交易的发展，如提供税收减免、规范交易市场等。

推进低碳交通：日本政府鼓励发展低碳交通，如电动汽车、混合动力汽车等。政府提供了一系列激励措施，如补贴、减税等，以促进低碳交通的发展和应用。

总之，日本政府通过制定和实施一系列政策措施，促进碳减排和碳中和。这些措施包括加强能源效率措施、推广可再生能源、加强碳排放权交易、推进低碳交通等。

（3）技术创新

日本碳达峰、碳中和发展规划技术创新主要包括推动技术创新，开发和应用低碳技术。具体而言，日本政府致力于发展可再生能源技术，如太阳能、风能等。同时，政府也大力推广电动汽车，鼓励国民购买零排放汽车，同时大力发展公共交通系统，以减少交通运输领域的碳排放。此外，日本政府也致力于发展节能建筑，通过提高建筑的能源利用效率和采用环保材料等方式，降低建筑领域的碳排放。总之，日本政府通过一系列技术创新措施，推动碳达峰、碳中和目标的实现。

（4）社会参与

日本碳达峰、碳中和发展规划的社会参与方面，主要体现在鼓励社会各界参与碳减排和碳中和行动。具体而言，这包括开展环境教育、推广低碳生活方式和鼓励企业参与碳减排等方面。

首先，日本政府鼓励开展环境教育，以提高公众对碳减排和碳中和的认识和意识。政府会提供相关资源和资金支持，例如提供教育材料、组织培训和举办宣传活动等，以帮助公众更好地了解碳减排和碳中和的重要性和方法。

其次，政府还鼓励推广低碳生活方式，以减少个人和家庭的碳排放。例如，政府会提供低碳饮食、低碳出行和低碳生活等方面的指导，鼓励公众购买低碳产品和使用可再生能源，以减少碳排放。

再次，政府也鼓励企业参与碳减排，以实现碳中和目标。例如，政府会提供财政支持和税收优惠等激励措施，鼓励企业采取减排行动和推广低碳技术。同时，政府还会建立碳排放权交易市场，鼓励企业通过购买碳排放权来实现碳减排目标。

最后，日本碳达峰、碳中和发展规划的社会参与方面，旨在通过政府、公众和企业的合作，促进碳减排和碳中和目标的实现。政府会提供相关资源和资金支持，鼓励公众和企业参与碳减排和碳中和行动，以共同推动日本的可持续发展。

（5）国际合作

加强国际合作，推进全球碳减排和碳中和：

日本政府意识到碳减排和碳中和是全球性的挑战，需要国际社会的共同努力。因此，日本加强与各国政府、国际组织的合作，共同推进全球碳减排和碳中和。

与各国政府合作：

日本与各国政府建立双边合作关系，推进碳减排和碳中和。例如，日本与中国、美国、欧盟等国家加强合作，分享经验和技术，共同应对气候变化挑战。

与国际组织合作：

日本积极参与国际组织，如联合国气候变化大会、国际能源署等，推进全球碳减排和碳中和。日本还与国际金融组织合作，如世界银行、亚洲开发银行等，共同推动低碳基础设施建设。

分享经验、技术等：

日本积极分享碳减排和碳中和的经验和技术，帮助发展中国家实现低碳发展。例如，日本向亚洲地区国家分享太阳能、风能等可再生能源技术，帮助其提高可再生能源比例。

通过上述措施，日本积极推进全球碳减排和碳中和，为构建低碳、可持续发展的全球社会作出贡献。

（6）碳达峰、碳中和的路线图

日本政府制定了碳达峰、碳中和的路线图，以实现2050年无碳社会的目标。该路线图包括近期行动计划、中期行动计划和长期目标等不同阶段。

近期行动计划（2020—2025年）：

提高能源利用效率：通过推广节能技术和设备，提高能源利用效率，减少能源浪费。

增加可再生能源比例：加速发展太阳能、风能、水力等可再生能源，增加可再生能源在能源结构中的比例。

减少化石燃料使用：逐步减少化石燃料的使用，限制煤炭、石油等高碳排放能源的开采和消费。

推广低碳交通：推广电动汽车、氢能源汽车等低碳交通工具，减少交通领域的碳排放。

加强碳捕捉和存储技术研究：加强碳捕捉和存储技术的研究和开发，提高碳排放的利用效率。

中期行动计划（2026—2035年）：

继续提高能源利用效率：进一步推广节能技术和设备，提高能源利用效率，实现能源消耗的持续下降。

扩大可再生能源规模：大规模发展可再生能源，提高可再生能源在能源结构中的比例，力争实现可再生能源的基本自给。

推进碳中和技术研发：加强碳中和技术的研究和开发，推动碳中和技术的应用和推广。

实施碳税和碳交易：建立碳税和碳交易机制，通过市场手段促进碳减排和碳中和。

推动社会碳中和：推广低碳生活方式和消费模式，鼓励个人和企业减少碳排放，推动社会碳中和。

长期目标（2036—2050年）：

实现碳中和：在2030年实现碳排放峰值后，通过各种措施的不断推进，争取在2050年实现碳中和。

建成无碳社会：在实现碳中和的基础上，通过持续推进能源转型、产业升级和社会变革，建成无碳社会。

推动全球碳减排：积极参与全球气候治理，推动全球碳减排和碳中和，为应对全球气候变化做出贡献。

（7）监测和评估

日本政府制定了一系列政策和计划，以实现碳达峰和碳中和目标。这些政策和计划需要建立监测和评估机制，以监督和评估日本碳达峰、碳中和的进展情况。

制定碳排放报告制度：日本政府制定碳排放报告制度，要求企业、地方政府和其他机构定期报告碳排放情况。这些报告提供有关碳排放量的数据，以及减排措施的进展情况。

建立碳排放数据库：日本政府建立碳排放数据库，收集和存储各种碳排放数据。这些数据用于监测和评估碳达峰、碳中和的进展情况，以及制定进一步的减排政策和计划。

实施碳排放核查：日本政府实施碳排放核查，验证企业、地方政府和其他机构报告的碳排放数据是否准确。这些核查提高碳排放数据的可信度，并为减排措施的制定提供依据。

建立碳排放指标体系：日本政府建立碳排放指标体系，设定碳排放的目标和指标，并制定相应的政策和计划。这些指标用于评估碳达峰、碳中和的进展情况，以及指导减排措施的实施。

开展碳足迹调查：日本政府开展碳足迹调查，了解各种活动和产品的碳排放情况。这些调查提供有关碳排放来源和排放量的数据，以及减排措施的进展情况。

通过建立监测和评估机制，日本政府监督和评估碳达峰、碳中和的进展情况，制定进一步的减排政策和计划，并确保这些政策和计划的有效实施。

1.2.5 韩国

（1）背景和目标

韩国作为全球较大经济体和OECD成员国，其碳排放量在全球范围内占有一定比例。在全球应对气候变化和减少碳排放的大背景下，韩国政府积极制定和实施了一系列关于碳达峰和碳中和的发展规划。

韩国实现碳达峰和碳中和的目标和意义主要表现在以下几个方面：

应对全球气候变化：随着全球气候变暖问题日益严重，各国都在努力减少碳排放，以缓解气候变化带来的负面影响。韩国作为负责任的国家，有义务为全球气候治理做出贡献。

提高国家可持续发展水平：实现碳达峰和碳中和有助于韩国优化能源结构，发展清洁能源，提高能源利用效率，从而降低对传统化石能源的依赖，提高国家的可持续发展水平。

推动绿色经济增长：通过发展绿色产业和低碳技术，韩国有望在全球绿色经济竞争中占据优势地位，从而为国家经济发展带来新的增长点。

建设生态文明：碳达峰和碳中和的发展目标有助于提高国民的生态环境意识，促进生态文明建设，为子孙后代留下美好的生活环境。

国际声誉提升：积极应对气候变化，实现碳达峰和碳中和目标，有助于提高韩国在国际社会的声誉，树立负责任的大国形象。

为了实现碳达峰和碳中和目标，韩国政府制定了一系列发展规划和政策措施。例如，韩国政府提出了"2030碳减排国家计划"，计划到2030年将碳排放量较2018年减少40%。此外，韩国政府还出台了《碳中和与绿色增长法》，明确了政府、企业和公民在应对气候变化和实现碳中和过程中的职责和义务。在政策引导和市场力量的共同作用下，韩国有望在2050年实现碳中和目标，为全球气候治理作出积极贡献。

（2）政策和措施

为了实现碳达峰和碳中和目标，韩国政府采取了一系列政策和措施。以下是对这些政策和措施的介绍：

1）能源转型政策

韩国政府致力于推动能源结构的转型，减少对化石燃料的依赖，提高可再生能源的比例。具体政策包括：

可再生能源发展目标：韩国政府制定了到2030年实现20%可再生能源在总能源消耗中所占比例的目标，并通过各种政策支持可再生能源项目的发展。为了实现这一目标，政府采取了一系列措施，例如提供补贴、税收减免、绿色证书等激励措施，鼓励企业和个人投资建设可再生能源项目。此外，政府还制定了一系列政策，如强制性可再生能源配额制度、可再生能源优先购买制度等，以促进可再生能源的发展。

太阳能、风能等可再生能源项目的推广：政府通过招标、补贴等形式鼓励企业和个人投资建设太阳能、风能等可再生能源项目。例如，政府提供了太阳能发电项目的补贴，鼓励屋顶光伏发电项目的发展。此外，政府还制订了太阳能、风能等可再生能源项目的发展计划，如"太阳能计划""风能计划"等，以推动这些项目的发展。

减少煤炭使用：政府通过提高煤炭税、限制煤炭发电等手段，逐步减少煤炭在能源结构中的比例。例如，政府提高了煤炭税，使得煤炭的价格更加反映其环境成本。此外，政府还限制了新建煤炭发电项目的建设，并逐步淘汰老旧煤炭发电设备。这些措施的目的是减少煤炭的使用，降低对环境的污染，同时也为可再生能源的发展留出更多的空间。

2）节能政策

韩国政府一直在努力推动节能减排，通过立法、监管、经济激励等手段，促进企业和公众提高能源利用效率，降低能源消耗。其中，一些重要的政策包括：

能源利用效率改善法：该法案规定了企业应满足的能源利用效率指标，并对未能满足指标的企业进行处罚。这项政策为节能减排提供了法律保障，同时也为企业提供了改进能源利用效率的动力。

节能基金：政府设立了节能基金，通过提供贷款、补贴等形式支持企业实施节能项目。这项政策为中小企业提供了资金支持，促进了节能减排技术的推广和应用。

推广高效能源设备和技术：政府通过推广高效能源设备和技术，帮助企业提高能源利用效率。例如，政府鼓励使用高效锅炉、电机、照明系统等设备，以及先进的节能技术，如能源回收系统、能源管理系统等。

此外，韩国政府还采取了一些其他措施来促进节能减排，例如实施能源税收政策、推广可再生能源等。这些政策措施的实施，为韩国实现能源利用效率的提高和节能减排目标的实现提供了有力支持。

3）碳排放交易体系

碳排放交易体系是一种利用市场机制促进碳减排的政策工具。韩国政府通过建立碳排放权交易市场和征收碳税等政策手段，鼓励企业主动减排，降低碳排放总量。

首先，韩国政府设立了碳排放权交易市场，允许企业进行碳排放权买卖。在这个市场上，企业可以通过购买其他企业的碳排放权，来满足自己的碳排放目标。这种市场机制可以激励企业主动减排，降低碳排放总量。

其次，韩国政府还实行了碳税制度，对碳排放量较高的企业征收碳税。这种经济手段可以促使企业降低碳排放，减少对环境的污染。碳税制度的实施可以促使企业采取更多的低碳措施,例如使用清洁能源、提高能源利用效率等。

4）推动绿色交通

推动绿色交通是实现可持续发展的重要组成部分,韩国政府在这方面采取了一系列政策。其中,推广新能源汽车和完善公共交通系统是两个重要的政策措施。

首先,韩国政府通过提供补贴等方式推广新能源汽车,鼓励公众购买低碳交通工具,以减少交通领域的碳排放。此外,政府还鼓励市民使用共享汽车等可持续出行方式,以减少对私人汽车的需求,从而降低碳排放。

其次,韩国政府加大了对公共交通系统的投资和建设力度,以提高公共交通出行比例,降低私人汽车使用。政府在城市中心地区推广自行车出行,兴建自行车道,同时增加公交车辆和线路,提高公共交通的覆盖面和服务质量。此外,政府还鼓励市民通过公共交通、步行、自行车等出行方式,减少对汽车的依赖,从而降低交通领域的碳排放。

5）森林碳汇政策

森林碳汇是指森林植物吸收大气中的二氧化碳,并将其转化为有机物质的过程。森林碳汇政策是旨在通过增加森林覆盖率和森林碳汇容量来降低温室气体排放和应对气候变化的政策措施。

韩国政府通过实施森林碳汇政策,一方面加大植树造林力度,提高森林覆盖率。政府开展大规模植树造林活动,尤其是在城市周边、山地和荒漠化地区,通过种植各种树木和植物,增加森林面积和森林碳汇容量。另一方面,政府加强森林保护和管理,确保森林资源不被破坏。政府采取措施防止森林火灾、病虫害和非法砍伐等,同时建立森林资源监测体系,加强森林资源的管理和监督。

此外,韩国政府还鼓励企业和个人参与森林碳汇项目的投资和经营。政府通过提供税收优惠、补贴和奖励等措施,鼓励企业和个人在森林碳汇领域进行投资和经营,促进森林碳汇市场的发展。

总的来说,韩国政府为实现碳达峰和碳中和目标采取了一系列有力的政策和措施。这些政策和措施在推动能源结构转型、提高能源利用效率、降低碳排放等方面取得了一定成效。然而,受制于经济结构、能源资源等因素,韩国在实现碳中和目标方面仍面临挑战。未来,韩国政府需要进一步加强政策制定和实施力度,以实现碳中和目标。

（3）国际合作和参与

韩国作为全球其中一个经济体量较大的国家,其碳排放量也相对较高。为实现碳达峰和碳中和目标,韩国政府积极开展国际合作和参与,主要举措如下:

加入国际气候治理机制。韩国积极参与联合国气候变化大会等国际场合的讨论,并在其中发挥积极作用。此外,韩国还加入国际气候治理机制,如碳排放交易系统、绿色气候基金等。

与各国开展合作。韩国与各国政府、国际组织、企业等开展多方位合作,共同应对气候变化挑战。例如,与美国、中国、日本等国家加强碳减排技术研发合作;与欧盟、加拿大等国家探讨碳市场连通性;与亚洲开发银行等机构共同设立绿色气候基金。

推进区域合作。韩国积极参与东北亚、亚太地区气候变化合作，推动区域碳减排。例如，在东北亚地区，与中、日、俄等国家共同开展能源转型、低碳技术研发等领域的合作。

制定政策法规。韩国在国内层面制定一系列政策法规，引导企业积极参与碳减排。例如，实施碳排放权交易制度、推广可再生能源、鼓励低碳交通等。

1.3
国内外建筑行业面临的减碳挑战

1.3.1 建筑行业碳排放现状

▶　（1）建筑行业是碳排放的主要领域之一

建筑行业是碳排放的主要领域之一。建筑行业的碳排放主要包括建筑材料生产、建筑施工和建筑运营三个方面。

首先，建筑材料生产是建筑行业碳排放的重要来源。建筑材料如水泥、钢材、玻璃等生产过程中需要消耗大量能源，并且会产生大量的二氧化碳排放。

其次，建筑施工也是建筑行业碳排放的重要环节。建筑施工需要大量的机械设备和电力，这些设备和电力的消耗也会产生大量的二氧化碳排放。同时，建筑施工过程中还会有大量的废弃物产生，这些废弃物也会对环境造成负面影响。

最后，建筑运营也是建筑行业碳排放的重要来源。建筑运营包括建筑物内的能源消耗，如空调、采暖、照明等，这些能源消耗也会产生大量的二氧化碳排放。

（2）建筑行业碳排放增长速度快

建筑行业是全球碳排放量最大的行业之一，其碳排放量占全球总碳排放量的约40%。随着全球人口的增长和城市化的加速，建筑行业的碳排放量正在快速增长。

根据国际能源署的数据，从2000年到2019年，全球建筑行业的碳排放量增长了23.5%，而同期全球碳排放量仅增长了17.6%。此外，由于建筑行业涉及的能源和材料较多，其碳排放量在未来几十年内仍将继续增长。

建筑行业碳排放量的快速增长主要是由于建筑材料的生产和运输、建筑过程中的能源消耗以及建筑物的运行和维护等因素造成的。例如，生产水泥和钢材等建筑材料需要消耗大量的煤炭和天然气等化石燃料，这些燃料的燃烧会释放大量的二氧化碳等温室气体。

1.3.2 建筑行业减碳的必要性

（1）应对全球气候变化

全球气候变化是当前世界各国面临的一项重大挑战，其中建筑行业是全球能源消耗和碳排放的重要领域之一。据统计，建筑行业的碳排放量占全球总碳排放量的一部分，因此减少建筑行业的碳排放对于减缓全球气候变化具有重要意义。

减少建筑行业的碳排放可以降低大气中二氧化碳的浓度，从而减缓全球变暖的进程。随着二氧化碳等温室气体的排放量不断增加，地球的温度不断上升，导致冰川融化、极端天气事件频繁等严重后果。通过减少建筑行业的碳排放，可以降低大气中二氧化碳的浓度，从而减缓全球变暖的进程，保护地球生态平衡。

（2）实现可持续发展目标

建筑行业减碳是实现可持续发展目标的重要手段之一。可持续发展是指在满足当前需求的基础上，不损害子孙后代满足其需求的能力。建筑行业减碳可以降低对自然资源的消耗，减少对环境的污染，提高建筑行业的可持续性水平，实现人与自然的和谐共生。

建筑行业是全球最大的碳排放源之一，其碳排放量占全球总碳排放量的约40%。建筑行业的减碳对于全球减排和可持续发展至关重要。减碳不仅可以降低建筑行业的碳排放量，还可以提高建筑行业的能源利用效率和资源利用效率，从而降低对自然资源的消耗和环境的污染。

（3）提高建筑行业竞争力

建筑行业减碳不仅可以减少对环境的负面影响，还可以提高建筑行业的竞争力。减碳可以降低建筑行业的能源消耗和碳排放，降低建筑企业的运营成本，提高企业的竞争力。例如，通过采用节能技术和绿色建筑材料，可以降低建筑项目的能耗和碳排放，从而降低企业的运营成本。同时，采用可再生能源，如太阳能和风能，可以进一步降低能源消耗和碳排放。

此外，减碳还可以提高建筑企业的社会责任感和环保形象，获得消费者和政府的认可和支持，进一步提高企业的市场竞争力。例如，通过参与环保活动和慈善捐赠，可以提高企业的社会责任感和公众形象，获得消费者的信任和偏好，从而提高市场份额。

1.3.3 建筑行业减碳的挑战

（1）技术挑战：如何开发和应用低碳技术

低碳技术是指通过减少碳排放和提高能源利用效率等手段，实现低碳排放和环境保护的技术。开发低碳技术需要大量的研发投入和技术创新，涉及多个领域的交叉和融合，如材料、能源、信息等。

首先，在材料领域，低碳技术需要开发新型材料，如轻量化、高强度、耐腐蚀、隔热等材料，以减少能源消耗和碳排放。

其次，在能源领域，低碳技术需要通过提高能源利用效率和开发可再生能源等方式，实现减少碳排放的目标。这需要开发高效的能源系统、能源储存和转换技术，如太阳能、风能、水能、地热能等。

此外，在信息领域，低碳技术需要开发智能化、数字化、网络化等技术，实现能源的优化利用和管理。

总之，低碳技术的开发需要跨领域的技术创新和研发投入，同时，低碳技术的应用也需要高水平的技术支持和维护。只有不断推进低碳技术的研发和应用，才能实现可持续发展和环境保护的目标。

（2）经济挑战：减碳成本高，投资回报周期长

建筑行业减碳的挑战之一是经济挑战。减碳成本高，投资回报周期长。建筑行业的减碳措施需要投入大量资金，例如改造建筑、采用新型低碳建材、增加能源利用效率等。这些措施需要一定的时间才能实现投资回报，而且回收期的长度可能长达数十年之久，这对于一些企业来说可能难以承受。

此外，减碳措施的成本也较高。例如，使用低碳建材可能会增加建筑成本，而采用新型能源设备也可能需要付出更高的投资。这些成本可能难以由企业单独承担，需要政府、企业和社会各方共同分担。

另外，建筑行业的市场竞争激烈，一些企业可能难以在竞争中脱颖而出。如果一家企业在减碳方面投入过多，可能会导致成本上升，影响其市场竞争力。因此，企业需要在减碳和市场竞争之间找到平衡点，才能在行业中立足。

总之，建筑行业减碳的成本高、投资回报周期长，给企业带来了经济挑战。为了应对这些挑战，政府、企业和社会各方需要共同努力，通过制定政策、提供资金支持、推广新技术等方式，促进建筑行业减碳的推进。

（3）政策挑战：缺乏明确的政策支持和标准

首先，缺乏明确的政策支持。目前，虽然一些国家和地区已经制定了一些建筑减碳的相关政策，但是这些政策并不足以推动建筑行业全面减碳。缺乏明确的政策支持会导致建筑行业在减碳方面缺乏动力和方向，从而难以实现减碳目标。

其次，缺乏统一的标准。建筑行业的减碳需要统一的标准来规范和指导，然而目前不同国家和地区的建筑减碳标准并不统一，甚至同一国家不同地区的标准也不尽相同。缺乏统一的标准会导致建筑行业的减碳工作难以进行，同时也会增加建筑行业的减碳成本。

因此，为了推动建筑行业减碳，需要制定明确的政策支持和标准。政府可以通过出台相关政策，为建筑行业提供明确的减碳目标和方向，并提供相应的财政支持和技术指导。

此外，政府还可以通过制定统一的建筑减碳标准，规范和指导建筑行业的减碳工作，从而提高减碳效率和降低减碳成本。

总之，建筑行业减碳是应对气候变化的重要措施之一，而缺乏明确的政策支持和标准是建筑行业减碳面临的主要政策挑战。政府需要制定明确的政策支持和标准，为建筑行业提供支持和指导，从而推动建筑行业实现减碳目标。

（4）人才挑战：缺乏减碳技术人才和运营管理人才

首先，建筑行业缺乏减碳技术人才。减碳技术涉及许多领域，如建筑材料、能源系统、照明和通风系统等。因此，建筑行业需要拥有具备跨领域知识和技能的人才，以便能够开发和应用减碳技术。然而，目前建筑行业中这样的人才严重不足，这使得减碳技术的应用和推广受到了限制。

其次，建筑行业缺乏运营管理人才。减碳技术需要特殊的运营和管理方式，以确保其有效性和可持续性。例如，建筑业主需要了解如何管理能源系统和照明系统，以确保它们在最佳状态下运行，并减少能源浪费。然而，目前建筑行业中缺乏这样的人才，这使得减碳技术的实施和运营受到了限制。

1.3.4 建筑行业减碳的解决方案

建筑行业是全球碳排放量最大的行业之一，因此减少碳排放对于减缓全球气候变化至关重要。以下是建筑行业减碳的解决方案：

（1）提高建筑节能标准

建筑节能是减少碳排放的重要措施之一。政府可以通过制定更加严格的建筑节能标准，推广高效节能技术，鼓励建筑业主采用节能措施来降低能源消耗。

建筑节能是指通过科学设计和技术手段，降低建筑的能源消耗，减少碳排放。建筑节能可以通过以下措施来实现：

制定更加严格的建筑节能标准。政府可以制定更加严格的建筑节能标准，要求建筑业主在建筑设计、建造和使用过程中，采取一系列节能措施，例如提高建筑的隔热性能、采用高效节能设备、利用可再生能源等。

推广高效节能技术。政府可以通过财政支持、税收优惠等措施，鼓励企业研发和推广高效节能技术，例如太阳能光伏发电、地源热泵、高效照明系统等。

鼓励建筑业主采用节能措施。政府可以通过财政奖励、减免税等措施，鼓励建筑业主采用节能措施，例如改造建筑的隔热性能、更换高效节能设备等。

建筑节能是减少碳排放的重要措施之一。政府可以通过制定更加严格的建筑节能标准、推广高效节能技术、鼓励建筑业主采用节能措施来降低能源消耗，从而实现减少碳排放的目标。

（2）推广低碳建筑技术

低碳建筑技术是指采用可再生能源、节能材料和环保材料等技术，以减少建筑碳排放。这种技术在设计和建造过程中，注重能源效率和环境友好性，从而降低建筑的能耗和对环境的影响。

政府可以通过补贴、税收减免、绿色标签等方式鼓励建筑业主采用低碳建筑技术。例如，政府可以提供财政支持，鼓励业主使用可再生能源，如太阳能和风能等。政府还可以实施税收减免政策，降低低碳建筑的成本，使业主更愿意采用这种技术。此外，政府可以发放绿色标签，表彰使用低碳建筑技术的建筑，提高业主的社会责任感和环保意识。

总之，政府可以通过多种方式鼓励建筑业主采用低碳建筑技术，从而促进绿色建筑的发展，降低建筑碳排放，保护环境。

（3）加强建筑运行管理

建筑运行管理是指对建筑的能源消耗、设备运行等进行监控和管理的一系列活动。这些活动旨在降低能源消耗、提高能源利用效率，从而减少碳排放。

建筑运行管理包括多个方面，如能源管理、设备维护、环境保护等。其中，能源管理是建筑运行管理的核心内容。能源管理通过监测和分析建筑的能源消耗情况，制定科学的能源利用计划，降低能源浪费，提高能源利用效率。同时，设备维护也是建筑运行管理的重要组成部分。设备维护通过对建筑设备进行定期维护和保养，延长设备使用寿命，降低设备故障率，从而保证建筑的正常运行。

环境保护也是建筑运行管理的重要方面。环境保护通过采取一系列措施，如减少污染物排放、提高废弃物处理能力等，减少建筑对环境的影响，保护生态环境。

总之，建筑运行管理是保证建筑正常运行、降低能源消耗、提高能源利用效率、保护环境的重要手段。在建筑运行管理中，应注重能源管理、设备维护和环境保护等方面的工作，从而实现建筑的可持续发展。

（4）利用数字化手段实现减碳和降本增效

数字化技术正在逐渐改变建筑行业的面貌，帮助建筑业主更好地监控和管理建筑的能源消耗和设备运行。例如，建筑信息模型（BIM）可以通过数字化建模，为建筑业主提供更全面的建筑信息和数据，使其更好地了解建筑的结构和设备运行情况。物联网（IoT）技术可以通过智能化的传感器和设备，实现对建筑内各种设备的实时监控和管理。数据分析技术可以帮助建筑业主更好地分析和利用建筑内的数据，实现减碳和降本增效。

数字化技术还可以帮助建筑业主更好地管理建筑能源的使用。通过智能化的监控系统，可以实时监测建筑内能源的消耗情况，并根据实际情况进行调整和优化。例如，可以通过智能控制系统，自动调节建筑内的照明、空调等设备的使用，以减少能源浪费。数字化技术还可以帮助建筑业主更好地预测和规划建筑内能源的使用，使其更好地应对能源市场的波动和变化。

数字化技术可以帮助建筑业主更好地监控和管理建筑的能源消耗和设备运行，实现减碳和降本增效。未来，随着数字化技术的不断发展和应用，建筑行业也将变得更加智能化、高效化和可持续化。

（5）政策支持与规范

政府可以通过制定相关政策和规范，鼓励建筑业主采用低碳建筑技术和节能措施。例如，政府可以制定碳排放限制和碳税等政策，促进建筑行业减碳。政府还可以出台激励政策，如减免税费、提供补贴等，鼓励建筑业主采用低碳建筑技术和节能措施。此外，政府还可以制定建筑节能标准和规范，强制要求建筑业主采用节能技术和措施，以提高建筑行业的整体节能水平。总之，政府可以通过制定政策和规范，鼓励和引导建筑业主采用低碳建筑技术和节能措施，从而促进建筑行业的减碳和可持续发展。

（6）人才培养和创新

人才是建筑行业减碳的重要保障。政府和企业可以通过培训和教育等方式，提高建筑从业人员的低碳环保意识和技能，鼓励企业开展低碳建筑技术研究和创新。政府可以制定相关政策，鼓励企业加大低碳建筑技术的研发投入，并给予相应的税收优惠等支持。企业可以积极响应政府的号召，开展低碳建筑技术的研发和应用，降低建筑行业的碳排放量。

同时，政府和企业可以合作开展人才培养工作，为建筑行业提供更多的低碳环保技能人才。政府可以提供相关资金支持，鼓励企业开展培训和技能提升工作，提高建筑从业人员的专业技能和环保意识。企业也可以通过开展内部培训和知识分享等方式，提升员工的低碳环保技能和意识。

人才培养和创新是建筑行业减碳的重要保障。政府和企业可以通过培训和教育等方式，提高建筑从业人员的低碳环保意识和技能，鼓励企业开展低碳建筑技术研究和创新。政府可以制定相关政策，鼓励企业加大低碳建筑技术的研发投入，并给予相应的税收优惠等支持。企业可以积极响应政府的号召，开展低碳建筑技术的研发和应用，降低建筑行业的碳排放量。同时，政府和企业可以合作开展人才培养工作，为建筑行业提供更多的低碳环保技能人才。政府可以提供相关资金支持，鼓励企业开展培训和技能提升工作，提高建筑从业人员的专业技能和环保意识。企业也可以通过开展内部培训和知识分享等方式，提升员工的低碳环保技能和意识。

1.3.5 建筑行业减碳的趋势

随着全球气候变化的加剧，建筑行业作为主要的碳排放源之一，减排已成为行业转型升级的迫切需求。建筑行业减碳趋势主要表现在以下三个方面：

（1）智慧化变革

建筑行业正积极拥抱智能化技术，通过物联网、大数据和云计算等技术手段，实现建筑设备互联和优化运营管理，从而降低建筑的碳排放。智慧化变革主要表现在以下几个方面：

①智能建筑控制系统：通过集成传感器、控制器和软件系统，实现对建筑内各种设备的自动控制和优化运行，降低能源消耗。

②建筑能源管理系统：利用大数据和云计算技术，对建筑的能源消耗进行实时监测和分析，为建筑业主和运维人员提供节能优化建议。

③智能家居普及：通过智能家居设备，如智能插座、智能灯具等，实现居民用电的精细化管理和节能。

（2）零碳未来

实现建筑净零碳排放是建筑行业减碳的重要目标。零碳未来主要包括以下几个方面：

①建筑节能：提高建筑的节能标准，采用高效节能设备和材料，降低建筑的能源消耗。

②可再生能源应用：利用太阳能、风能等可再生能源，为建筑提供清洁能源，减少对化石能源的依赖。

③绿色建筑：采用绿色设计理念，提高建筑的自然通风、采光等性能，降低建筑对环境的影响。

④建筑碳汇：通过植树造林、绿色植被等方式，吸收建筑排放的二氧化碳，实现建筑净零碳排放。

（3）产业升级

减碳将推动建筑行业转型升级，提高行业竞争力。产业升级主要表现在以下几个方面：

①产业结构调整：加大新能源、节能环保等产业的发展力度，推动传统建筑业向绿色低碳产业转型。

②技术创新：加大减碳技术研发投入，推动建筑行业技术创新，提高行业整体竞争力。

③绿色金融：发展绿色金融，为建筑行业减碳提供资金支持，促进产业升级。

总之，建筑行业减碳是实现可持续发展的重要举措。通过智慧化变革、零碳未来和产业升级，建筑行业将逐步实现减碳目标，为保护全球气候环境作出贡献。

2

第二章　低碳建筑发展现状

2.1

国外低碳建筑发展现状

2.1.1 政策支持与目标制定

▶ 　　低碳建筑是指通过减少碳排放和提高能源利用效率，降低对环境的影响和依赖的建筑。在全球范围内，许多国家都制定了低碳建筑的相关政策和目标，以实现可持续发展和减少对环境的影响。

　　欧盟制定了"欧洲绿色协议"，旨在2050年实现碳中和。该协议提出了一系列措施，包括提高能源效率、增加可再生能源、促进低碳交通和低碳建筑等，以实现碳中和目标。在低碳建筑方面，欧盟提出了能源效率和可再生能源的目标，鼓励成员国制定相关的建筑规范和标准，以提高建筑的能源利用效率和降低碳排放。

　　英国制定了"零碳建筑"计划，旨在2030年实现所有新建建筑的碳中和。该计划要求所有新建建筑在2030年前实现零碳排放，包括住宅、商业和公共建筑等。为了实现这一目标，英国政府提出了一系列措施，包括提供财政支持、鼓励创新和技术发展、加强建筑规范和标准等，以促进低碳建筑的发展和普及。

　　除了欧盟和英国，其他国家也制定了类似的低碳建筑政策和目标。例如，美国提出了"能源之星"建筑标准，鼓励建筑业主和开发商通过提高能源利用效率和降低碳排放来获得认证。日本也制定了"零能源建筑"计划，要求所有新建建筑在2030年前实现零碳排放。同时，日本政府还提供了财政支持和技术指导，以帮助建筑业主和开发商实现零碳排放目标。

　　综上，低碳建筑是实现可持续发展和减少对环境的影响的重要手段。各国政府制定了一系列低碳建筑的政策和目标，鼓励建筑业主和开发商提高能源利用效率和降低碳排放。通过加强技术创新、制定建筑规范和标准、提供财政支持等措施，可以促进低碳建筑的发展和普及，实现碳中和目标。

2.1.2 建筑材料与技术创新

低碳建筑是指采用环保、节能的材料和技术进行设计和建造的建筑物，以减少对环境的污染和降低能源消耗。随着全球环境问题和能源短缺日益严峻，低碳建筑已经成为全球建筑行业的发展趋势和热门话题。

在建筑材料方面，保温材料是低碳建筑中不可或缺的一部分。保温材料可以有效地减少建筑物的热量损失，提高室内温度的稳定性，从而降低能源消耗。另外，低碳建筑还使用可再生材料，如竹材、可回收的金属和塑料等，以减少对自然资源的消耗和环境污染。

在节能技术方面，高效节能设备是低碳建筑的关键组成部分。例如，太阳能光伏发电系统可以提供建筑物所需的电力，而热泵系统可以利用地下水或土壤中的热量进行供暖和制冷。此外，建筑物的照明系统也可以采用高效节能的LED灯具，以减少能源消耗。

可再生能源也是低碳建筑中不可或缺的一部分。例如，太阳能光伏发电系统和风力发电系统可以提供建筑物所需的电力，而地源热泵系统可以利用地下水或土壤中的热量进行供暖和制冷。这些可再生能源的使用可以大大降低对传统能源的依赖，从而减少碳排放和环境污染。

除了以上提到的材料和技术，低碳建筑还需要在设计和建造过程中充分考虑到建筑物的节能和环保要求。例如，建筑的朝向和开窗方向应该尽可能地利用太阳光线和自然通风，从而减少照明和空调的使用。此外，建筑的屋顶和墙面也应该采用保温材料进行隔热处理，以减少热量损失。

综上所述，低碳建筑需要使用环保、节能的材料和技术，以减少对环境的污染和降低能源消耗。随着全球环境问题和能源短缺日益严峻，低碳建筑已经成为全球建筑行业的发展趋势和热门话题。国外在建筑材料和技术方面的创新取得了一定的成果，例如德国的"被动房"技术和日本的"零能耗住宅"，这些成果值得我们借鉴和学习。

2.1.3 建筑设计和管理

低碳建筑是为了减少建筑对环境的影响，采用各种技术和手段来降低建筑物的碳排放和能耗。要从设计到管理全过程进行考虑，包括建筑的朝向、开窗方向、屋顶绿化等因素。

在低碳建筑设计中，建筑的朝向和开窗方向是非常重要的因素。建筑的朝向应该根据当地的气候和地理位置来确定，以确保自然光线和室内温度的合理利用。同时，开窗方向也应该经过精心设计，以充分利用自然通风和采光，减少对能源的依赖。

屋顶绿化也是低碳建筑设计的重要因素之一。屋顶绿化可以有效地降低建筑物的表面温度，减少热岛效应，从而降低空调的使用频率和能耗。同时，屋顶绿化还可以提高空气质量，减少雨水径流，增加建筑物的美观度等。

在建筑管理方面，定期维护和更新建筑设备和材料也是非常重要的。建筑设备和材料随着时间的推移会逐渐老化，性能下降，能耗增加，因此需要定期更新和维护，以保证建筑物的运行效率和能源利用效率。

国外在建筑设计和管理方面也有一定的经验和成果。例如，美国的LEED认证体系和日本的CASBEE评估体系，都是为了促进低碳建筑的发展和推广而建立的。LEED认证体系是一个绿色建筑认证体系，通过评估建筑物的节能、节水、环保等方面，来确定建筑物的绿色程度和环保水平。CASBEE评估体系则是一个用于评估建筑物能源利用效率的体系，通过评估建筑物的能耗、节能措施等方面，来确定建筑物的能源利用效率和环保水平。

低碳建筑需要从设计到管理全过程进行考虑，包括建筑的朝向、开窗方向、屋顶绿化等因素。国外的LEED认证体系和CASBEE评估体系等，也为低碳建筑的发展和推广提供了一定的经验和成果。

2.1.4 低碳建筑实践案例

低碳建筑是指通过减少碳排放和能源消耗来降低对环境的影响的建筑。国外有许多低碳建筑的实践案例，这些案例在实践中取得了良好的效果，证明了低碳建筑的可行性和优越性。以下是一些国外低碳建筑的实践案例：

（1）瑞典的哈马比生态城

哈马比生态城是瑞典斯德哥尔摩的一个新区，于1990年代初开始建设。该区的建筑都采用了环保材料和能源节约技术，如太阳能电池板、地源热泵、高效的隔热材料等。此外，该区还建立了雨水收集和污水处理系统，实现了水资源的回收利用。这些措施使得哈马比生态城的能源消耗和碳排放量大大降低，成为低碳建筑的典范。

哈马比生态城的建设旨在实现可持续发展，减少对环境的影响。建筑材料和能源技术的选择都基于环保和节能的原则。例如，该区的建筑外墙采用了高效的隔热材料，以减少热量的流失和流入。太阳能电池板被广泛安装，以收集太阳能并转化为电能，为建筑提供电力。地源热泵则利用地下水的温度来调节室内温度，减少了对传统能源的依赖。

哈马比生态城还注重水资源的回收利用。该区建立了雨水收集系统，将雨水用于绿化和景观灌溉。同时，污水处理系统也得到了完善，将废水处理成可再利用的水源。这些措施不仅有助于减少水资源的浪费，还降低了对环境的污染。

在交通方面，哈马比生态城也做出了环保的决策。该区鼓励居民使用公共交通和自行车出行，以减少汽车尾气对大气环境的污染。此外，该区还设置了电动汽车充电站，以鼓励居民使用电动汽车。

哈马比生态城的建设成果显著。据统计，该区的能源消耗和碳排放量比传统建筑区降低了50%以上。同时，该区的环境质量也得到了明显提升，成为一个宜居、环保、可持续发展的社区。

哈马比生态城的建设经验对全球城市化进程具有重要的借鉴意义。在全球范围内，城市化进程不断加速，城市规模和人口数量不断增加，对能源和环境的需求也日益增加。因此，采用环保材料和能源节约技术，回收利用水资源，推广公共交通和自行车出行等措施，是实现城市可持续发展的重要手段。

（2）丹麦的哥本哈根公园

哥本哈根公园是丹麦哥本哈根市内的一个开放式公园，建于1995年。该公园的建筑采用了环保材料和能源节约技术，如太阳能电池板、风力涡轮机、高效的隔热材料等。此外，该公园还建立了雨水收集和污水处理系统，实现了水资源的回收利用。这些措施使得哥本哈根公园的能源消耗和碳排放量大大降低，成为低碳建筑的典范。

哥本哈根公园的设计理念是以人为本，强调人与自然和谐共生。公园内的建筑采用了环保材料，如可回收的铝合金、可持续的木材等，这些材料不仅具有良好的环保性能，而且可以降低建筑物的能源消耗。公园还使用了能源节约技术，如太阳能电池板和风力涡轮机，为公园提供清洁能源，减少了对外部能源的依赖。

公园内的建筑物采用了高效的隔热材料，降低了冬季的取暖需求和夏季的空调使用频率，从而降低了能源消耗。此外，公园的建筑物还采用了自然通风和采光技术，充分利用了自然光线和空气流动，为室内提供了舒适的环境，同时降低了照明和空调设备的使用。

哥本哈根公园还重视水资源的回收利用。公园建立了雨水收集系统，将雨水用于绿化和景观灌溉，减少了对自来水的需求。同时，公园还建立了污水处理系统，将污水进行处理和净化，使得处理后的水可以再次用于绿化和景观灌溉，实现了水资源的循环利用。

哥本哈根公园是一个典型的低碳建筑，它通过采用环保材料、能源节约技术和水资源回收利用系统，降低了能源消耗和碳排放。公园的设计理念和生活方式值得我们学习和借鉴，为我们提供了一个实现人与自然和谐共生的典范。

（3）德国的弗莱堡生态小区

弗莱堡生态小区位于德国弗莱堡市内，是一个由10栋住宅楼组成的小区。该小区的建筑采用了环保材料和能源节约技术，如太阳能电池板、地源热泵、高效的隔热材料等。此外，该小区还建立了雨水收集和污水处理系统，实现了水资源的回收利用。这些措施使得弗莱堡生态小区的能源消耗和碳排放量大大降低，成为低碳建筑的典范。

弗莱堡生态小区的建筑采用了多种环保材料和能源节约技术。例如，该小区的住宅楼采用了高效的隔热材料，减少了热量的流失和能源的浪费。同时，小区还安装了太阳能电池板和地源热泵，利用可再生能源来满足居民的能源需求。这些措施不仅减少了对传统能源的依赖，还降低了能源消耗和碳排放量，对环境保护起到了积极的作用。

弗莱堡生态小区还建立了雨水收集和污水处理系统，实现了水资源的回收利用。通过雨水收集系统，小区可以将雨水收集起来，经过处理后用于绿化和景观灌溉，减少了对自来水的依赖，同时也降低了对水资源的浪费。此外，小区还建立了污水处理系统，将居民的生活污水进行处理和净化，达到排放标准，实现了水资源的回收利用，对环境保护也起到了积极的作用。

弗莱堡生态小区的低碳建筑理念不仅体现在建筑材料和能源利用上，还体现在小区的物业管理和居民生活方式上。小区的物业管理公司采用了环保的管理方式，通过定期检查和维护，保证了小区的环保设施和设备的正常运行。同时，小区还通过开展环保宣传和教育活动，鼓励居民采用低碳生活方式，例如减少用水、节约用电、鼓励使用公共交通等，进一步降低了小区的能源消耗和碳排放量。

弗莱堡生态小区通过采用环保材料和能源节约技术、建立雨水收集和污水处理系统以及采用低碳生活方式，实现了能源消耗和碳排放的大幅降低，成为低碳建筑的典范。这种低碳建筑理念值得我们在建筑和城市规划中广泛采用，为环境保护和可持续发展做出贡献。

（4）美国的雅各布农场

雅各布农场是美国纽约州伊萨卡市的一个环保住宅小区，由4栋住宅楼组成。该小区采用了一系列环保材料和能源节约技术，旨在降低能源消耗和碳排放量，成为低碳建筑的典范。

该小区的建筑采用了高效的隔热材料，以减少热量的传递和能源的浪费。此外，小区还使用了太阳能电池板来产生可再生能源，为居民提供电力。地源热泵系统也被用于提供采暖和制冷，这是一种利用地下温度来调节室内气温的环保技术。这些技术的使用使得小区的能源消耗大大降低，同时也减少了对传统能源的依赖，从而降低了碳排放量。

小区还建立了雨水收集和污水处理系统，实现了水资源的回收利用。雨水被收集起来，经过处理后用于灌溉植物和补充地下水。污水处理系统能够将废水处理成可再利用的水源，减少了对自来水的依赖，同时也减少了废水对环境的污染。

雅各布农场的环保措施不仅减少了对传统能源和水资源的依赖，同时也为居民提供了更加健康和舒适的居住环境。小区的空气质量得到了改善，噪声和污染也得到了减少。这些环保措施也有助于降低小区的运营成本，为居民提供了更加经济实惠的居住选择。

雅各布农场是一个出色的低碳建筑典范，其采用了环保材料和能源节约技术，实现了能源消耗和碳排放的大幅降低。同时，小区的环保措施也有助于改善居民的居住环境和降低运营成本，为推广低碳建筑提供了一个良好的示范效应。

综上，国外的低碳建筑实践案例取得了良好的效果，证明了低碳建筑的可行性和优越性。这些案例采用了环保材料和能源节约技术，建立了雨水收集和污水处理系统，实现了水资源的回收利用，使得能源消耗和碳排放量大大降低。这些做法值得我们借鉴，推进我国的低碳建筑发展。

2.2
国内低碳建筑发展现状

2.2.1 国内低碳建筑政策和标准

▶ （1）国家层面的政策支持

中国政府高度重视低碳建筑的发展，国家层面的政策支持主要体现在以下几个方面：

1）《"十二五"节能减排综合性工作方案》

2011年，国务院发布了《"十二五"节能减排综合性工作方案》，明确提出要推进建筑节能减排，加快发展低碳建筑。该方案指出，要强化建筑节能管理，完善建筑节能标准体系，推广高效节能技术，加快低碳建筑技术的研发和应用。

为了实现这一目标，政府采取了一系列措施。例如，加强建筑节能监管，对建筑节能进行评估和审查，确保建筑符合节能标准。政府还鼓励企业研发和应用高效节能技术，提供财政支持和税收优惠等政策措施。

2）《绿色建筑行动方案》

2013年，（国家）发展改革委、住房城乡建设部发布了《绿色建筑行动方案》，提出要大力发展绿色建筑，推进建筑产业转型升级。该方案明确了绿色建筑的发展目标和重点任务，并提出了一系列支持政策和措施，包括财政支持、税收优惠、绿色建筑评价标识等。

按照该方案，政府鼓励建设绿色建筑，对绿色建筑项目提供财政支持，减免相关税费。政府还制定了绿色建筑评价标识制度，对符合绿色建筑标准的建筑进行认证，并给予相应奖励。

3）《关于加快推动绿色建筑发展的实施意见》

2012年，财政部、住房城乡建设部发布了《关于加快推动绿色建筑发展的实施意见》，对绿色建筑的发展提出了更具体的要求和目标。该指导意见强调，要全面推进绿色建筑，不断提高绿色建筑占比，促进建筑产业转型升级。

为了实现这一目标，政府采取了一系列措施。例如，政府鼓励建设绿色建筑，对符合绿色建筑标准的建筑给予奖励。政府还制定了绿色建筑评价标识制度，对符合绿色建筑标准的建筑进行认证，并给予相应奖励。

低碳建筑是未来建筑发展的趋势，中国政府高度重视低碳建筑的发展，并采取了一系列有力的政策措施，推进低碳建筑的发展。

（2）地方政府的推动举措

地方政府在低碳建筑推广方面的推动举措有以下几点：

1）制定地方性法规和标准

不少地方政府制定了地方性法规和标准，对低碳建筑的发展提出了更具体的要求和目标。例如，北京市发布了《绿色建筑评价标准》DB11/T 825—2015、《公共建筑节能设计标准》DB11/T 687—2024和《居住建筑节能设计标准》DB11/891—2020，上海市发布了《上海市绿色建筑评价标准》DG/TJ 08-2090—2020等。这些标准和法规的出台，为低碳建筑的发展提供了法律和标准依据，对推动低碳建筑的发展起到了积极的促进作用。

2）实施财政支持和奖励措施

一些地方政府实施了财政支持和奖励措施，对低碳建筑的建设和改造给予资金支持。例如，上海市对获得绿色建筑评价标识的项目给予资金奖励，北京市对节能减排项目实施财政支持等。这些财政支持和奖励措施，为低碳建筑的发展提供了经济激励，鼓励了建设单位和社会各方参与低碳建筑的推广和应用。

3）推广绿色建材和技术

一些地方政府通过推广绿色建材和技术，促进低碳建筑的发展。例如，广东省推广使用高效节能的空调系统、太阳能光伏发电系统等，浙江省推广使用新型墙体材料等。这些绿色建材和技术的应用，可以提高建筑物的能源利用效率和资源利用效率，从而减少碳排放，实现低碳建筑的目标。

4）加强宣传教育

一些地方政府加强了低碳建筑的宣传教育，提高了公众对低碳建筑的认知度和理解度。例如，江苏省开展了"绿色建筑行动计划"宣传活动，向公众普及绿色建筑的知识和理念，提高了公众对绿色建筑的认知度和支持度。

地方政府在低碳建筑推广方面采取了多种推动举措，包括制定地方性法规和标准、实施财政支持和奖励措施、推广绿色建材和技术、加强宣传教育等，这些举措为低碳建筑的发展提供了重要的支持和保障，也为实现国家低碳经济发展目标做出了积极的贡献。

（3）目前的低碳建筑标准和认证体系

中国的低碳建筑标准和认证体系主要由以下几个方面构成：

1）绿色建筑评价标识

绿色建筑评价标识是中国低碳建筑认证的主要标志，该标识分为三个等级，分别为一星级、二星级和三星级，其中三星级为最高等级。绿色建筑评价标识的认证内容包括节能、节水、节材、室内环境质量和运营管理等方面。该认证体系的建立旨在推动建筑行业的可持续发展，促进建筑节能减排技术的应用和推广。

2）建筑节能设计标准

住房和城乡建设部于2021年发布的《建筑节能与可再生能源利用通用规范》GB 55015—2021是中国工程设计建设的强制性规范，该标准对建筑的节能性能提出了具体的要求和指标，包括建筑的保温、隔热、空调、电气等方面。该标准的实施可以提高建筑的能源利用效率，降低建筑的能耗和碳排放，从而促进低碳建筑的发展和推广。

3）低碳建筑技术目录

低碳建筑技术目录是中国低碳建筑技术的主要目录，该目录收录了在建筑节能减排领域中应用较广泛的技术和产品，包括太阳能光伏发电系统、热泵系统、高效节能灯具等。该目录的建立旨在推广和应用低碳建筑技术，促进建筑行业的转型升级和可持续发展。

4）建筑能效测评标识

建筑能效测评标识是中国低碳建筑能效测评的主要标志，该标识分为五个等级，分别为一级、二级、三级、四级和五级，其中五级为最高等级。建筑能效测评标识的认证内容包括建筑的能耗、节能率、能源利用效率等方面。该认证体系的建立旨在提高建筑的能源利用效率，促进建筑节能减排技术的应用和推广。

中国的低碳建筑标准和认证体系主要包括绿色建筑评价标识、建筑节能设计标准、低碳建筑技术目录和建筑能效测评标识等方面，这些体系的建立和实施可以促进中国建筑行业的可持续发展，推动低碳建筑的发展和推广。

2.2.2 国内低碳建筑市场发展情况

（1）低碳建筑项目数量和规模增长趋势

低碳建筑是指采用低碳技术和低碳材料，以减少建筑物的能耗和碳排放，从而实现可持续发展的建筑物。近年来，随着全球气候变化和环保意识的不断提升，低碳建筑在国内得到了越来越多的关注和应用。

根据相关数据显示，截至2021年底，中国低碳建筑项目数量已经达到了数千个，项目规模也在不断扩大。具体来说，住宅建筑、办公建筑、公共建筑等领域的低碳建筑项目数量和规模都在不断增长。

在住宅建筑方面，低碳建筑项目数量占比较大。这是因为住宅建筑是能耗和碳排放的主要来源之一，采用低碳技术和低碳材料可以显著降低住宅建筑的能耗和碳排放。例如，可以使用太阳能电池板和地源热泵等技术来降低住宅建筑的能源消耗，使用低碳材料如竹材和可回收材料来减少碳排放。

在办公建筑方面，低碳建筑则在节能减排方面表现更为突出。办公建筑通常是城市中的能耗大户，采用低碳技术和低碳材料可以降低其能耗和碳排放，从而实现环保和可持续发展。例如，可以采用智能控制系统和节能灯具等技术来降低办公建筑的能源消耗，使用低碳材料如回收钢材和可再生木材来减少碳排放。

除此之外，公共建筑也可以采用低碳技术和低碳材料来实现可持续发展。例如，学校、医院和政府办公楼等公共建筑可以采用能源回收系统和绿色屋顶等技术来降低能源消耗和碳排放，使用低碳材料如可回收材料和环保涂料来减少碳排放。

总结起来，低碳建筑在国内得到了越来越多的关注和应用，不仅可以实现可持续发展，还可以降低能源消耗和碳排放，从而应对全球气候变化和环保意识的挑战。

（2）不同类型低碳建筑的市场需求和发展情况

1）住宅建筑

在过去几十年里，中国城市化进程不断加速，城市化率已经超过了60%。随着城市化进程的加速，城市居民对于居住环境的要求也越来越高，低碳住宅的需求不断增加。政府对低碳建筑的政策支持和推广，以及开发商对市场需求的响应，都促进了城市新建住宅低碳化的发展。

政府在低碳建筑方面的政策支持和推广，主要包括制定相关的政策法规、发布技术标准和规范、提供财政支持和奖励措施等。例如，国务院发布的《"十三五"节能减排综合工作方案》提出，到2020年，城镇绿色建筑面积占新建建筑面积比重提高到50%以上。同时，政府还推出了一系列财政支持政策，如绿色建筑补贴、节能减排奖励等，鼓励开发商和业主发展低碳建筑。

开发商对市场需求的响应，也是促进城市新建住宅低碳化的重要因素。随着消费者对居住环境和生活品质的要求不断提高，越来越多的开发商开始将低碳理念融入建筑设计中，推广低碳住宅。开发商通过采用节能减排的技术和材料，降低建筑的能耗和碳排放，提供更舒适、健康的居住环境，来吸引消费者。

在农村自建住宅方面，随着农民生活水平的提高和环保意识的增强，越来越多的农民开始关注低碳建筑。政府也在加大对农村低碳建筑的支持力度，推广适合农村地区的低碳建筑技术和模式。例如，政府推出了"美丽乡村"计划，鼓励农民采用生态友好型的建筑材料和建筑方式，推广太阳能、风能等可再生能源的应用，降低农村地区的碳排放。

国内住宅建筑的低碳发展是一个多方合作的过程，需要政府、开发商和业主等多方面的努力和合作，共同推动低碳建筑的发展。

2）办公建筑

办公建筑是国内低碳建筑市场的另一个重要领域，其市场需求和发展情况主要受到企业和政府两方面的影响。

企业方面，随着低碳理念的深入人心，越来越多的企业开始将低碳建筑作为自身社会责任和品牌形象的重要组成部分。这是因为低碳建筑可以降低企业的能耗和成本，提高员工的生产效率和舒适度，同时也能够提升企业的社会形象和品牌价值。因此，对低碳办公建筑的需求在不断增加。

政府方面，各级政府对低碳建筑的重视程度不断提高。政府在政策制定、标准制定、项目扶持等方面都加大了支持力度，促进了办公建筑低碳化的发展。例如，《国务院办公厅发布关于转发国家发展改革委、住房和城乡建设部〈加快推动建筑领域节能降碳工作方案〉的通知》，提出了低碳建筑的重点发展领域和政策措施。同时，各级政府也在通过财政支持、税收优惠等方式鼓励企业开展低碳建筑的建设和改造。

在市场需求和政府支持的共同推动下，国内低碳办公建筑市场呈现出良好的发展势头。未来，随着低碳理念的进一步普及和科技的不断进步，低碳办公建筑的市场需求和发展前景将会更加广阔。同时，也需要企业政府和社会各方共同努力，加强技术研发、标准制定、产业协同等方面的合作，推进低碳办公建筑市场的健康发展。

3）公共建筑

公共建筑也是国内低碳建筑市场的重要领域之一，其市场需求和发展情况主要受到政府和公众两方面的影响。

政府方面，政府在公共建筑领域低碳化的推动力度不断加大。政府通过制定政策法规、计划目标、补贴政策等方式，为低碳公共建筑的发展提供了很大支持。例如，国家发展改革委、住房城乡建设部联合发布的《绿色建筑行动计划》提出，到2020年，全国城镇新建建筑中绿色建筑占比达到50%，而公共建筑是绿色建筑的重要组成部分。政府还推出了多项节能减排政策，对低碳公共建筑的建设和运营给予资金支持。

公众方面，低碳理念的普及和公众环保意识的提高，使得公共建筑的低碳化得到了更多的关注和支持。随着人们环保意识的不断提高，越来越多的人开始关注低碳生活方式，对低碳公共建筑的需求也在不断增加。公众对低碳公共建筑的需求主要体现在对环保、节能、舒适等方面的关注上。例如，公众更愿意选择低碳的公共建筑，这些建筑能够减少对环境的污染，降低能源消耗，提供更加舒适的生活环境。

政府和公众两方面的影响是低碳公共建筑市场需求和发展的主要因素。政府通过政策法规、计划目标、补贴政策等方式推动低碳公共建筑的发展，而公众对低碳生活方式的需求和环保意识的提高，也促进了低碳公共建筑市场的发展。

（3）行业的竞争格局和主要参与者

随着全球气候变化的影响日益严重，低碳建筑成为全球范围内的关注热点。在中国，低碳建筑市场的发展也非常迅速，吸引了众多参与者。其中，建筑设计院、房地产开发商、建筑施工企业和新能源企业是低碳建筑市场的主要竞争者。

建筑设计院是低碳建筑市场的重要参与者，其主要业务方向是绿色节能建筑。目前，国内大型设计院已经设立了专门的建筑技术研究中心，致力于研究和开发低碳建筑技术。由于低碳建筑市场的快速发展，这些设计院目前都处于比较缺人的阶段。因此，对于想要从事低碳建筑设计的人来说，找一份工作应该不是很难。

房地产开发商也是低碳建筑市场的重要参与者。越来越多的开发商开始将低碳建筑纳入开发战略，通过采用低碳技术和绿色建筑材料等方式，提高住宅品质和环保性能，满足市场需求。房地产开发商在低碳建筑市场的竞争中扮演着重要的角色，他们的参与能够推动低碳建筑市场的快速发展。

建筑施工企业也是低碳建筑市场的参与者之一。建筑施工企业则通过技术和管理的创新，提高低碳建筑的施工效率和质量，降低施工过程中的能源消耗和环境污染。建筑施工企业在低碳建筑市场的竞争中发挥着重要的作用，他们的参与能够保证低碳建筑的质量和效率。

新能源企业也是低碳建筑市场的参与者之一。新能源企业则致力于推动可再生能源在建筑领域的应用，通过太阳能、风能等新能源技术的应用，提高低碳建筑的能源利用效率。新能源企业在低碳建筑市场的竞争中扮演着重要的角色，他们的参与能够推动可再生能源的利用，促进低碳建筑的发展。

综上所述，低碳建筑市场呈现出多元化的竞争格局，各个参与者都在为低碳建筑市场的发展做出贡献。

2.2.3 国内低碳建筑技术和创新

（1）低碳建筑设计和构造技术

低碳建筑设计是指通过采用节能、节水、节材和环境保护等措施，降低建筑能耗和碳排放量的建筑设计方式。在国内，低碳建筑设计技术和构造技术得到了广泛的应用和研究。

一些具体的低碳建筑设计和构造技术包括：

1）建筑外保温系统

建筑外保温系统是低碳建筑设计中常用的技术之一。它通过在建筑外部增加一层保温材料，减少热量的流失，提高建筑的保温性能。这种系统可以降低建筑能耗，减少碳排放。

2）节能门窗

节能门窗是低碳建筑设计中的重要组成部分。它们通过采用隔热、保温和防结露等措施，减少热量的流失和进入，降低建筑能耗。

3）遮阳系统

遮阳系统是低碳建筑设计中常用的技术之一。它通过在窗户上方设置遮阳板，减少阳光对建筑物的照射，降低室内温度，减少空调的使用，从而降低建筑能耗。

4）建筑立面绿化

建筑立面绿化是低碳建筑设计中的重要措施之一。它通过在建筑立面种植植物，吸收二氧化碳，减少建筑表面的温度升高，改善室内环境，从而降低建筑能耗。

5）屋顶花园

屋顶花园是低碳建筑设计中的另一种重要措施。它通过在屋顶种植植物，吸收二氧化碳，减少屋顶表面的温度升高，降低建筑能耗。

6）雨水收集和利用系统

雨水收集和利用系统是低碳建筑设计中的重要技术之一。它通过收集、处理和利用雨水，减少对自来水的依赖，降低建筑能耗。

7）太阳能光伏发电系统

太阳能光伏发电系统是低碳建筑设计中的另一种重要技术。它通过利用太阳能发电，减少对传统能源的依赖，降低碳排放。

8）地源热泵系统

地源热泵系统是低碳建筑设计中的另一种重要技术。它通过利用地下热水或土壤中的热量，实现建筑物的制冷和供暖，减少对传统能源的依赖，降低碳排放。

9）智能化控制系统

智能化控制系统是低碳建筑设计中的重要技术之一。它通过实时监控和控制建筑的能源使用，实现能源的合理分配和利用，降低建筑能耗。

综上所述，低碳建筑设计技术和构造技术在国内得到了广泛的应用和研究。通过采用这些技术和构造技术，可以降低建筑能耗和碳排放，实现可持续发展。在未来，随着技术的不断进步和创新，低碳建筑设计技术和构造技术将会更加成熟和完善，为建设低碳、绿色、环保的建筑提供有力支持。

（2）可再生能源在低碳建筑中的应用

可再生能源是指在人类时间尺度内不会枯竭、不会对环境造成危害，同时具有较高能量密度的能源，如太阳能、风能、水能等。这些能源来源的不断利用和开发，对于降低能源消耗和环境污染，促进可持续发展具有重要意义。在国内，可再生能源在低碳建筑中的应用也得到了广泛的关注和研究。

太阳能光伏发电系统是可再生能源应用中的一种重要形式。通过太阳能电池将太阳光能转化为电能，不仅可以为建筑提供电力，还可以将多余电力反馈给电网，实现能源的共享和节约。太阳能光伏发电系统已经在国内广泛应用，尤其是在一些偏远地区和公共建筑中。

太阳能热水系统是另一种常见的可再生能源应用方式。通过安装太阳能集热器，将太阳光能转化为热能，用于加热建筑的用水，可以有效降低建筑的能源消耗和碳排放。太阳能热水系统已经在国内许多住宅和公共建筑中得到普及和应用。

太阳能空调系统是另一种利用太阳能的方式。通过太阳能集热板将太阳光能转化为热能，再通过吸收制冷机将热能转化为冷能，用于空调建筑内部。这种方式不仅可以降低建筑的能源消耗和碳排放，还可以减少对环境的污染和破坏。

风能发电系统是另一种可再生能源应用方式。通过风力涡轮机将风能转化为电能，可以实现对建筑的电力供应。风能发电系统已经在国内广泛应用，尤其是在一些沿海和风能资源丰富的地区。

地源热泵系统是另一种利用可再生能源的方式。通过利用地下土壤的热量，实现对建筑的供暖和制冷，可以有效降低建筑的能源消耗和碳排放。地源热泵系统已经在国内许多建筑中得到应用和推广。

总之，可再生能源在低碳建筑中的应用对于促进可持续发展和环保具有重要意义。通过利用可再生能源，可以有效降低建筑的能源消耗和碳排放，减少对环境的污染和破坏，实现能源的共享和节约。在国内，可再生能源应用方式的多样性和普及程度也在不断提高和扩大，为低碳建筑的发展和推广提供了有力支持。

（3）智能化技术和系统优化对低碳建筑的影响

随着能源环保意识的不断提高，低碳建筑逐渐成为建筑行业的热门话题。智能化技术和系统优化是实现低碳建筑的两个重要手段，它们对低碳建筑的影响主要表现在以下几个方面。

首先，智能化技术和系统优化可以提高能源利用效率。低碳建筑的目标是减少对环境的影响，其中最重要的是减少能源消耗。智能化技术可以通过实时监控和分析建筑物的能源消耗情况，对能源使用进行合理调度和控制，降低能源浪费。例如，智能照明系统可以根据人员使用情况和光线强度自动调节照明强度，实现节能降耗；智能空调系统可以根据室内温度、湿度和二氧化碳浓度等参数自动调节空调运行，以提高舒适度和节能效果。

其次，智能化技术和系统优化可以提高资源利用效率。除了能源，水、材料等资源也是低碳建筑需要关注的重要方面。通过智能化技术，可以对建筑物的水、材料等资源消耗进行实时监控，发现并解决资源浪费问题。例如，智能给水系统可以根据用水量和用水时间进行合理调度，实现节水目标；智能材料管理系统可以对建筑物材料的使用情况进行统计和分析，避免材料的浪费和过度消耗。

再次，智能化技术和系统优化可以提高建筑物使用舒适度。低碳建筑不仅要满足节能降耗的要求，还要保证建筑物的使用舒适度。智能化技术可以通过对建筑物的温湿度、空气质量、噪声等环境参数进行实时监控和控制，提高建筑物的使用舒适度，提高用户满意度。例如，智能通风系统可以根据室内空气质量和二氧化碳浓度自动调节通风量，保证室内空气新鲜；智能窗帘系统可以根据光线强度和温度自动调节窗帘的开合程度，实现室内光环境的舒适性。

最后，智能化技术和系统优化可以降低建筑物运营成本。低碳建筑的运营成本包括能源消耗、资源浪费、维护管理等方面。通过智能化技术和系统优化，可以降低建筑物的能源消耗和资源浪费，从而降低建筑物的运营成本。例如，智能能源管理系统可以对建筑物的能源消耗进行合理调度和控制，降低能源费用；智能维护管理系统可以对建筑物的设备运行情况进行实时监控，提前发现设备故障并及时维修，降低维护成本。

总之，智能化技术和系统优化对低碳建筑的影响主要表现在提高能源利用效率、提高资源利用效率、提高建筑物使用舒适度和降低建筑物运营成本等方面。通过智能化技术和系统优化，低碳建筑可以更好地实现节能降耗、环保舒适的目标，推动建筑行业的可持续发展。

2.2.4 国内低碳建筑面临的挑战和解决途径

低碳建筑是指通过采用节能、节水、减少碳排放等手段，降低建筑对环境的影响，实现可持续发展的建筑。在国内，低碳建筑面临着一些挑战，同时也有一些解决途径。

（1）技术和成本挑战

低碳建筑是未来建筑发展的趋势，它可以通过采用太阳能光伏、风能、地源热泵、节能照明、智能化控制系统等新技术和材料，实现减少碳排放、降低能耗、提高建筑舒适度和品质的目的。然而，这些新技术和材料的成本投入较高，低碳建筑的设计和施工也需要更高的技术水平和专业技能，这也增加了成本，使得低碳建筑的成本较高，成为制约其发展的一个因素。

为了解决低碳建筑成本过高的问题，政府可以采取一系列政策措施。一方面，政府可以通过财政支持、税收优惠等方式，鼓励企业和个人投资建设低碳建筑。例如，政府可以对低碳建筑项目提供一定的补贴或者税收减免，降低其建设成本，促进其发展。另一方面，政府可以加强技术研发和创新，提高技术水平和降低成本。政府可以通过资金支持、政策引导等方式，鼓励企业和科研机构进行低碳建筑技术的研发和创新，提高技术的成熟度和降低成本。

在实际操作中，政府可以采取多种方式来推动低碳建筑的发展。首先，政府可以制定相关的政策和标准，鼓励企业和个人采用低碳建筑技术和材料。例如，政府可以出台建筑节能标准、绿色建筑评价标准等，引导企业和个人选择低碳建筑技术和材料。其次，政府可以通过示范项目、示范园区等方式，展示低碳建筑的优势和成果，提高公众对低碳建筑的认知度和接受度。最后，政府可以加强监管和管理，对不符合低碳建筑标准的项目进行限制或者禁止，确保低碳建筑的发展和推广。

除此之外，低碳建筑的发展还需要企业和个人的积极参与。企业可以通过技术创新、优化管理等方式，提高低碳建筑的效率和降低成本。例如，企业可以采用智能化控制系统、节能照明系统等，实现建筑的节能和智能化管理，提高建筑的使用效率和降低成本。个人也可以通过选择低碳建筑、合理使用建筑等方式，降低建筑的能耗和碳排放。

综上所述，低碳建筑是未来建筑发展的趋势，政府、企业和个人都应该积极参与低碳建筑的建设和发展。政府可以通过财政支持、税收优惠等方式，鼓励企业和个人投资建设低碳建筑，加强技术研发和创新，提高技术水平和降低成本。企业可以通过技术创新、优化管理等方式，提高低碳建筑的效率和降低成本。个人也可以通过选择低碳建筑、合理使用建筑等方式，降低建筑的能耗和碳排放。只有政府、企业和个人共同努力，才能促进低碳建筑的发展，实现建筑行业的可持续发展。

（2）知识和人才培养问题

随着全球气候变化的加剧，低碳建筑越来越受到人们的关注。低碳建筑是指通过采用节能、环保、智能化等方式来减少建筑能耗和碳排放的建筑物。然而，低碳建筑需要具备专业的知识和技能，例如建筑节能、环保、智能化等方面的知识和技能。目前，国内相关领域的人才相对较少，缺乏专业人才成为低碳建筑发展的一个瓶颈。

政府可以通过制定相关政策，加大对低碳建筑专业人才的培养和引进力度。政府可以通过出台相关政策，加大对高校低碳建筑相关专业的支持力度，鼓励更多的高校开设低碳建筑相关专业，扩大人才培养规模。同时，政府也可以通过引进国外的低碳建筑专业人才，弥补国内人才的不足。政府可以提供优惠政策，吸引国外低碳建筑专业人才来华工作，为他们提供更好的工作和生活条件。

政府可以鼓励企业加强内部培训和学习，提高员工的技能和素质。企业可以通过组织内部培训和学习，提高员工的技能和素质，使员工能够更好地适应低碳建筑的要求。企业可以邀请专业人才进行授课，让员工学习到更多的低碳建筑知识和技能。企业还可以组织员工参加相关的培训课程和考试，让员工获得相关的资格证书，提高员工的专业水平。

政府和企业可以合作开展人才培养和交流活动。政府和企业可以合作开展人才培养和交流活动，共同推动低碳建筑的发展。政府可以提供政策支持，为企业提供更多的培训和交流机会，让企业更好地培养和引进低碳建筑专业人才。企业可以积极参与人才培养和交流活动，与政府一起推动低碳建筑的发展。

综上所述，缺乏专业人才是低碳建筑发展的一个瓶颈。政府和企业可以通过制定相关政策、加强内部培训和学习、合作开展人才培养和交流活动等方式来解决这个问题，共同推动低碳建筑的发展。

（3）推广和宣传低碳建筑的障碍

低碳建筑是指采用低碳技术和低碳材料建造的建筑，其目的是减少建筑对环境的影响，降低建筑的能耗和碳排放。随着全球气候变化的加剧，低碳建筑的推广和应用变得越来越重要。然而，在国内，低碳建筑的认知度和理解度相对较低，这成为低碳建筑推广和宣传的一个障碍。

一方面，政府可以通过各种渠道，例如媒体、网络、宣传手册等，加强对低碳建筑的宣传和普及。政府部门可以制定相关的政策和法规，鼓励和支持低碳建筑的发展和应用。同时，政府还可以通过示范项目的建设，让公众亲身体验低碳建筑的优点和好处，提高公众对低碳建筑的认知度和理解度。

另一方面，可以鼓励企业和社会组织参与低碳建筑的推广和宣传。企业可以利用自身的资源和优势，通过广告、宣传活动等方式，向公众宣传低碳建筑的理念和优点。社会组织也可以通过各种方式，向公众普及低碳建筑的知识和技能，提高公众的认知度和理解度。

除此之外，还可以通过教育和培训的方式，提高公众对低碳建筑的认知度和理解度。在学校和社区中开展低碳建筑的宣传和教育活动，让更多的人了解低碳建筑的意义和价值。同时，还可以组织专业的培训课程，培养低碳建筑的设计师和工程师，提高低碳建筑的施工和运营水平。

综上所述，低碳建筑的推广和宣传需要一定的时间和精力，需要对公众进行普及和教育。政府、企业和社会组织都可以发挥各自的作用，共同推动低碳建筑的发展和应用。通过宣传和教育，提高公众对低碳建筑的认知度和理解度，为低碳建筑的推广和应用奠定坚实的基础。

（4）相关政策和标准的完善方向

低碳建筑是指采用低碳技术和低碳材料，降低建筑能耗和碳排放，提高建筑舒适度和使用效率的建筑。低碳建筑的发展是实现城市可持续发展和低碳经济的重要组成部分，也是当前建筑行业转型的重要趋势。

目前，国内低碳建筑的发展还存在一些问题。首先，低碳建筑的相关政策和标准还不够完善。虽然国家已经制定了一些建筑节能和环保方面的标准，但还需要进一步完善和优化，以适应低碳建筑发展的需要。其次，低碳建筑的建设质量和水平还有待提高。部分建筑企业在低碳建筑建设中，存在技术水平不高、管理不规范等问题，影响了低碳建筑的质量和效果。

为了解决这些问题，政府可以制定更加严格的建筑节能、环保和智能化等方面的标准，提高低碳建筑的建设质量和水平。比如，可以对建筑材料的环保性能、能源利用效率、智能化水平等方面进行规范，鼓励企业采用低碳技术和低碳材料，提高低碳建筑的建设水平。

同时，政府可以出台更加有力的政策，例如财政支持、税收优惠等，鼓励企业和个人投资建设低碳建筑。例如，可以对低碳建筑项目进行财政补贴，或者对低碳建筑企业给予税收减免等优惠政策，激发企业和个人投资建设低碳建筑的积极性。

此外，政府还可以通过推广低碳建筑示范项目，加强低碳建筑的宣传和普及工作。通过示范项目的建设和宣传，可以让公众更加了解低碳建筑的优势和意义，提高公众对低碳建筑的认知度和接受度，推动低碳建筑的普及和发展。

总之，低碳建筑的发展需要有相关政策和标准的支持和规范。政府应该制定更加严格的建筑节能、环保和智能化等方面的标准，出台更加有力的政策，推广低碳建筑示范项目，加强宣传和普及工作，推动低碳建筑的发展和普及，实现城市可持续发展和低碳经济的目标。

2.2.5 国内低碳建筑未来发展趋势

在国内，低碳建筑的未来发展趋势可以从以下几个方面来预测和预期：

（1）可持续建筑的普及程度预测

随着人们环保意识的逐渐加强，可持续建筑逐渐成为建筑行业的热门话题。可持续建筑的理念是在设计、建造和使用建筑过程中，充分考虑环境、社会和经济三个方面的影响，从而达到环境友好、资源节约和可持续发展的目的。在我国，随着城市化进程的加速和政府支持力度的加大，可持续建筑的普及程度将会逐渐提高，并最终成为建筑行业的主流。

首先，城市化进程的加速为可持续建筑的发展提供了巨大市场。近年来，我国城市化率不断上升，城市规模不断扩大，这为可持续建筑提供了广阔的市场空间。城市化过程中的大量基础设施建设和房屋建筑，如果都能采用可持续建筑的理念，将会对环保事业和可持续发展产生巨大的推动作用。此外，城市化过程中的旧城改造、建筑翻新等领域，同样可以为可持续建筑提供应用场景。

其次，政府支持力度加大为可持续建筑的发展创造了良好环境。我国政府在近年来对环保事业和可持续发展高度重视，相继出台了一系列政策措施，鼓励和支持可持续建筑的发展。例如，绿色建筑评价标准、绿色建筑行动计划、可持续发展城市规划等，都为可持续建筑的发展提供了政策保障。同时，政府对环保产业的投入也在逐年增加，为可持续建筑的研发和推广提供了资金支持。

再次，可持续建筑的技术和理念不断成熟，为普及程度提高奠定了基础。随着科技的不断发展，可持续建筑的技术和理念也在不断成熟和完善。在建筑设计阶段，可以通过建筑信息模型（BIM）、三维打印等技术，实现建筑的可持续性分析和优化；在建筑建造阶段，可以采用预制装配式技术、绿色施工等方法，降低建筑能耗和污染；在建筑使用阶段，可以利用智能建筑系统、节能照明等手段，实现建筑的绿色运营。这些技术的发展为可持续建筑的普及奠定了基础。

最后，社会公众对环保和可持续发展的关注和参与为可持续建筑的发展提供了有力支持。随着环保意识的普及，越来越多的社会公众开始关注可持续建筑，并积极参与其中。从消费者角度，购买绿色住宅、选择绿色建材已经成为一种时尚和责任；从投资者角度，投资可持续建筑产业、参与绿色建筑项目已经成为一种趋势和追求；从企业角度，研发和推广可持续建筑技术、打造绿色建筑品牌已经成为一种战略和责任。这些都为可持续建筑的发展提供了有力支持。

（2）低碳建筑技术和创新的演进预期

随着全球气候变化的加剧，环境保护已经成为全球范围内的重要议题。其中，低碳建筑技术作为减少碳排放、保护环境的重要手段，将会在未来的建筑行业中发挥越来越重要的作用。

低碳建筑技术的创新将主要体现在以下几个方面。

首先，太阳能、风能、地源热泵等可再生能源的应用将会得到更广泛的推广。随着技术的进步和成本的降低，这些可再生能源将会成为建筑行业主要的能源来源。例如，太阳能光伏发电系统已经被广泛应用于建筑物的屋顶、墙壁等部位，为建筑物提供电力。同时，风能发电系统也可以在建筑物周围设置，通过风力发电为建筑物提供能源。地源热泵系统则是利用地下土壤的恒温特性，通过地下水源或土壤源进行热量交换，实现建筑物的供暖和制冷，大大降低了能源消耗。

其次，高效保温隔热技术的应用也将成为低碳建筑技术的重要方向。保温隔热技术可以有效降低建筑物的能耗，减少碳排放。例如，在建筑物的外墙、屋顶、地面等部位采用高效的保温材料，可以降低建筑物的能耗损失。同时，采用节能门窗、遮阳系统等，也可以进一步降低建筑物的能耗。

此外，新型建筑材料的应用也将成为低碳建筑技术的重要趋势。新型建筑材料具有更高的强度、更好的保温性能和更低的重量等特点，可以有效降低建筑物的能耗和碳排放。例如，采用高强度钢材建造的建筑物，可以降低建筑物的自重，减少能耗。同时，新型建筑材料还可以通过可再生能源的利用，实现能源的回收和利用，进一步降低碳排放。

最后，智能控制系统的应用也将成为低碳建筑技术的重要方向。智能控制系统可以通过对建筑物的能源消耗、环境参数等进行实时监测和分析，实现对建筑物能源消耗的精确控制和优化。例如，智能控制系统可以根据建筑物的日照情况、室内温度等参数，自动调节建筑的照明、空调等系统的运行，最大限度地降低能源消耗。

（3）政策环境和市场需求对低碳建筑的影响

低碳建筑是指采用低碳材料、低碳技术、低碳设计等方式，以减少建筑能耗、降低碳排放为目标的建筑。在当前全球环保意识不断提高的背景下，低碳建筑逐渐成为建筑行业的主流趋势，政策环境和市场需求将对其发展产生重要影响。

政府通过出台相关政策和法规，加大对低碳建筑的支持和推广力度，将对低碳建筑的发展起到积极的推动作用。政府可以通过制定政策、设立基金、发放补贴等方式，鼓励企业和个人采用低碳建筑方式和建筑材料。例如，政府可以对采用低碳建筑技术的建筑项目提供税收优惠、财政支持等政策，以激励企业和个人选择低碳建筑方式。此外，政府还可以制定低碳建筑相关的法规和标准，规范低碳建筑市场，确保低碳建筑的质量和效果。

市场需求也对低碳建筑的发展产生着影响。随着人们环保意识的提高，越来越多的消费者将选择低碳、环保的建筑方式和建筑材料，这将进一步推动低碳建筑的发展。消费者对低碳建筑的需求主要源于两个方面：一是环保意识，二是经济利益。低碳建筑可以降低能源消耗，减少碳排放，对环境保护具有积极作用，符合现代社会的环保理念。同时，低碳建筑还可以降低建筑成本，提高建筑的使用效率，为消费者带来经济利益。因此，随着消费者环保意识的提高，低碳建筑将会越来越受到市场需求的青睐。

除此之外，低碳建筑的发展还需要相关行业的技术支持和创新。建筑行业需要不断研发和推广低碳建筑技术，提高低碳建筑的质量和效果。同时，低碳建筑需要与可持续发展理念相结合，考虑建筑的全生命周期，从设计、建造、使用到拆除等各个环节，实现建筑的低碳、环保、可持续发展。

3

第三章　低碳建筑选材设计的
原则

3.1

国外低碳建筑选材设计的原则

▶ 低碳建筑选材设计原则是建筑行业为应对全球气候变化和资源短缺而发展起来的一种可持续建筑理念。在国外，低碳建筑选材设计原则已经得到了广泛的应用和推广，主要包括以下几个方面。

3.1.1 减少能源消耗

低碳建筑是指通过采用高效的节能技术和设备，降低建筑的能源消耗，减少对环境的污染和碳排放的建筑。在欧美等发达国家，低碳建筑已经成为一种趋势，被广泛应用于住宅、办公楼、学校等各种建筑类型。

低碳建筑的主要特点是使用高效的节能技术和设备，以减少建筑的能源消耗。例如，使用高效隔热材料来减少建筑的热损失，使用太阳能电池板来发电，使用地源热泵来获取地下热量等。这些技术和设备可以使建筑的能源消耗降低50%以上，大大减少对环境的污染和碳排放。

除了使用高效的节能技术和设备，低碳建筑还注重建筑的设计和建造过程。在建筑设计阶段，设计师会考虑建筑的朝向、开窗方向、屋顶形式等因素，以减少建筑的能源消耗。在建筑建造过程中，会使用可再生材料和回收材料，以减少对环境的污染。

低碳建筑的优点在于可以大大减少建筑的能源消耗，降低对环境的污染和碳排放。同时，低碳建筑还可以提高建筑的使用效率和舒适度，为居民提供更好的居住环境。

总之，低碳建筑是一种可持续发展的建筑理念，可以通过采用高效的节能技术和设备，以及注重建筑设计和建造过程，来减少建筑的能源消耗和对环境的污染。在未来，随着技术的不断发展和应用，低碳建筑将成为建筑行业的主流。

3.1.2 减少二氧化碳排放

低碳建筑是指采用低碳材料和能源，降低建筑的二氧化碳排放量，以减少对环境的影响。在国外，低碳建筑已经得到了广泛的应用和推广，主要表现在以下几个方面。

首先，使用可再生的木材和竹材。木材和竹材是天然的、可再生的建筑材料，能够吸收大量的二氧化碳。在国外，许多建筑都采用木材和竹材作为建筑的主要材料，以减少建筑的二氧化碳排放量。例如，美国建筑师罗伯特·瑟曼设计了一座名为"栖息地"的住宅，该住宅使用了大量的木材和竹材，使其成为一座名副其实的低碳建筑。

其次，使用可降解的材料。可降解的材料是指能够在自然界中被分解的材料，例如淀粉、纸浆等。在国外，许多建筑都采用可降解的材料，以减少建筑的二氧化碳排放量。例如，德国建筑师约阿希姆·拉夫设计了一座名为"发芽的房屋"的建筑，该建筑使用了大量的可降解材料，使其能够在自然界中被分解，减少了对环境的影响。

此外，使用低碳能源也是低碳建筑的重要表现之一。在国外，许多建筑都采用太阳能、风能等低碳能源，以减少建筑的二氧化碳排放量。例如，美国建筑师史蒂夫·罗斯设计了一座名为"太阳能房屋"的建筑，该建筑使用了大量的太阳能电池板，能够满足建筑的能源需求，使其成为一座名副其实的低碳建筑。

总之，国外低碳建筑采用低碳材料和能源，降低建筑的二氧化碳排放量，以减少对环境的影响。使用可再生的木材、竹材、可降解的材料和低碳能源等都是低碳建筑的重要表现。

3.1.3 利用可再生能源

低碳建筑是指采用低碳技术和低碳材料建造的建筑，其目的是降低建筑对传统能源的依赖，同时减少二氧化碳排放。在低碳建筑中，可再生能源的使用是非常重要的，如太阳能、风能、水能等。

太阳能是低碳建筑中常用的可再生能源之一。在建筑中，可以通过安装太阳能光伏板来收集太阳能，并将其转化为电能，为建筑提供电力。太阳能光伏板可以根据建筑的形状和大小进行定制，使其与建筑完美融合。使用太阳能可以大大降低建筑对传统能源的依赖，同时减少二氧化碳排放。

风能也是低碳建筑中常用的可再生能源之一。在建筑中，可以通过安装风力涡轮机来收集风能，并将其转化为电能，为建筑提供电力。风力涡轮机可以根据建筑的形状和大小进行定制，使其与建筑完美融合。使用风能可以大大降低建筑对传统能源的依赖，同时减少二氧化碳排放。

水能也是低碳建筑中常用的可再生能源之一。在建筑中，可以通过安装水力发电机来收集水能，并将其转化为电能，为建筑提供电力。水力发电机可以根据建筑的形状和大小进行定制，使其与建筑完美融合。使用水能可以大大降低建筑对传统能源的依赖，同时减少二氧化碳排放。

除了使用可再生能源之外，低碳建筑还采用低碳技术和低碳材料。例如，建筑中可以使用高效节能的灯具和空调，减少能源的浪费。建筑中还可以使用可回收的材料，如钢材、铝材、玻璃等，减少对环境的污染。

总之，低碳建筑使用可再生能源，如太阳能、风能、水能等，可以降低对传统能源的依赖，同时减少二氧化碳排放。

3.1.4 推广节能技术

随着全球气候变化的影响日益严重，各国对低碳建筑的重视程度也越来越高。低碳建筑的目标是在能源消耗、环境和资源利用等方面实现可持续发展，而节能技术是实现这一目标的关键手段之一。

高效的照明系统是低碳建筑中常用的节能技术之一。传统的照明系统能耗高、效率低，而高效的照明系统可以通过使用节能灯具、智能控制系统和光线传感器等技术手段，实现对照明的精确控制和优化，从而降低能源消耗。例如，使用LED灯具可以大大降低照明能耗，而智能控制系统可以根据人员使用情况和环境需要自动调节照明亮度和开关时间，实现更加精细化的节能控制。

智能控制系统也是低碳建筑中常用的节能技术之一。通过集成传感器、控制器和软件系统等技术手段，可以实现对建筑内各种设备的自动化控制和优化，从而实现能源消耗的降低和能源利用效率的提高。例如，智能控制系统可以根据室内温度、湿度和二氧化碳浓度等参数自动调节空调和通风系统的运行，以保证建筑内环境的舒适性和健康性，同时降低能源消耗。

低碳建筑还采用一系列其他的节能技术，如建筑外保温、门窗节能、屋顶绿化、太阳能利用等。这些技术手段可以相互结合，形成综合的节能体系，进一步降低建筑的能源消耗和环境影响。

总之，低碳建筑是通过采用节能技术等手段，实现能源消耗和环境影响的降低和优化。高效的照明系统和智能控制系统是低碳建筑中常用的节能技术之一，可以大大降低建筑的能源消耗，实现可持续发展的目标。

3.1.5 采用环保材料

随着环保意识的不断提升，低碳环保建筑材料在国外得到广泛应用。这些材料包括可回收的材料、可降解的材料、本地材料等，可以减少对环境的污染，实现可持续发展。

可回收材料是指可以再次加工和使用的材料，例如钢铁、玻璃、铝、纸张等。在国外，许多建筑材料都采用可回收材料制成，这样可以减少对环境的污染，同时也可以降低建筑成本。例如，钢结构建筑就可以使用可回收的钢材，而在建筑内部可以使用可回收的玻璃和铝制品等。

可降解材料是指可以在自然环境中分解的材料，例如竹材、木材、纤维素等。这些材料不仅可以减少对环境的污染，还可以促进自然循环。在国外，许多建筑都采用可降解材料制成，例如竹材建筑、木材建筑等。

本地材料是指在建筑当地可以获取的材料，例如石材、砂子、泥土等。使用本地材料可以减少运输成本和环境污染，同时也可以促进当地经济发展。在国外，许多建筑都采用本地材料制成，例如石材建筑、砖块建筑等。

除了以上三种材料外，国外低碳环保建筑还采用许多其他环保措施，例如建筑贴膜、太阳能电池板、风力涡轮机等。这些措施可以降低建筑能耗，减少对环境的污染，实现可持续发展。

总之，国外低碳环保建筑使用环保材料可以减少对环境的污染，实现可持续发展。这些材料包括可回收的材料、可降解的材料、本地材料等，可以降低建筑成本和环境污染，同时也可以促进自然循环和当地经济发展。

3.1.6 减少建筑废弃物

低碳建筑是指通过采用各种技术和手段，降低建筑的能耗和碳排放，从而减少对环境的影响。在低碳建筑的设计和建造过程中，模块化设计和预制构件等技术被广泛应用，以减少建筑废弃物的产生，提高建筑材料的再利用率。

模块化设计是指将建筑分解成若干个模块，每个模块都在工厂中预制完成，然后在现场进行组装。这种设计方式可以大大减少现场施工的时间和废弃物的产生，同时提高了建筑的质量和稳定性。例如，美国的一家建筑公司使用模块化设计建造了一座公寓楼，该建筑由180个模块组成，每个模块都是一次性在现场组装完成。这种方式不仅减少了建筑废弃物的产生，还使得建筑施工更加高效。

预制构件是指在工厂中预制的建筑构件，例如梁、柱、楼板等，然后在现场进行组装。这种构件可以大大减少现场施工的时间和废弃物的产生，同时提高了建筑的质量和稳定性。例如，德国的一家建筑公司使用预制构件建造了一座办公楼，该建筑的预制构件占总建筑量的70%以上，从而大大减少了建筑废弃物的产生。

除了模块化设计和预制构件技术外，低碳建筑还采用了各种其他技术和手段，例如建筑外保温、太阳能发电、地源热泵等，以降低建筑的能耗和碳排放。例如，英国的一座低碳建筑采用了建筑外保温技术，使得建筑的能耗降低了40%以上，同时还使用了太阳能发电和地源热泵等技术，从而实现了建筑的低碳排放。

总之，低碳建筑通过采用模块化设计、预制构件等技术，可以大大减少建筑废弃物的产生，提高建筑材料的再利用率，从而实现对环境的保护和可持续发展。未来，随着技术的不断发展和政策的不断推进，低碳建筑将成为建筑行业的主流。

3.1.7 提高建筑使用效率

低碳建筑是一种可持续发展的建筑理念，旨在通过减少建筑对环境的影响，实现建筑与自然的和谐共生。在国外，低碳建筑的设计理念和技术得到了广泛的应用和推广，其中合理设计建筑的空间布局和功能是实现低碳建筑的重要手段之一。

首先，合理设计建筑的空间布局可以提高建筑的使用效率。建筑的空间布局应该根据建筑的功能和需要进行设计，避免空间浪费。例如，办公室的建筑可以采用开放式的设计，减少隔墙和隔断的使用，提高空间的利用率。此外，建筑的空间布局应该考虑自然光线和通风的影响，利用自然光线和通风来减少能源的使用。

其次，合理设计建筑的功能可以减少资源的浪费。建筑的功能应该根据实际情况进行设计，避免过度的装饰和奢华。例如，住宅建筑应该注重实用性和舒适性，而不是追求豪华和奢侈。在设计建筑的功能时，应该考虑材料的使用和能源的消耗，尽可能地减少资源的浪费。

最后，合理设计建筑的空间布局和功能可以提高建筑的能源利用效率。建筑的能源利用效率是低碳建筑的重要指标之一。通过合理设计建筑的空间布局和功能，可以减少建筑对能源的需求，从而实现能源的节约和环境的保护。例如，建筑可以采用太阳能和风能等可再生能源来满足能源需求，同时利用高效的能源系统和设备来降低能源消耗。

总之，合理设计建筑的空间布局和功能是实现低碳建筑的重要手段之一。通过合理设计建筑的空间布局和功能，可以提高建筑的使用效率，减少资源的浪费，提高能源利用效率，从而实现建筑与自然的和谐共生。

3.1.8 推广低碳生活方式

低碳建筑是为了减少建筑对环境的影响而设计的，而低碳生活方式则是为了减少个人对环境的影响而采用的。在国外，低碳建筑和低碳生活方式相互结合，可以有效降低对环境的污染，实现可持续发展。

低碳建筑的设计要点包括采用可再生能源、减少能源消耗、优化建筑材料和设计等方面。以可再生能源为例，低碳建筑可以采用太阳能、风能等可再生能源，以减少对传统能源的依赖，从而减少碳排放。此外，低碳建筑还可以采用节能材料和设计，如厚度适中的保温层、双层玻璃、防风装置等，以减少能源的消耗。

在低碳生活方式方面，国外的一些做法值得我们借鉴。例如，骑自行车、步行、使用公共交通等都是常见的低碳出行方式。在国外，许多城市都设有自行车道和行人道，方便人们骑自行车和步行。此外,公共交通系统也很发达,如地铁、公交车等,可以方便地到达目的地。

此外,低碳生活方式还包括减少能源消耗、减少使用塑料和纸张等方面。例如,采用节能灯、减少使用一次性物品、垃圾分类等都是常见的低碳生活方式。在国外,许多城市都有严格的垃圾分类规定,居民需要按照不同的分类标准对垃圾进行分类,以减少污染和浪费。

综上所述,低碳建筑和低碳生活方式是相互结合的,可以有效降低对环境的污染,实现可持续发展。在未来,我们应该加强低碳建筑和低碳生活方式的推广和普及,为保护环境和实现可持续发展做出更大的贡献。

3.1.9 鼓励建筑创新

低碳建筑是指通过采用可再生能源、优化建筑设计等方式,降低建筑物的碳排放量,减少对环境的影响的建筑。国外的低碳建筑鼓励建筑师和设计师进行创新设计,探索新的低碳建筑技术和设计理念。

首先,国外的低碳建筑在设计上注重可持续性,即在能源、环境和资源利用方面实现长期可持续性。建筑师和设计师通过采用可持续材料、优化建筑结构等方式,延长建筑物的使用寿命,减少建筑物拆除和废弃物的产生。同时,低碳建筑设计还需要考虑室内环境,通过优化建筑设计、采用节能设备等方式,改善室内环境,提高居住舒适度。

其次,国外的低碳建筑注重能源的节约和回收。建筑师和设计师采用高效的隔热材料、能源回收设备等方式,节约能源,降低建筑物的能耗。此外,低碳建筑还可以通过采用可再生能源,如太阳能和风能等,来满足建筑物的能源需求。

最后,国外的低碳建筑在设计和建造过程中注重技术创新和实践。建筑师和设计师通过不断地探索新的低碳建筑技术和设计理念,提高建筑物的能源利用效率和资源利用效率,从而实现低碳建筑的目标。同时,低碳建筑的实践也需要政府、企业和社会各方的支持和参与,制定更加完善的标准和规范,以保证其可行性和可靠性。

总之,国外的低碳建筑鼓励建筑师和设计师进行创新设计,探索新的低碳建筑技术和设计理念,实现能源的节约和环境的保护,从而推动可持续发展的实现。

3.1.10 提高建筑安全性

低碳建筑是指在设计和建造过程中,尽可能地减少对环境的影响,降低建筑的能耗和碳排放。在国外,低碳建筑的设计非常注重建筑的安全性,因为安全性是建筑设计的首要考虑因素之一。以下是国外低碳建筑在低碳建筑设计中注重建筑安全性的一些方面。

(1)适当的结构设计

适当的结构设计是确保建筑安全性的重要因素之一。低碳建筑在结构设计方面,通常会考虑建筑的承载能力、刚度、稳定性等因素。为了减少材料的使用和减轻结构的自重，低碳建筑通常采用钢结构、木结构等可持续性材料。此外，低碳建筑还会使用高效节能的墙体材料，如加气混凝土、泡沫混凝土等，以提高建筑的隔热性能和保温性能。

（2）合适的材料选择

在低碳建筑的设计中，合适的材料选择也是非常重要的。低碳建筑通常采用可再生的、环保的材料，如竹材、可回收的金属材料、可降解的材料等。这些材料不仅可以减少对环境的污染，还可以提高建筑的可持续性和可再生性。此外，低碳建筑还会使用高效的保温材料，以减少建筑的能耗和碳排放。

（3）建筑智能化

建筑智能化是低碳建筑设计的重要趋势之一。建筑智能化可以通过自动化控制系统、智能感应系统等技术手段，实现建筑的节能、环保和安全。例如，建筑智能化系统可以根据人员的使用情况和环境变化，自动调节建筑的照明、空调等设备，以减少能源的浪费和碳排放。此外，建筑智能化系统还可以通过智能感应系统，自动检测建筑的异常情况，如火灾、烟雾等，及时发出警报并采取相应的措施，以确保建筑的安全性。

总之，国外低碳建筑在低碳建筑设计中非常注重建筑的安全性，采用适当的结构设计和材料选择，以确保建筑的安全可靠。同时，低碳建筑还注重建筑智能化，通过技术手段实现建筑的节能、环保和安全。

3.2
国内低碳建筑选材设计的原则

▶ 随着全球气候变化问题日益严峻，低碳环保理念逐渐深入人心。在建筑领域，低碳建筑成为我国绿色建筑发展的重要方向。低碳建筑是指通过优化建筑设计、选用低碳建材、采用节能技术等手段，降低建筑全寿命周期内二氧化碳排放的建筑。当前国内低碳建筑选材设计的原则主要包括以下几个方面。

3.2.1 节能减排

随着全球气候变化的影响日益严重，低碳建筑已经成为全球范围内的重要议题。在国内，低碳建筑的发展也是越来越受到重视。为了实现低碳建筑的目标，优先选择可再生的、能够降低能源消耗和碳排放的材料是非常重要的。例如竹材、可回收的金属、可降解的材料等，都是不错的选择。

首先，竹材是一种非常优秀的低碳建筑材料。竹子生长速度快，只需要3~5年就可以成材，而且竹材强度高、韧性好，可以作为结构材料使用。竹材还具有很好的隔热性能和吸声性能，能够提高建筑物的舒适度和生活质量。此外，竹材还是一种可再生材料，使用后可以回收利用，不会对环境造成污染。因此，竹材是一种非常优秀的低碳建筑材料。

其次，可回收的金属也是一种很好的低碳建筑材料。可回收金属可以降低能源消耗和碳排放，减少对环境的污染。可回收金属包括废旧钢材、铝合金等，这些材料可以被回收后再利用，减少对天然资源的消耗。此外，可回收金属还具有很高的强度和耐久性，可以满足建筑物的结构和功能要求。因此，可回收金属是一种很好的低碳建筑材料。

最后，可降解的材料也是一种不错的选择。可降解材料可以在使用后分解，不会对环境造成污染。可降解材料包括竹纤维、木纤维等，这些材料可以被微生物分解，减少对环境的污染。此外，可降解材料还具有很好的透气性和吸湿性能，可以提高建筑物的舒适度和生活质量。因此，可降解材料也是一种很好的低碳建筑材料。

综上所述，国内低碳建筑优先选择可再生的、能够降低能源消耗和碳排放的材料，如竹材、可回收的金属、可降解的材料等，是非常重要的。这些材料不仅可以降低对环境的污染，还可以提高建筑物的舒适度和生活质量。此外，这些材料还可以降低能源消耗和碳排放，实现低碳建筑的目标。因此，优先选择这些材料是非常明智的。

3.2.2 环保健康

随着人们生活水平的提高和环保意识的增强，低碳建筑逐渐成为我国建筑行业的热门话题。低碳建筑的目标是在能源消耗、环境污染等方面实现大幅度减排，同时提高建筑的使用效率和舒适度。为了实现这一目标，选择对人体健康和环境无害的材料至关重要。

首先，无甲醛、无苯、无氨的板材是一种非常环保的建筑材料。甲醛、苯和氨等有害物质对人体健康和环境有害，因此在建筑中应尽量避免使用这些材料。无甲醛、无苯、无氨的板材通常采用天然木材或植物纤维等环保材料制成，具有良好的环保性能和可再生性。

其次，无甲醛、无苯、无氨的涂料也是一种非常好的选择。涂料是建筑中常用的材料之一，但传统的涂料通常含有大量的有害物质，如甲醛、苯和氨等。选择无甲醛、无苯、无氨的涂料可以有效减少建筑中有害物质的释放，提高建筑的环保性能。

此外，无甲醛、无苯、无氨的地板、壁纸等材料也是低碳建筑的首选。地板和壁纸等材料在传统建筑中通常采用木材、纸张等材料制成，但这些材料在生产和加工过程中通常会添加大量的化学物质。选择无甲醛、无苯、无氨的地板、壁纸等材料可以减少这些有害物质的释放，提高建筑的环保性能。

总之，选择无甲醛、无苯、无氨的建筑材料是实现低碳建筑的重要手段之一。这些材料不仅可以降低建筑中有害物质的释放，提高建筑的环保性能，还可以促进建筑行业的可持续发展。随着人们对环保意识的不断提高，无甲醛、无苯、无氨的建筑材料将会越来越受到重视，并在建筑行业中得到广泛应用。

3.2.3 资源利用

低碳建筑是指通过减少碳排放和能源消耗来降低对环境的影响的建筑。在国内，低碳建筑的设计和建造越来越受到重视，其中之一是尽可能地利用本地资源，减少材料的运输距离和能源消耗。

利用本地资源可以减少材料的运输距离和能源消耗。例如，在建筑过程中使用本地生产的材料，如砂、石、砖、木材等，可以减少材料的运输距离和能源消耗。此外，使用本地的废弃物和回收材料也可以减少对环境的影响。例如，在建筑过程中使用废弃物制成的砖块、回收的钢材和木材等，可以减少对环境的污染和浪费。

利用本地资源还可以促进当地经济的发展。通过使用本地生产的材料和废弃物，可以促进当地建材工业的发展，增加当地就业机会。同时，通过使用回收材料，可以促进当地回收和再利用产业的发展，增加当地就业机会和经济收入。

此外，利用本地资源还可以提高建筑的质量和可持续性。本地生产的材料和废弃物更适合当地的气候和环境，因此可以提高建筑的耐久性和适应性。同时，通过使用回收材料，可以减少对环境的污染和浪费，提高建筑的可持续性和环境友好性。

总之，利用本地资源是低碳建筑设计的重要方面之一，可以减少材料的运输距离和能源消耗，促进当地经济的发展，提高建筑的质量和可持续性。在建筑设计和建造过程中，应尽可能地利用本地资源，减少对环境的影响，实现可持续发展。

3.2.4 耐用性

随着环保意识的不断提升，国内低碳建筑逐渐成为建筑行业的热门话题。低碳建筑的目标是在减少温室气体排放的同时，提高建筑的使用效率和资源利用率。为此，选择具有长期使用寿命的材料，减少建筑的维护和更换成本，是实现低碳建筑的重要手段之一。

高性能混凝土是一种具有长期使用寿命的材料，其强度和耐久性均高于传统混凝土。高性能混凝土采用高品质的材料制成，如高强度水泥、细粉、矿物掺合料等，具有密度高、抗渗性强、抗裂性好等优点。在低碳建筑中，高性能混凝土可以用于结构承重部位，如柱、梁、板等，以及外部围护结构，如墙体、屋顶等。由于其长期使用寿命，高性能混凝土可以减少建筑的维护和更换成本，从而降低建筑的全生命周期成本。

耐腐蚀的金属材料也是低碳建筑中具有长期使用寿命的材料之一。耐腐蚀金属材料包括不锈钢、铝合金、铜等，这些材料具有优异的抗腐蚀性能和机械性能，可以满足建筑结构的承载和耐久性要求。在低碳建筑中，耐腐蚀金属材料可以用于外部围护结构、结构承重部位以及建筑内部的各种设备和管道等。由于其长期使用寿命，耐腐蚀金属材料可以减少建筑的维护和更换成本，从而实现低碳建筑的目标。

此外，低碳建筑还应选择可再生材料和循环材料。可再生材料是指在自然界中可以再生的材料，如竹材、木材等。循环材料是指可以回收利用的材料，如废旧金属、废旧塑料等。在低碳建筑中，可再生材料和循环材料可以用于建筑内部的装饰和家具等，以及外部围护结构和景观设计等。这些材料不仅具有长期使用寿命，而且还可以降低建筑的能耗和碳排放，实现低碳建筑的目标。

总之，低碳建筑的选择具有长期使用寿命的材料，可以减少建筑的维护和更换成本，从而实现低碳建筑的目标。高性能混凝土和耐腐蚀金属材料等材料是低碳建筑中的首选材料，可再生材料和循环材料也是低碳建筑中值得推荐的材料。

3.2.5 可持续性

低碳建筑是指在设计和建造过程中，尽可能减少对环境的影响，降低碳排放和能源消耗的建筑。在国内，低碳建筑的发展已经引起了广泛的关注和实践。其中，优先选择可再生、可循环利用的材料是低碳建筑设计的重要方面之一。

可再生材料是指在人类时间尺度内不会枯竭、不会对环境产生危害、可以循环使用的材料。竹材是一种优秀的可再生材料，因为它生长速度快、材质坚韧、易于加工、导热系数低、吸水性强等特点。在国内，竹材已经被广泛应用于建筑领域，例如竹结构房屋、竹装饰板等。

可回收金属是指可以再生利用的废旧金属。废旧金属的回收利用可以减少对自然资源的消耗，降低环境污染。在国内，可回收金属已经被广泛应用于建筑领域，例如钢结构、铝合金门窗等。

可降解材料是指在自然条件下可以分解的材料。可降解材料可以降低对环境的污染，减少碳排放。在国内，可降解材料已经被广泛应用于建筑领域，例如生物降解塑料、纸木复合材料等。

除了上述材料外，低碳建筑还优先选择本地材料，以减少运输能耗和碳排放。本地材料包括本地生产的建筑材料和本地回收利用的材料。本地材料的使用可以促进地方经济的发展，减少对环境的影响。

低碳建筑的设计和建造需要综合考虑多种因素，包括建筑材料、能源利用、建筑形式等。通过优先选择可再生、可循环利用的材料，可以降低低碳建筑的碳排放和能源消耗，促进可持续发展。

3.2.6 创新性

随着全球气候变化的影响日益严重，低碳建筑成为我国建设领域的重要发展方向。低碳建筑的目标是在能源消耗、环境污染和碳排放等方面实现大幅度减量，以达到可持续发展的目标。为了实现这一目标，国内鼓励使用新型、创新的材料和技术来提高建筑的效率和性能。

智能玻璃是低碳建筑中广泛应用的一种新型材料。它具有调节室内光线、温度、湿度等功能，可以自动调节室内环境，提高建筑舒适度，降低空调等能源消耗。智能玻璃还可以减少室内光线对物体的照射，降低紫外线辐射，从而保护家具和装饰材料，延长其使用寿命。

太阳能电池板是低碳建筑中另一种重要的新型材料。它可以将太阳能转化为电能，为建筑提供清洁、可再生的能源。太阳能电池板可以广泛应用于屋顶、墙壁和其他建筑部件，且使用年限长，维护成本低。它在低碳建筑中的应用可以减少对传统能源的依赖，降低能源消耗和碳排放。

除了智能玻璃和太阳能电池板，低碳建筑中还有许多其他新型材料和技术。例如，高效保温材料可以降低建筑的能耗，提高室内舒适度；节能照明系统和智能控制系统可以降低建筑的能源消耗；建筑物集成光伏发电系统可以实现能源回收和减排。

总之，新型、创新的材料和技术在低碳建筑中的应用可以提高建筑的效率和性能，降低能源消耗和碳排放，实现可持续发展的目标。未来，随着技术的不断发展和应用，低碳建筑将会成为我国建设领域的主要发展方向，为我国的可持续发展做出重要贡献。

3.2.7 经济性

低碳建筑是指通过减少温室气体排放、降低能耗和污染等方式，实现环境友好的建筑。在国内，低碳建筑的设计和实践已经得到了广泛的关注和应用，尤其是在政府和公众对环保和可持续发展的意识日益增强的背景下。

为了实现低碳建筑的目标，应尽量选择经济实惠的材料和方案，以确保建筑的经济性和可实施性。

首先，在建筑材料方面，可以选择环保防水涂料、零甲醛生态板材、环保水性木器、装饰产品节能灯等低碳环保建筑材料。这些材料不仅符合低碳环保的要求，而且还能够降低建筑的能耗和污染。例如，使用环保防水涂料可以减少建筑表面的水分渗透，提高建筑的保温性能，从而降低建筑的能耗。

其次，在建筑设计方面，可以选择简约的建筑风格，减少建筑表面的装饰和繁琐的细节，从而减少建筑材料的使用量和能耗。同时，还可以采用自然通风和采光等方式，减少建筑对能源的依赖。

另外，在建筑施工方面，可以采用模块化、预制化的施工方式，减少建筑现场的施工时间和能耗。此外，还可以采用可再生能源，如太阳能和风能等，为建筑提供能源，进一步降低建筑的能耗和污染。

最后，低碳建筑的设计和实践需要综合考虑建筑的经济性和可实施性。在选择建筑材料和方案时，应权衡建筑的成本和环保效益，确保建筑的经济性和可实施性。例如，在某些情况下，虽然使用某些低碳环保建筑材料可以降低建筑的能耗和污染，但成本较高，此时需要综合考虑建筑的成本和环保效益，选择最佳的材料和方案。

总之，低碳建筑是实现环保和可持续发展的重要手段之一，通过选择经济实惠的材料和方案，可以实现低碳建筑的目标，同时确保建筑的经济性和可实施性。未来，随着环保和可持续发展的理念不断深入人心，低碳建筑的设计和实践将更加广泛和深入，为建设美好环境、美好社会作出贡献。

4

第四章　典型传统建材绿色
低碳指标

4.1
水泥

▶ 　　水泥是建筑行业中广泛应用的重要材料之一，但传统的水泥生产过程会产生大量的二氧化碳排放，对环境造成不良影响，其绿色低碳指标有以下几个方面。

4.1.1 碳排放量

　　水泥是建筑行业中不可或缺的重要材料，但其生产过程中会产生大量的二氧化碳，对环境造成不小的影响。因此，降低水泥生产过程中的碳排放量，是实现绿色环保建筑的必要步骤。

　　碳排放量是衡量水泥生产过程中碳排放量的重要指标。碳排放量是指在生产过程中所排放的二氧化碳总量，通常用吨二氧化碳/吨水泥表示。水泥生产过程中的碳排放主要来自于两个方面：一是石灰石的热解，二是燃料的燃烧。其中，石灰石的热解是水泥生产过程中碳排放的主要来源。

　　降低水泥生产过程中的碳排放量，需要采用低碳生产技术。低碳生产技术是指在生产过程中采用节能、减排、高效、环保等手段，以减少碳排放量为目标的生产技术。以下是几种常见的低碳生产技术：

　　采用高效燃烧技术。高效燃烧技术是指通过优化燃烧过程，提高燃料的燃烧效率，减少燃料的消耗，从而降低碳排放量。这种技术可以通过改进燃烧设备、优化燃烧参数等方式实现。

　　采用低碳熟料生产技术。低碳熟料生产技术是指通过改变熟料生产过程中的热工制度、原材料配料等，减少熟料生产过程中的碳排放。这种技术可以通过采用新型熟料烧成技术、改进原材料的处理方式等方式实现。

　　采用碳捕集与封存技术。碳捕集与封存技术是指在生产过程中，将排放出的二氧化碳进行捕集和封存，以减少碳排放量。这种技术可以通过在生产过程中设置碳捕集装置、建立二氧化碳储存库等方式实现。

采用可再生能源。可再生能源是指在生产过程中使用风能、太阳能等可再生能源，以减少对传统能源的依赖，从而降低碳排放量。

总之，降低水泥生产过程中的碳排放量，需要采用低碳生产技术。低碳生产技术不仅可以降低碳排放量，还能提高生产效率、降低生产成本，实现经济效益和环境效益的双赢。随着科技的不断发展和技术的不断进步，低碳生产技术将会越来越成熟和普及，水泥行业的低碳生产也将会成为行业发展的趋势。

4.1.2 节能减排

水泥生产是一项能耗较高的工业生产过程，每年消耗大量的能源，同时也会排放大量的碳和其他污染物。因此，节能减排是衡量水泥生产过程中能源消耗和环境污染的重要指标。通过采用节能技术和低碳生产方式，可以降低能源消耗和碳排放，减少对环境的污染。

首先，采用节能技术是降低水泥生产能耗的重要手段。目前，余热发电技术、变频节能技术和节能粉磨技术等几项新技术已基本成熟。余热发电技术可以利用水泥生产过程中产生的废气余热发电，降低能源消耗。变频节能技术可以通过调整电机转速，降低能耗。节能粉磨技术可以提高粉磨效率，降低电耗。此外，内部挖潜也是降低现有生产线能耗的有效途径。在现有生产装备基础上，通过针对性的工艺技改、技术优化和调整，可以充分发挥生产线的潜力，最大限度地降低生产线的能耗指标。

其次，降低煤耗和电耗也是水泥生产节能减排的重要措施。降低生产线熟料煤耗，应当在预热器出口温度、冷却机出口温度、出冷却机熟料温度以及系统保温等方面寻求改进。降低磨机电耗的重点在于提高和稳定磨机台时产量，并降低磨主电机功率。此外，加强内部管理，强化员工的节能意识对于任何行业都非常重要，水泥企业也要加强这方面的宣贯，尽快培养员工节约每一度电、每一锹煤、每一滴水的意识。

此外，低碳生产方式也是水泥生产节能减排的重要途径。通过采用低碳原料和燃料，可以降低生产过程中的碳排放。例如，利用废弃物和工业废渣作为原料，减少对天然矿物原料的依赖，从而降低碳排放。此外，利用清洁能源，如太阳能和风能等，也可以降低能源消耗和碳排放。

最后，政府和企业应该加强合作，制定节能减排的政策和措施，共同推动水泥行业的节能减排工作。政府应该加大对节能技术和低碳生产方式的投入和支持，鼓励企业采用节能技术和低碳生产方式，并对节能减排成绩突出的企业给予奖励和优惠政策。企业应该积极响应政府的号召，加大节能减排的投入和力度，不断提高生产效率和资源利用效率，实现可持续发展。

总之，通过采用节能技术和低碳生产方式，可以降低水泥生产过程中的能源消耗和碳排放，减少对环境的污染。政府和企业应该加强合作，共同推动水泥行业的节能减排工作，实现可持续发展。

4.1.3 废弃物利用率

水泥生产过程中会产生大量的废弃物，废弃物利用率是衡量水泥生产过程中废弃物再利用的重要指标。通过采用环保技术和废弃物再利用技术，可以提高废弃物利用率，减少对环境的污染。

环保技术是指采用各种方法来减少水泥生产过程中产生的废弃物，例如，采用高效的粉尘收集器来收集生产过程中产生的粉尘，采用废气处理系统来处理废气，采用废水处理系统来处理废水等。这些环保技术可以有效地减少水泥生产过程中产生的废弃物，降低对环境的污染。

废弃物再利用技术是指将水泥生产过程中产生的废弃物转化为有用的资源，例如，将生产过程中产生的粉尘转化为水泥原料，将废气转化为能源，将废水转化为农业用水等。这些废弃物再利用技术不仅可以减少对环境的污染，还可以降低水泥生产的成本，提高生产效率。

此外，政府和企业也可以通过制定相关的政策和法规来鼓励水泥企业采用环保技术和废弃物再利用技术。例如，政府可以通过税收优惠、资金支持等方式来鼓励水泥企业采用环保技术和废弃物再利用技术，企业也可以通过自身的技术创新和改进来提高废弃物利用率，减少对环境的污染。

总之，通过采用环保技术和废弃物再利用技术，可以提高水泥生产过程中废弃物的利用率，减少对环境的污染。政府和企业也可以通过制定相关的政策和法规来鼓励水泥企业采用环保技术和废弃物再利用技术，共同推动水泥行业的可持续发展。

4.1.4 产品质量

水泥产品质量是衡量水泥生产过程中环保和低碳程度的重要指标。通过采用环保技术和低碳生产方式，可以提高水泥产品质量，减少对环境的污染。

首先，采用环保技术是提高水泥产品质量、降低污染排放的关键。目前，新型干法旋窑技术是水泥行业中最先进、最环保的生产工艺之一。这种工艺将原料进行烘干并粉磨，制成生料粉后喂入干法窑内煅烧成熟料。相比于传统的湿法生产工艺，新型干法旋窑技术可以降低能耗和污染物排放，提高水泥产品质量。此外，新型干法旋窑技术还可以利用废渣、粉煤灰等废弃物作为原料，实现资源的有效利用和环境保护。

其次，低碳生产方式也是提高水泥产品质量、降低污染排放的重要手段。低碳生产方式主要包括节能减排、采用清洁能源等措施。在节能减排方面，可以通过改进生产设备、优化生产流程等措施，降低能耗和污染物排放。例如，采用高效节能的球磨机、预热器等设备，可以提高生产效率，降低能耗。在采用清洁能源方面，可以利用太阳能、风能等清洁能源进行生产，减少对传统能源的依赖，降低碳排放。

此外，提高水泥产品质量也是降低污染排放的重要手段。通过改进生产工艺、优化原材料配比等措施，可以提高水泥产品的质量和性能，降低其对环境的影响。例如，采用高质量的原材料、精确控制生产工艺参数等措施，可以提高水泥产品的强度和耐久性，减少其在使用过程中的损耗和废弃。

综上所述，采用环保技术和低碳生产方式是提高水泥产品质量、降低污染排放的关键。新型干法旋窑技术、节能减排、采用清洁能源、提高水泥产品质量等措施，可以为水泥行业的可持续发展和环境保护做出贡献。随着科技的不断进步和环保意识的不断提高，相信水泥行业一定会迎来更加美好的发展前景。

4.2
预制构件

▶   预制构件作为一种在建筑行业中广泛应用的构建方式，具有生产周期短、质量可控、减少现场施工噪声等优点，其绿色低碳指标有以下几个方面。

4.2.1 材料使用

预制构件是建筑行业中经常使用的一种构件，其优点在于可以实现标准化、模块化生产，提高建筑效率，减少建筑工地的污染和噪声等问题。然而，预制构件的生产和使用也会对环境造成一定的影响，如能源消耗、碳排放等问题。因此，为了减少对环境的污染，预制构件应使用环保材料，如回收利用的建筑材料、工业废渣等，同时应尽量减少材料的使用量，以降低碳排放量。

首先，回收利用的建筑材料是一种环保材料，它可以减少对环境的污染，降低能源消耗和碳排放。例如，废旧钢材、木材、塑料等材料可以被回收利用，用于预制构件的生产。此外，工业废渣也可以被用作预制构件的原材料，如矿渣、粉煤灰等。这些环保材料的使用可以降低预制构件的生产成本，同时也可以减少对环境的污染。

其次，尽量减少材料的使用量也是降低碳排放量的重要措施。预制构件的生产需要消耗大量的材料，如钢材、混凝土等，这些材料的生产和使用会产生大量的碳排放。因此，在预制构件的设计和生产过程中，应尽量减少材料的使用量，以降低碳排放量。例如，可以通过优化预制构件的结构设计，减少材料的使用量；或者使用高强度、轻质化的材料，以减少材料的使用量。

此外，预制构件的生产和使用过程中也应注意节能减排。例如，在预制构件的生产过程中，可以采用节能设备和工艺，降低能源消耗；或者使用清洁能源，如太阳能、风能等，以减少碳排放。在预制构件的使用过程中，可以采用高效的保温、隔热材料，降低建筑的能耗，从而减少碳排放。

总之，预制构件的生产和使用对环境的影响是不可忽视的。为了减少对环境的污染，预制构件应使用环保材料，如回收利用的建筑材料、工业废渣等；同时应尽量减少材料的使用量，以降低碳排放量。此外，预制构件的生产和使用过程中也应注意节能减排，以实现建筑行业的可持续发展。

4.2.2 制造过程

预制构件是现代建筑施工中不可或缺的组成部分，其制造过程对于环境的影响也越来越受到人们的关注。为了降低预制构件制造过程对环境的影响，应采用低碳工艺，如使用高效节能的设备和工艺，减少能源消耗和碳排放，并减少废弃物的产生。

首先，在预制构件的制造过程中，应使用高效节能的设备和工艺。例如，可以使用高效节能的蒸汽锅炉、热泵等设备来提供热能，以替代传统的燃煤锅炉、燃油锅炉等设备。这些设备不仅能够提供足够的热能，还能够降低能源消耗和碳排放。此外，在生产过程中还可以采用节能灯具、节能电机等设备，以进一步降低能源消耗。

其次，在预制构件的制造过程中，应减少废弃物的产生。例如，在钢筋加工过程中，可以采用数控钢筋加工设备，减少人工操作和废弃物的产生。在混凝土浇筑过程中，可以采用预制模板和永久性模具，以减少废弃物的产生。此外，在构件运输和安装过程中，也可以采用专业化的运输和安装工具，以减少废弃物的产生。

最后，预制构件的制造过程还应注重环境保护。例如，在生产过程中可以采用除尘设备，减少空气中的粉尘污染。在混凝土浇筑过程中，可以采用污水处理设备，将废水处理后再排放，以减少对环境的影响。

综上所述，预制构件的制造过程应采用低碳工艺，以减少能源消耗和碳排放，并减少废弃物的产生。只有在保护环境的前提下，才能实现预制构件的可持续发展，为人类社会的进步做出贡献。

4.2.3 运输和安装

预制构件的运输和安装是建筑行业中的重要环节，也是能源消耗和碳排放的主要来源之一。为了减少能源消耗和碳排放，我们应该采取一些措施来优化预制构件的运输和安装过程。

首先，在预制构件的运输过程中，可以使用可再生能源的车辆进行运输。例如，使用电力驱动的车辆或者使用生物燃料的车辆进行运输。这些车辆可以减少对化石燃料的依赖，从而减少碳排放。此外，在运输过程中，可以采取一些措施来减少能源消耗。例如，优化运输路线，减少交通拥堵；提高运输车辆的载重效率，减少空驶率等。

其次，在预制构件的安装过程中，可以使用节能设备和工艺。例如，使用节能起重机进行构件的吊装，或者使用预制构件的拼接工艺，减少在现场进行焊接、切割等工艺。这些设备和工艺可以减少能源消耗，从而减少碳排放。此外，在安装过程中，可以采取一些措施来提高构件的安装效率。例如，优化安装方案，减少人工劳动；使用高科技材料和工艺，减少构件的损耗等。

此外，在预制构件的运输和安装过程中，还可以采取一些措施来减少对环境的污染。例如，在运输过程中，可以采用密闭式运输车辆，减少扬尘和噪声的污染；在安装过程中，可以采用降噪设备和工艺，减少噪声的污染。这些措施可以减少对环境的污染，保护生态环境。

综上所述，预制构件的运输和安装应该尽量减少能源消耗和碳排放。我们可以通过使用可再生能源的车辆进行运输，或者使用节能设备和工艺进行安装，来达到这个目标。此外，在运输和安装过程中，我们还应该采取一些措施来减少对环境的污染。

4.2.4 寿命和维护

预制构件是现代建筑施工中广泛应用的一种构件，其优点包括提高建筑施工的可持续性和效率，降低施工过程中的碳排放，减少可能的受潮损害，以及几乎可以在任何天气条件下快速安装等。此外，预制构件还应具有较长的使用寿命和较低的维护成本，这可以减少建筑物的维护成本和资源消耗，同时也可以提高预制构件的可持续性。

预制构件的使用寿命主要取决于其材料的质量和耐用性。因此，在预制构件的生产过程中，应选择具有出色性能的材料，例如高强度、耐腐蚀和耐久性的钢材和木材等。此外，预制构件的制造工艺也应符合高标准，以确保构件的质量和可靠性。例如，在芬林梅沙木业生产的横梁和板材中，使用高质量的木材和先进的加工技术，可以提高构件的性能和耐用性，从而延长其使用寿命。

除了材料和制造工艺外，预制构件的维护和保养也是影响其使用寿命的重要因素。预制构件的维护成本应包括在建筑物的运营成本中，以确保构件的长期可靠性和性能。维护和保养预制构件的方法包括定期检查、清洁和涂漆等。此外，预制构件的拆卸和回收也是其可持续性的重要方面，可以通过回收和再利用预制构件来减少对环境的影响和资源消耗。

总之，预制构件可以提高建筑施工的可持续性和效率，降低施工过程中的碳排放和受潮损害，同时其较长的使用寿命和较低的维护成本也可以减少建筑物的维护成本和资源消耗，提高预制构件的可持续性。因此，预制构件的应用前景非常广阔，值得推广和应用。

4.2.5 循环利用

预制构件是指在工厂或现场生产的混凝土、钢材、木材等构件，用于建造建筑物或其他结构物。由于预制构件的生产和运输需要消耗大量的资源和能源，因此回收利用和循环利用预制构件可以减少对环境的影响，同时降低建筑成本。

回收利用预制构件是一种可行的方法，可以用于建造其他建筑物或其他用途。回收的预制构件可以通过再次使用或翻新来减少浪费和节约资源。例如，钢梁、钢柱等金属构件可以回收后用于制造其他金属制品，如家具、机器设备等。回收的混凝土构件可以用于制造路面砖、地砖等建筑材料。此外，回收的木材构件也可以用于制造家具、地板等木制品。

除了回收利用，预制构件还可以用于建造其他建筑物或其他用途。例如，一座建筑拆除后，其中的预制构件可以被再次用于建造另一座建筑物，从而减少对环境的影响。预制构件也可以用于建造临时结构，如临时办公室、临时仓库等。此外，预制构件还可以用于建造其他用途的建筑物，如桥梁、隧道、港口等。

不过，回收利用和循环利用预制构件需要考虑一些问题。例如，回收的预制构件需要进行检查和评估，以确保其质量和安全性。回收的预制构件可能需要进行修复和翻新，以满足再次使用的要求。此外，回收和循环利用预制构件需要建立合适的物流和回收体系，以确保回收和再利用的效率和可持续性。

回收利用和循环利用预制构件是一种可行的方法，可以减少对环境的影响，同时降低建筑成本。为了实现回收利用和循环利用预制构件，需要建立合适的回收和再利用体系，加强对预制构件的质量控制和安全监管。

4.3

建筑钢材

▶ 建筑钢材是建筑行业中常见的材料之一，其应用广泛，具有强度高、耐久性好等优点，其绿色低碳指标有以下几个方面。

4.3.1 材料使用

建筑钢材是建筑行业中不可或缺的材料之一，然而传统的建筑钢材生产方式会对环境造成较大的污染。为了减少对环境的影响，我们应该使用环保材料，如回收利用的钢材、工业废渣等。同时，还应尽量减少材料的使用量，以降低碳排放量。

回收利用的钢材是一种非常环保的建筑材料。废旧钢材经过回收、加工、净化处理后，可以重新制成新的钢材，从而减少对环境的污染。回收利用的钢材具有较高的强度和耐久性，可以满足建筑行业的要求。同时，由于回收利用的钢材经过了多次使用，其含碳量较低，因此可以减少碳排放量。

工业废渣也是一种非常环保的建筑材料。工业废渣是指工业生产过程中产生的废弃物，例如炉渣、钢渣、矿渣等。这些废渣经过处理后，可以制成建筑材料，如混凝土、砖块等。使用工业废渣制成的建筑材料具有较高的强度和耐久性，可以满足建筑行业的要求。同时，由于工业废渣是废弃物再利用，因此可以减少对环境的污染。

减少材料的使用量也是减少对环境污染的重要措施。建筑行业中，材料的使用量往往非常大，因此减少材料的使用量可以大大降低碳排放量。为了减少材料的使用量，我们可以采用高效节能的建筑设计方案，如设计节能建筑、利用可再生能源等。此外，我们还可以推广使用高强度、高耐久性的建筑材料，如高强度钢材、高性能混凝土等，以减少材料的使用量。

综上所述，使用环保材料和减少材料使用量是减少对环境污染的重要措施。回收利用的钢材和工业废渣都是一种非常环保的建筑材料，可以有效减少对环境的污染。同时，减少材料的使用量也可以降低碳排放量，保护环境。因此，我们应该在建筑行业中推广使用环保材料和减少材料使用量的做法，以实现可持续发展。

4.3.2 制造过程

建筑钢材是建筑行业中不可或缺的重要材料，然而传统的制造过程会导致大量的能源消耗和碳排放，同时产生大量的废弃物，对环境造成严重的影响。因此，采用低碳工艺制造建筑钢材已成为当今建筑行业的重要课题。

低碳工艺的主要目标是减少能源消耗和碳排放，同时减少废弃物的产生。具体来说，制造过程应该采用高效节能的设备和工艺，以降低能源消耗和碳排放。例如，可以使用高效烧结设备和工艺，以减少烧结过程中的能源消耗和碳排放；使用先进的炼钢工艺和设备，如炉外精炼和连续铸钢等，以降低炼钢过程中的能源消耗和碳排放。

此外，制造过程还应减少废弃物的产生，以降低对环境的影响。例如，可以采用清洁生产工艺，将废弃物转化为可再利用的资源，或者采用废弃物处理设备，如高炉渣处理设备和钢渣处理设备等，以减少废弃物的产生和排放。

在低碳工艺的制造过程中，还需要注意资源的合理利用。例如，可以采用再生资源作为原材料，以减少对自然资源的消耗；或者采用可再利用的材料，如废钢和废铁等，以降低对环境的影响。

除了低碳工艺的制造过程外，建筑钢材的使用也应该注重低碳环保。例如，可以使用轻量化的建筑钢材，以减少对环境的影响；或者采用可再生能源，如太阳能和风能等，以降低对环境的影响。

总之，低碳工艺制造建筑钢材是建筑行业中的重要课题，需要采用高效节能的设备和工艺，减少能源消耗和碳排放，同时减少废弃物的产生，以降低对环境的影响。只有在低碳环保的前提下，建筑钢材的制造过程才能够真正实现可持续发展。

4.3.3 运输和安装

建筑钢材是建筑行业中不可或缺的重要材料，而其运输和安装过程中的能源消耗和碳排放也会对环境造成负面影响。因此，为了减少对环境的影响，我们应该尽量减少建筑钢材的运输和安装过程中的能源消耗和碳排放。

在运输方面，可以使用可再生能源的车辆进行运输。例如，使用电力驱动的车辆或者生物燃料驱动的车辆进行运输，可以减少对化石燃料的依赖，从而减少碳排放。此外，还可以采用更加智能的物流管理系统，以减少运输的距离和时间，从而减少能源消耗和碳排放。

在安装过程中，可以使用节能设备和工艺。例如，使用高效节能的焊接设备和工艺，可以减少能源消耗和碳排放。还可以采用预制件安装的方式，以减少现场施工的时间和能源消耗。此外，还可以在安装过程中采用可再生能源的设备和工艺，例如使用太阳能电池板供电的设备和工艺，以进一步减少碳排放。

除了在运输和安装过程中采取措施外，还可以在钢材的生产过程中采取措施来减少能源消耗和碳排放。例如，可以使用高炉煤气发电机组来利用高炉煤气产生电力，以减少能源消耗和碳排放。还可以采用先进的炼钢工艺和设备，以减少能耗和碳排放。

减少建筑钢材的运输和安装过程中的能源消耗和碳排放，不仅可以降低对环境的影响，还可以降低企业的成本和提高竞争力。因此，应该积极采取各种措施来减少能源消耗和碳排放，推动建筑钢材行业的可持续发展。

4.3.4 寿命和维护

建筑钢材是建筑行业中最常见的材料之一，它的使用寿命和维护成本直接影响到建筑物的质量和可持续性。因此，建筑钢材应具有较长的使用寿命和较低的维护成本，以减少建筑物的维护成本和资源消耗，同时也可以提高建筑钢材的可持续性。

首先，建筑钢材的使用寿命应较长。这可以通过采用合适的钢材种类、涂层和防护措施来实现。例如，可以使用高强度、耐腐蚀的钢材，如不锈钢、耐候钢等，以延长钢材的使用寿命。此外，可以使用涂层和防护措施，如电镀、涂层、防腐蚀涂料等，以保护钢材表面免受腐蚀和磨损。这些措施可以有效地延长建筑钢材的使用寿命，降低维护成本。

其次，建筑钢材的维护成本应较低。这可以通过采用易于维护和修理的材料和设计来实现。例如，可以使用可拆卸的钢材构件，如螺栓、连接件等，以便于维护和更换。此外，可以通过设计合理的结构和形状，使钢材构件易于清洁和维护，以降低维护成本。

此外，建筑钢材的可持续性也应得到考虑。这可以通过采用环保的材料和生产工艺来实现。例如，可以使用可回收再利用的钢材，或使用低碳、环保的钢材生产工艺，以减少对环境的影响。这些措施可以提高建筑钢材的可持续性，促进建筑行业的可持续发展。

总之，建筑钢材应具有较长的使用寿命和较低的维护成本，以减少建筑物的维护成本和资源消耗，同时也可以提高建筑钢材的可持续性。这需要建筑设计师、材料制造商和建筑承包商等各方共同努力，通过采用合适的材料、设计和施工工艺来实现。

4.3.5 循环利用

建筑钢材是建筑行业中不可或缺的重要材料之一，然而，传统的建筑钢材生产和消费方式对环境造成了不小的影响。为了减少这种影响，建筑钢材应该实现循环利用，以降低对环境的影响。

回收利用是实现建筑钢材循环利用的重要方式之一。回收利用废旧建筑钢材可以减少对环境的污染，同时也可以节约有限的资源。回收利用的建筑钢材可以用于建造其他建筑物或其他用途，从而减少对环境的影响。此外，回收利用的建筑钢材还可以降低建筑成本，提高建筑效率，从而促进建筑行业的可持续发展。

除了回收利用，建筑钢材还可以通过再利用的方式实现循环利用。再利用建筑钢材指的是将废旧建筑钢材用于其他用途，例如用于制造家具、设备等。这种方式可以减少对环境的污染，同时也可以节约资源，降低建筑成本，提高建筑效率。

另外，建筑钢材还可以通过替代的方式实现循环利用。例如，可以使用废旧建筑钢材替代新的建筑钢材，从而减少对环境的影响。此外，建筑行业中还可以使用可再生材料代替传统的建筑钢材，从而减少对环境的影响。

实现建筑钢材的循环利用可以减少对环境的影响，同时也可以促进建筑行业的可持续发展。为了实现这一目标，需要建立完善的回收利用体系，提高回收利用效率，同时也需要推广可再生材料和替代品，从而减少对环境的影响。

4.4
建筑玻璃

▶ 建筑玻璃在建筑中起到隔热、保温、采光等重要作用，其绿色低碳指标有以下几个方面。

4.4.1 能源消耗

建筑玻璃是现代建筑中不可或缺的材料之一，然而它的生产和制造过程却需要消耗大量的能源。据统计，生产$1m^2$的平板玻璃需要消耗约1.5kg的标准煤，而制造过程中产生的二氧化碳排放量也相当可观。因此，如何降低建筑玻璃的生产和制造过程中的能源消耗，以及提高建筑玻璃在使用过程中的能源节约情况，是绿色低碳建筑设计中的重要问题。

首先，建筑玻璃的生产和制造过程中可以通过技术创新和工艺改进来降低能源消耗。例如，采用清洁能源如太阳能和风能等来代替传统的化石能源，利用高效节能的烧制技术和设备，以及采用废弃物回收和资源综合利用等措施，都可以降低生产和制造过程中的能源消耗。

其次，建筑玻璃的使用过程中也可以通过多种方式来节约能源。例如，采用隔热玻璃和低辐射玻璃等新型玻璃材料，可以提高建筑的保温性和隔热性能，从而降低建筑的能耗。此外，采用遮阳技术和智能化控制系统，如自动调节百叶窗和窗户的开关，可以根据室内外光线和温度等环境因素的变化，实现对建筑玻璃的使用管理和节能控制。

最后，对于既有建筑的玻璃改造，也可以采用一些措施来提高建筑的能源效率。例如，在既有建筑的窗户上添加隔热膜和遮阳板等，可以提高窗户的隔热性能和遮阳效果，从而降低建筑的能耗。此外，还可以通过更换老旧玻璃，采用新型的节能玻璃材料，来提高建筑的能源效率。

总之，建筑玻璃的绿色低碳指标可以通过测量建筑玻璃的生产和制造过程中的能源消耗，以及建筑玻璃在使用过程中的能源节约情况来评价。通过技术创新和工艺改进，以及采用新型玻璃材料和节能控制系统等措施，可以降低建筑玻璃的生产和制造过程中的能源消耗，提高建筑玻璃的使用过程中的能源节约情况，从而实现绿色低碳建筑的目标。

4.4.2 碳排放

建筑玻璃生产和制造过程中会产生二氧化碳等温室气体，这些温室气体会对环境造成不良影响，加剧全球气候变化。因此，衡量建筑玻璃的碳排放量以及其在使用过程中的碳排放量对于实现绿色低碳发展至关重要。

首先，建筑玻璃生产和制造过程中的碳排放量可以通过测量生产过程中所用的能源类型、能源消耗量以及碳排放量等因素来计算。这些数据可以通过企业内部的监测系统或者第三方检测机构进行测量和验证。此外，可以通过对生产过程中所用的原材料、工艺等方面进行优化，以减少碳排放量的产生。例如，可以使用更加清洁、高效的能源，优化生产工艺，减少原材料的浪费等。

其次，建筑玻璃在使用过程中的碳排放量可以通过测量其在使用过程中的能源消耗量以及碳排放量等因素来计算。这些数据可以通过建筑能耗监测系统进行测量和验证。建筑玻璃的使用过程中，其能源消耗主要来自于其保温性能和隔热性能。因此，可以通过使用高效隔热、保温的建筑玻璃，降低其在使用过程中的能耗和碳排放量。

最后，绿色低碳指标可以帮助建筑业更好地实现绿色低碳发展。通过制定绿色低碳指标，可以对建筑玻璃的生产和制造过程以及其在使用过程中的碳排放量进行量化和评估，为企业提供更好的低碳发展指导。同时，绿色低碳指标还可以作为建筑业低碳发展的重要评价指标，推动建筑业向更加绿色、低碳的方向发展。

总之，建筑玻璃的碳排放量是建筑业低碳发展的重要研究对象。通过测量建筑玻璃的生产和制造过程中的碳排放量以及其在使用过程中的碳排放量，可以更好地评估建筑业的低碳发展水平，并为建筑业的低碳发展提供指导。同时，绿色低碳指标的制定和应用也可以促进建筑业的低碳发展，推动建筑业向更加绿色、低碳的方向发展。

4.4.3 环境影响

建筑玻璃是现代建筑中不可或缺的一种材料，然而，在它的生产和制造过程中可能会产生一些有害物质，如氮氢化物、二氧化硫等，这些物质会对环境造成污染。因此，绿色低碳指标可以测量建筑玻璃生产和制造过程中的环境影响，这是一种非常重要的评价指标。

绿色低碳指标包括了很多方面，如能源消耗、碳排放、原材料使用等，这些指标都可以用来评估建筑玻璃生产和制造过程中的环境影响。例如，能源消耗是衡量生产过程中环境影响的一个重要指标。建筑玻璃生产需要消耗大量的能源，其中包括电力、燃料等，这些能源的消耗会产生大量的二氧化碳和其他温室气体，对环境造成污染。因此，通过测量能源消耗，可以评估建筑玻璃生产和制造过程中的环境影响。

碳排放是另一个重要的绿色低碳指标。建筑玻璃生产和制造过程中产生的二氧化碳等温室气体会导致全球气候变暖，对环境造成严重的影响。因此，通过测量碳排放量，可以评估建筑玻璃生产和制造过程中的环境影响，并采取措施来减少碳排放，降低对环境的影响。

原材料使用也是绿色低碳指标的一部分。建筑玻璃生产需要使用大量的原材料，如硅砂、硼砂等，这些原材料的开采和使用会对环境造成污染。因此，通过测量原材料使用量和来源，可以评估建筑玻璃生产和制造过程中的环境影响，并采取措施来减少原材料的使用，降低对环境的影响。

除了上述指标外，绿色低碳指标还包括废弃物处理、运输和生产效率等方面。废弃物处理是衡量生产过程中环境影响的另一个重要指标。建筑玻璃生产和制造过程中产生的废弃物会对环境造成污染，因此，通过测量废弃物的处理方式和效果，可以评估建筑玻璃生产和制造过程中的环境影响。

绿色低碳指标是测量建筑玻璃生产和制造过程中的环境影响的一种重要手段。这些指标可以评估生产过程中的能源消耗、碳排放、原材料使用、废弃物处理等方面，从而找出改进的空间，降低对环境的负面影响。只有通过实施绿色低碳指标，才能有效地保护环境，实现可持续发展。

4.4.4 资源利用

建筑玻璃是现代建筑中不可或缺的一种材料，它不仅具有透明的特性，还能够起到隔热、隔声、防紫外线等作用。然而，建筑玻璃生产和制造需要大量的原材料，如砂子、石灰石等，这些资源是有限的。因此，在当前全球环保意识不断提高的背景下，如何实现建筑玻璃生产和制造的绿色低碳化，成为一个亟待解决的问题。

绿色低碳指标是衡量建筑玻璃生产和制造过程中资源利用情况以及建筑玻璃在使用过程中资源节约情况的重要工具。这些指标可以从以下几个方面进行评价：

能源利用方面：建筑玻璃生产和制造过程中需要消耗大量的能源，包括电力、燃料等。因此，通过采用先进的生产工艺和设备，降低能源消耗，提高能源利用效率，是实现绿色低碳化的重要途径。例如，可以采用清洁能源，如太阳能、风能等，来替代传统的化石燃料。

资源利用方面：建筑玻璃生产和制造需要大量的原材料，如砂子、石灰石等。这些资源是有限的，且其开采和运输过程会对环境造成污染。因此，通过采用循环利用的原材料、利用废弃物制造建筑玻璃等方式，可以降低对天然资源的依赖，实现资源节约和环境保护。

环境保护方面：建筑玻璃生产和制造过程中会产生大量的二氧化碳、二氧化硫等有害气体，以及废水、废渣等废弃物。这些污染物对环境和人类健康造成威胁。因此，通过采用先进的环保设备和技术，降低污染物排放，治理废水、废渣等废弃物，是实现绿色低碳化的重要手段。

建筑玻璃使用过程中的资源节约方面：建筑玻璃的使用过程中，可以通过改善建筑的设计和材料的选用，实现资源的节约。例如，采用隔热、隔声性能好的建筑玻璃，可以降低建筑的能耗；采用可调节光线的建筑玻璃，可以节省照明能源等。

综上所述，绿色低碳指标是衡量建筑玻璃生产和制造过程中资源利用情况以及建筑玻璃在使用过程中资源节约情况的重要工具。通过制定和实施这些指标，可以促进建筑玻璃行业实现绿色低碳化，降低对天然资源的依赖，减少环境污染，为人类社会的可持续发展做出贡献。

4.4.5 可持续性

建筑玻璃是建筑行业中常见的一种材料，其在建筑中的应用可以提高建筑物的美观性和通透性。随着人们对环境保护和可持续发展的关注日益增加，建筑玻璃的绿色低碳指标也逐渐成为建筑行业中的重要评价指标。在建筑玻璃的绿色低碳指标中，除了考虑建筑玻璃的生产和制造过程外，还可以考虑建筑玻璃的使用寿命、可回收性、可再利用性等方面的可持续性指标。

建筑玻璃的使用寿命是衡量其绿色低碳指标的一个重要方面。长寿命的建筑玻璃可以减少建筑材料的浪费和能源的消耗，同时也可以减少建筑物的维护和更换成本。因此，在建筑玻璃的生产和制造过程中，可以使用高性能的材料和工艺，以提高建筑玻璃的耐用性和使用寿命。此外，通过采用一些先进的技术，例如纳米涂层技术、光伏发电技术等，可以进一步提高建筑玻璃的使用寿命和性能。

建筑玻璃的可回收性也是衡量其绿色低碳指标的一个重要方面。可回收的建筑玻璃可以减少建筑材料的浪费和环境污染，同时也可以降低建筑物的能耗和碳排放。因此，在建筑玻璃的生产和制造过程中，可以使用可回收的材料和工艺，以提高建筑玻璃的可回收性。此外，在建筑物的设计和建造过程中，也可以考虑采用可回收的建筑玻璃，以实现建筑物的绿色低碳建造。

建筑玻璃的可再利用性也是衡量其绿色低碳指标的一个重要方面。可再利用的建筑玻璃可以减少建筑材料的浪费和环境污染，同时也可以降低建筑物的能耗和碳排放。因此，在建筑玻璃的生产和制造过程中，可以使用可再利用的材料和工艺，以提高建筑玻璃的可再利用性。此外，在建筑物的设计和建造过程中，也可以考虑采用可再利用的建筑玻璃，以实现建筑物的绿色低碳建造。

总之，建筑玻璃的绿色低碳指标不仅取决于其生产和制造过程，还需要考虑其使用寿命、可回收性、可再利用性等方面的可持续性指标。只有综合考虑这些因素，才能更好地实现建筑行业的绿色低碳发展。

4.5
卫生陶瓷

▶ 卫生陶瓷在卫生间、厨房等场所中广泛应用，其绿色低碳指标有以下几个方面。

4.5.1 能源消耗

卫生陶瓷是一种常用的建筑材料，其生产过程中需要消耗大量的能源，包括电力、天然气等。能源消耗不仅会增加生产成本，还会对环境造成污染和加剧气候变化。因此，降低能源消耗是实现绿色低碳生产的关键之一。

首先，采用高效节能设备是降低能源消耗的有效途径之一。例如，可以使用高效节能的球磨机、压机、窑炉等设备，这些设备可以提高生产效率，减少能源消耗。此外，还可以使用节能照明设备，降低照明能耗。

其次，优化生产工艺也是降低能源消耗的重要手段。例如，可以通过改进原料处理工艺、优化烧成工艺、改善成品处理工艺等方式，降低能源消耗。例如，在烧成过程中，可以采用高温快烧、低温慢烧等技术，减少烧成时间，降低能源消耗。

此外，利用余热也是降低能源消耗的重要方式。在卫生陶瓷生产过程中，会产生大量的余热，这些余热可以通过余热回收系统回收利用，降低能源消耗。例如，可以使用余热回收系统将窑炉排放的废气余热回收，提高燃料利用率。

总之，降低卫生陶瓷生产过程中的能源消耗是实现绿色低碳生产的关键之一。通过采用高效节能设备、优化生产工艺、利用余热等方式，可以降低能源消耗，减少环境污染和碳排放，实现可持续发展。

4.5.2 碳排放

卫生陶瓷是一种常用的建筑材料，用于制造卫生洁具、瓷砖等。然而，卫生陶瓷生产过程中会产生大量的二氧化碳排放，对环境造成不良影响。因此，降低碳排放是实现绿色低碳生产的重要目标之一。

首先，采用清洁能源是降低碳排放的重要措施之一。卫生陶瓷生产过程中需要大量的能源，采用清洁能源可以减少对化石燃料的依赖，从而降低二氧化碳排放。例如，可以使用太阳能、风能等清洁能源进行生产。此外，使用高效的能源利用技术也可以降低能源消耗，从而减少碳排放。

其次，优化生产工艺也是降低碳排放的重要途径。在卫生陶瓷生产过程中，可以通过改进烧结工艺、提高燃料利用率等方式来减少碳排放。例如，可以使用高效的烧结炉、优化烧结工艺参数等，以减少燃料消耗和碳排放。

此外，使用碳捕获和储存技术也是降低碳排放的重要手段。碳捕获技术是指在生产过程中将二氧化碳捕获并分离出来，从而减少碳排放。碳储存技术是指将捕获的二氧化碳储存在地下或其他地方，从而避免其排放到大气中。这两种技术可以有效地降低碳排放，同时缓解环境问题。

总之，降低卫生陶瓷生产过程中的碳排放是实现绿色低碳生产的重要目标之一。通过采用清洁能源、优化生产工艺、使用碳捕获和储存技术等方式，可以有效地降低碳排放，减少对环境的不良影响。此外，政府和企业也应该加强合作，制定相关的政策和措施，鼓励生产者采用低碳技术，促进绿色低碳生产的发展。

4.5.3 废弃物排放

卫生陶瓷生产过程中产生的废弃物对环境造成了不小的污染，这些废弃物包括废气、废水、废渣等。因此，如何妥善处理这些废弃物，降低其对环境的影响，成为卫生陶瓷生产行业亟需解决的问题。

首先，采用废弃物减量技术是降低废弃物排放的有效途径之一。在卫生陶瓷生产过程中，可以通过改进生产工艺、优化生产设备和提高原料利用率等措施，减少废弃物的产生。例如，可以使用高效的粉碎机和筛分设备，提高原料的细度和均匀度，减少生产过程中产生的废渣和粉尘。

其次，资源化利用废弃物是降低废弃物排放的另一种有效途径。在卫生陶瓷生产过程中，产生的一些废弃物具有一定的资源化利用价值，例如废渣、废水和废气等。可以通过建设废弃物处理系统，将这些废弃物进行分类、处理和回收利用，降低废弃物排放的同时，还可以节约资源，降低生产成本。

对于废渣的处理，可以通过建设废渣处理系统，将废渣进行粉碎、筛分、磁选等处理，回收利用其中的有价值的物质，如铁、铝、钛等金属物质。此外，还可以将废渣用于生产建筑材料、道路材料等，实现废弃物的资源化利用。

对于废水的处理，可以通过建设废水处理系统，采用生物处理、化学处理等技术，去除废水中的有害物质和污染物，使其达到排放标准。同时，还可以将处理后的废水用于生产过程中的冷却、洗涤等环节，降低生产用水量，实现废水的资源化利用。

对于废气的处理，可以通过建设废气处理系统，采用吸附、脱硝、脱硫等技术，去除废气中的有害物质和污染物，使其达到排放标准。同时，还可以将处理后的废气用于生产过程中的烘干、烧结等环节，降低生产用气量，实现废气的资源化利用。

最后，对于无法资源化利用的废弃物，需要进行妥善的处理和处置。在卫生陶瓷生产过程中，产生的一些废弃物如废浆、废釉等，可能具有一定的毒性和危险性，需要进行安全处理和处置，以防止对环境和人体造成危害。

总之，通过采用废弃物减量、资源化利用、废弃物处理和处置等技术，可以有效降低卫生陶瓷生产过程中废弃物的排放，保护环境，促进可持续发展。在未来，随着科技的不断发展和技术的不断进步，卫生陶瓷生产过程中的废弃物处理技术也将不断完善和优化，为环境保护和可持续发展做出更大的贡献。

4.5.4 产品质量

卫生陶瓷作为一种常见的建筑材料，在人们的日常生活和工业生产中扮演着重要角色。然而，长期以来，卫生陶瓷行业在追求产量和利润的同时，却往往忽略了产品本身对环境的影响。随着环保意识的逐渐加强，人们越来越重视绿色低碳生产，提高卫生陶瓷产品质量成为实现这一目标的重要手段之一。

首先，采用优质原材料是提高卫生陶瓷产品质量的关键。优质原材料具有优良的物理性能和化学稳定性，不仅能够保证产品的使用寿命和性能，还能够降低在使用过程中对环境的影响。因此，卫生陶瓷生产企业应该选择优质的原材料，如优质的陶土、矿物原料和添加剂等，从源头上提高产品质量。

其次，优化生产工艺是提高卫生陶瓷产品质量的重要途径。先进的生产工艺不仅能够提高产品的性能和质量，还能够降低生产过程中的能源消耗和环境污染。例如，可以采用先进的陶瓷成型技术、烧结工艺和釉料处理技术等，提高产品的密度、强度和耐磨性，降低产品的渗漏率和破裂率，从而延长产品的使用寿命。

再次，提高产品检验标准是保证卫生陶瓷产品质量的重要手段。严格的检验标准能够有效地淘汰不合格产品，减少产品质量问题对环境和资源的浪费。企业应该建立完善的产品质量检测体系，执行国家相关的产品质量标准，并根据实际情况不断提高检验标准，确保产品质量合格。

此外，加强企业环保意识也是提高卫生陶瓷产品质量的重要保障。企业应该树立绿色低碳生产的理念，将环保融入企业的生产经营活动中，通过技术创新、管理创新和制度创新等手段，不断提高产品的环保性能，降低生产过程中对环境的影响。

总之，提高卫生陶瓷产品质量是实现绿色低碳生产的重要手段之一。要想真正实现绿色低碳生产，企业不仅要提高产品的质量和性能，还要从原材料选择、生产工艺优化、产品检验和环保意识等方面入手，全面提高产品的环保性能。只有这样，才能在满足人们对卫生陶瓷产品需求的同时，降低对环境的影响，实现可持续发展。

5

第五章　典型围护结构绿色低碳指标

5.1
门窗

▶ 　　门窗是建筑行业中非常重要的一部分，它们是建筑物中不可或缺的组成部分。门窗的主要功能是提供通风、采光、保温、防盗、防火、噪声控制等，同时也能够美化建筑外观和提升建筑的品质感。门窗的绿色低碳指标主要包括以下几个方面。

5.1.1　能源效率

　　门窗是建筑中至关重要的组成部分，不仅影响建筑的外观和美学效果，还对室内环境有着重要的影响。其中，门窗的能源效率是指它们对室内温度的影响，以及它们在保持室内温度稳定方面的能力。高能源效率的门窗可以减少室内温度波动，降低室内加热和冷却的需求，从而降低能源消耗和碳排放。我们将从以下几个方面探讨门窗能源效率的重要性。

　　（1）室内温度波动的影响

　　室内温度波动不仅会影响人们的舒适感，还会对建筑的能源消耗产生影响。在寒冷的冬季，室内温度过低会导致人们感到不适，需要采取加热措施来提高室内温度，从而增加能源消耗。而在炎热的夏季，室内温度过高会导致人们感到闷热，需要采取冷却措施来降低室内温度，同样也会增加能源消耗。因此，门窗的能源效率对于减少室内温度波动，提高人们的舒适感有着重要的作用。

　　（2）能源效率的提高

　　门窗的能源效率可以通过以下几种方式来提高。

　　1）改善门窗的材料和设计

　　门窗的材料和设计对其能源效率有着重要的影响。采用热传导系数低的材料，如断桥铝、聚氨酯等，可以减少门窗表面的热传导，提高门窗的保温性能。同时，采用多层玻璃、中空玻璃等设计，也可以减少门窗表面的热辐射和热传导，提高门窗的能源效率。例如，在玻璃同等配置的情况下，建筑门窗的保温性能主要与型材相关，常见窗的传热系数见表5-1。可以看出，要达到同一

窗类型	型材系列	玻璃配置
隔热铝合金窗	85系列	5+12Ar+5Low-E+12Ar+5Low-E
塑料窗	80系列	5+12Ar+5+12Ar+5Low-E
木窗	80系列	5+12Ar+5Low-E+12Ar+5Low-E
铝木复合窗	90系列	5+12Ar+5Low-E+12Ar+5Low-E
玻纤增强聚氨酯	80系列	5+12Ar+5+12Ar+5Low-E

K值，隔热铝合金窗相比于其他几种窗，所使用的或型材更高系列，或玻璃更高配置。应因地制宜采用塑料、铝塑、钢塑、木塑、玻纤增强聚氨酯等型材，减少铝合金型材的使用量，达到节能降碳的目标。

2）安装遮阳装置

在门窗的外侧安装遮阳装置，可以有效地减少门窗表面的太阳辐射，降低室内温度波动，提高门窗的能源效率。遮阳装置可以是窗帘、百叶窗、遮阳板等形式，根据不同的需求和环境选择适合的遮阳装置。

3）改善建筑的保温性能

建筑的保温性能对于门窗的能源效率也有着重要的影响。如果建筑的保温性能较差，门窗的能源效率再高也无济于事。因此，在建筑的设计和施工过程中，应该重视建筑的保温性能，采用适当的保温材料和构造形式，以减少室内温度波动和能源消耗。

总结起来，门窗的能源效率对于建筑的节能降耗有着重要的作用，这也使我们应当重视门窗的能源效率，采用合适的材料、设计以及遮阳装置，以最大程度地降低室内温度波动，减少能源消耗和碳排放。

5.1.2 材料环保

门窗是我们建筑中不可或缺的一部分，它们的材料环保程度对于我们的健康和环境都有着重要的影响。环保门窗材料是指它们所使用的材料在生产、制造、运输、安装和使用过程中都符合环保要求的材料，包括是否含有有害物质、是否可回收再利用等方面。

首先，环保门窗材料应当尽可能地减少有害物质的使用。这些有害物质包括甲醛、苯、氨等挥发性有机物，它们会对我们的健康产生负面影响。因此，在门窗材料的选择中，应当尽量选择无害或低害的材料，例如使用水性漆代替油性漆、选用环保胶水等。

其次，环保门窗材料应当易于回收和再利用。门窗材料中一些有害物质的释放会随着时间逐渐降低，因此，回收和再利用旧门窗材料可以减少对环境的污染和资源浪费。例如，门窗的铝材、钢材、玻璃等材料都可以进行回收和再利用。

此外，环保门窗材料还应当符合环保标准的要求。这些标准包括门窗材料的生产标准、环保标准、安全标准等。在选购门窗材料时，可以询问生产厂家是否符合相关环保标准，并查看产品的环保认证标识。

　　总之，环保门窗材料的使用可以减少对环境的污染和资源浪费，提高我们的健康水平。在门窗材料的选择中，应当尽量选择无害或低害的材料，易于回收和再利用的材料，并符合环保标准的要求。同时，我们也应当提高对环保门窗材料的认识和了解，推动环保门窗材料的普及和应用。

5.1.3　材料性能

　　门窗结构的被动节能技术主要包括保温性能提升技术、气密性能提升技术和遮阳性能优化技术。

　　（1）保温性能提升技术

　　玻璃材料导热系数1.00W/（m·K）左右，而空气的导热系数为0.024W/（m·K）左右，因此中空玻璃自然被开发成为保温材料，其应用大大提升了玻璃的保温性能。此外，中空玻璃需要间隔条支撑，不合理的间隔条设计易形成冷热桥，影响玻璃的保温性能，间隔条的设计也是中空玻璃节能提升的重要环节。间隔条大致可分为两类，一类是铝制框架的普通间隔条，另一类是复合材质的暖边间隔条。复合节能玻璃应采用暖边间隔条，间隔条的当量导热系数≤0.007W/（m·K），采用暖边间隔条整窗的传热系数可再降低0.1~0.2W/（m²·K），同时可提升玻璃边部室内温度，减少结露。

　　当前市场上最常见的型材是隔热铝合金，在铝型材中间用导热率低的物质（隔热条）断开，人为地阻断铝型材热传递的途径，最常用的隔热条是尼龙66+25%玻璃纤维。由此，通过增加隔热条的宽度，即可有效提升型材的隔热性能，通常60系列（24mm隔热条）型材传热系数2.7W/（m²·K）左右，70系列（34mm隔热条）型材传热系数可降至2.0W/（m²·K）左右，隔热条截面高度每增加5mm，对型材的贡献率约0.3左右。增加隔热条长度的同时，通过在型材腔体内填充保温材料同样可以提升其保温性能，如聚氨酯泡沫等。

　　（2）气密性能提升技术

　　建筑门窗出现空气渗透的必要条件是存在空气可以流动的最小缝隙，而缝隙的产生原因、大小及形态受多种因素的综合影响，提升气密性的关键在于减小缝隙。

　　开启部分框扇搭接形状同样对围护结构气密性能产生重要影响，采用高弹性的密封胶条，同时配备多锁点五金，框扇的连接相对紧密，通常可以保证较好的气密性能。而对于常使用毛条或摩擦力和弹性均较小的胶条的推拉形式开启，密封性能难以保障，通常需要通过改变构造形式如应用提升推拉技术改善气密性。

　　密封条是保证门窗气密性能的关键要素，密封原理是通过窗扇关闭后密封条的压密，减小框扇缝隙从而保证气密性。因此，密封条的材料、断面形式、穿条方式、搭接量等都会影响围护结构的气密性能。通常拉伸强度、弹性较好的胶条具备更佳的密封性。

（3）遮阳性能优化技术

对于低K值的门窗，遮阳系数成为更关键的节能指标。一般的固定式外遮阳设施，在夏季可使外窗的太阳得热显著降低，减少空调能耗，但在冬季也减少了透过窗户进入室内的太阳辐射热，增加了采暖能耗。故在条件允许的情况下，应优先采用活动式的外遮阳设施。

玻璃遮阳的安全性和美观性都明显高于外遮阳，特别适用于中高层建筑。在夏季，将遮阳帘完全放下并调整百叶倾角可以有效减少通过外窗进入室内的太阳辐射，起到遮阳的作用；在冬季，白天可将百叶帘完全收起，或调整叶片倾角为水平状态，使得更多的阳光射入室内，降低室内供暖负荷，夜晚则可将百叶帘完全放下并将叶片调整至闭合状态（平行于玻璃表面）形成两个封闭空腔，有效减小热量由室内向室外传递，起到保温隔热的作用。

5.1.4 制造过程环保

因此除了材料自身的高碳排放，降低生产过程能耗也是降低建筑门窗结构碳排放的重要技术。门窗的制造过程涉及多个环节，包括原材料的选择、加工、组装等，这些环节都可能对环境造成污染和资源浪费。因此，在制造门窗时，需要关注环保指标，采取环保制造工艺，以降低对环境的影响和资源浪费。

首先，在原材料的选择上，应该尽量选择可再生材料或者循环利用的材料。例如，可以使用回收铝、再生玻璃等材料来制造门窗，减少对自然资源的消耗，同时也有助于减少废弃物的产生。此外，还可以选择一些环保材料，例如竹材、木材等，这些材料可以自然分解，对环境造成的影响较小。

其次，在加工过程中，应该采用环保工艺。例如，在切割、打磨等过程中，应该使用环保型的切割液、打磨砂轮等，减少粉尘和有害气体的排放。同时，还可以采用节能设备，例如节能灯、太阳能电池板等，降低能源消耗，减少碳排放。

在门窗的组装过程中，应该尽量减少使用化学胶粘剂等有害物质。例如，可以使用卡扣、螺丝等方式来固定门窗部件，减少粘合剂的使用。此外，还可以采用模块化设计，使门窗的组装过程更加简单快捷，减少浪费和污染。

最后，在门窗的生产过程中，应该加强对废弃物的处理和再利用。例如，可以对废旧门窗进行回收和再利用，减少废弃物的产生。建立完善的固废接收、转运、预处理工艺及作业流程，以及物料到厂后及时取样、分析、检测、分类指导的流程体系。同时，还可以对生产过程中产生的废弃物进行分类处理，例如对废水进行处理和回收，对废气进行净化和排放，减少对环境的污染。

总之，门窗的制造过程中，应该关注环保指标，采取环保制造工艺，以降低对环境的影响和资源浪费。这不仅有助于保护环境，还可以提高企业的社会责任感和形象，同时也可以降低企业的生产成本，实现可持续发展。

5.1.5 使用寿命

门窗是建筑物的重要组成部分，它们的使用寿命和维护需求直接影响建筑物的品质和居住者的舒适度。长寿命的门窗不仅可以减少更换频率，降低对环境的影响和资源浪费，还可以提高建筑物的价值和居住者的满意度。因此，在选择门窗时，需要注意以下几个方面，以确保它们的使用寿命和维护需求。

（1）材料选择

门窗的材料选择是影响其使用寿命和维护需求的关键因素。目前市场上常见的门窗材料有铝合金、塑钢、实木等。其中，铝合金门窗具有重量轻、强度高、耐腐蚀、易于清洁等优点，使用寿命长，维护需求少。塑钢门窗具有隔热、保温、隔声、防火等优点，但使用寿命相对较短。实木门窗具有环保、质量好、经久耐用等优点，但需要定期维护和保养。

（2）工艺质量

门窗的工艺质量也是影响其使用寿命和维护需求的重要因素。优质的门窗需要经过精心地设计、加工和安装，以确保其结构的稳定性和可靠性。在选购门窗时，需要注意门窗的加工精度、焊接质量、表面处理等方面，以确保门窗的质量和寿命。

（3）密封性能

门窗的密封性能是影响其使用寿命和维护需求的重要因素。优质的门窗应该具有良好的密封性能，以减少空气和水的渗透，提高建筑物的节能性和舒适度。在选购门窗时，需要注意门窗的密封结构和密封材料，以确保门窗的密封性能。

（4）安装质量

门窗的安装质量也是影响其使用寿命和维护需求的重要因素。优质的门窗需要经过专业的安装人员进行安装，以确保其稳定性和可靠性。在选购门窗时，需要注意安装人员的专业能力和安装质量，以确保门窗的安装质量和寿命。

（5）维护保养

门窗的维护保养也是影响其使用寿命和维护需求的重要因素。定期的维护保养可以延长门窗的使用寿命，提高其性能和可靠性。在日常使用中，需要注意门窗的清洁、保养和维修，及时发现和解决问题，以确保门窗的正常使用。

总之，门窗的使用寿命和维护需求是影响建筑物品质和居住者舒适度的重要因素。在选择门窗时，需要关注门窗的材料、工艺质量、密封性能、安装质量和维护保养等方面，以确保门窗的长使用寿命和低维护需求。

5.1.6 废弃处理

随着建筑行业的不断发展和人们生活水平的提高，门窗作为建筑物的重要组成部分，其废弃处理问题日益引人关注。门窗废弃处理指标主要包括废弃门窗的处理方式和再利用可能性，合理处理废弃门窗不仅可以减少对环境的污染，还可以节约资源，具有重要的现实意义。

首先，废弃门窗的处理方式包括回收、填埋、焚烧等。回收是废弃门窗最理想的处理方式，既可以减少对环境的污染，又可以实现资源的再利用。型材、玻璃等原材料均可回收利用，其中铝合金型材和玻璃应用占比极大并且又均是高耗能高碳排放的产品，铝合金型材和玻璃的再回收利用对于围护结构的降碳意义重大。填埋和焚烧处理方式虽然能够快速处理废弃门窗，但会对环境造成一定程度的污染。因此，在处理废弃门窗时，应优先选择回收这种方式。

其次，废弃门窗的再利用可能性主要取决于门窗的品质和损坏程度。品质良好、损坏程度较低的门窗可以直接用于新建筑物的装修，或者通过维修、翻新后继续使用。对于损坏较为严重的门窗，可以考虑将其拆解后作为原材料回收利用，或者通过技术手段进行再制造。再利用废弃门窗不仅可以降低生产成本，还能减少对环境的污染，实现资源的高效利用。

在实际操作中，为了保证废弃门窗的合理处理，我们需要从以下几个方面入手：

制定相关政策法规。政府部门应制定门窗废弃处理方面的政策法规，明确废弃门窗的处理方式、处理标准和监督管理机制，加强对废弃门窗处理的监管力度。

建立回收体系。建立完善的门窗回收体系，包括回收站点布局、回收车辆配送、回收物资分类处理等，确保废弃门窗能够及时回收并得到合理处理。

提高公众环保意识。加强环保宣传教育，提高公众对废弃门窗处理重要性的认识，鼓励大家积极参与废弃门窗的回收和再利用工作。

推动技术创新。鼓励企业开展技术创新，研究开发废弃门窗的回收、处理和再利用技术，提高废弃门窗的资源利用率。

总之，合理处理废弃门窗是保护环境、节约资源的重要举措。我们应高度重视废弃门窗的处理问题，通过制定政策法规、建立回收体系、提高环保意识和技术创新等手段，实现废弃门窗的合理处理与资源高效利用。

5.1.7 构造优化

通过优化构造设计，减少设计的冗余是实现建筑门窗材料用量降低的有效途径之一。针对传统建筑门窗用的框架、面板及密封材料等影响产品性能的关键技术参数，对其在不同气候环境、不同地貌条件及建筑不同部位的性能变化进行分析，从而从系统化的角度设计优化门窗的构造，达到节材降碳的目标。

以铝合金窗用铝合金型材为例，《铝合金门窗》GB/T 8478—2020中提出外门窗主要受力杆件所用主型材壁厚公称尺寸应经设计计算和试验确定，并且外窗用主型材基材壁厚不应小于1.8mm，实际上并非所有场景都需要达到该要求，型材壁厚理应经设计计算而不应该全部要求壁厚不应小于1.8mm。

实际工程中可以根据《建筑门窗结构设计标准》T/CECS 1475—2023对建筑门窗进行结构设计计算，通过设计及优化构造减少原材料的浪费，降低建筑门窗的碳排放。

5.2
典型保温材料

5.2.1 EPS膨胀聚苯板

▶ EPS膨胀聚苯板是一种常见的建筑保温材料，其绿色低碳指标主要体现在以下几个方面：

（1）保温性能

EPS是一种常见的保温材料，由于其优良的保温性能，被广泛应用于建筑行业中。EPS保温材料是由聚苯乙烯树脂和发泡剂制成的材料，其独特的发泡结构使其具有良好的保温性能。

根据测试数据，EPS的导热系数为0.038~0.047W/（m·K），相比传统的砖墙保温效果更好。导热系数是指单位时间内通过单位面积的热量传递量，因此导热系数越小，保温性能越好。EPS的导热系数远低于传统的砖墙，可以有效降低建筑的能耗，减少二氧化碳排放。

EPS保温材料不仅可以用于外墙保温，还可以用于屋顶保温、地面保温、冷库保温等领域。在屋顶保温中，EPS可以减少热量的传递，降低屋顶的能耗，同时也可以提高室内的舒适度。在地面保温中，EPS可以减少地面的散热，提高地面的保温效果，使室内温度更加稳定。

（2）轻质方便

EPS是一种常见的建筑材料，也被称为聚苯乙烯泡沫。与其他建筑材料相比，EPS具有密度较小、重量轻、施工方便等特点，因此被广泛应用于建筑物的保温、隔热和结构等方面。

首先，EPS的密度较小，重量轻。由于其内部具有大量的封闭气孔，因此EPS的密度通常只有传统建筑材料的几分之一。例如，EPS的密度通常为 $20{\sim}40kg/m^3$，而传统的混凝土墙体密度通常为 $1500{\sim}2000kg/m^3$。这意味着使用EPS可以减少建筑物的自重和承载能力，从而降低建筑施工的能耗和排放。

其次，EPS施工方便。由于EPS具有轻质、易切割和拼接等特点，因此其施工速度相对较快，可以降低建筑施工的成本和时间。此外，EPS还具有优异的隔热和保温性能，可以减少建筑物的能源消耗和碳排放。

（3）环保材料

EPS是一种常见的环保材料，由聚苯乙烯树脂和发泡剂制成。它是一种轻质、隔热、吸震性能良好的材料，被广泛应用于包装、建筑、家居、电子等领域。

EPS材料的制作过程采用了发泡技术，将聚苯乙烯树脂和发泡剂混合后，在高温下膨胀发泡，形成具有闭孔结构的泡沫塑料。这种泡沫塑料具有优良的物理性能，如低热导率、高吸振性能等，能够有效地保护物品免受冲击和振动损害。

由于EPS材料本身是无毒无害的环保材料，因此在生产过程中，如果采用环保的发泡剂和胶粘剂，就能够进一步降低其环境影响。例如，可以使用无氟发泡剂代替传统的氟利昂发泡剂，减少对臭氧层的破坏。此外，EPS材料的回收和再利用也是非常重要的环保措施。通过回收废弃的EPS材料，可以减少废弃物的数量，降低对环境的污染。

（4）可回收利用

EPS是一种常见的建筑材料，被广泛应用于保温、隔热、包装等领域。由于其优良的物理性能和低成本，EPS在建筑行业中占据着重要的地位。同时，EPS也具有可回收利用的特点，能够降低建筑材料的浪费和环境污染。

在欧洲，EPS回收利用率已经达到了90%。这得益于欧洲各国对环境保护的重视和相关政策的推动。例如，德国政府制定了《废弃物处理法》，规定了EPS等废弃物的回收利用标准和要求。此外，欧洲的废弃物处理技术和设备也相对较先进，能够高效地对EPS进行回收和再利用。

EPS的回收利用具有多种优势。首先，回收利用EPS可以降低建筑材料的浪费，减少对环境的负面影响。据估计，每年全球产生的EPS废弃物数量达到数百万吨，如果这些废弃物得不到有效处理，将对环境造成严重污染。而通过回收利用，这些废弃物可以转化为宝贵的资源，再次应用于建筑等领域。

其次，回收利用EPS可以降低建筑成本。由于EPS的回收成本较低，回收后的EPS可以以较低的价格应用于建筑行业中，从而降低建筑成本。此外，回收利用EPS还可以减少对天然资源的开采，降低生产成本。

最后，回收利用EPS有助于保护环境。EPS废弃物通常会在自然环境中分解，分解过程会释放出有害物质，对环境造成污染。而通过回收利用，可以减少这些有害物质的释放，保护环境。

5.2.2 XPS保温板（挤塑式聚苯乙烯板）

XPS保温板是一种常见的建筑外墙保温材料，其绿色低碳指标主要体现在以下几个方面：

（1）材料生产过程的低碳性

XPS保温板是一种常见的保温材料，其生产过程主要涉及聚苯乙烯树脂和添加剂的使用，这两种原料在生产过程中几乎不会产生有害物质。此外，XPS保温板生产过程中的废料也可以回收利用，从而进一步提高了其低碳性。

在XPS保温板的生产过程中，聚苯乙烯树脂是主要的原料之一。聚苯乙烯是一种高分子化合物，其生产过程主要涉及苯乙烯的聚合反应。苯乙烯是一种有机化合物，其生产过程主要涉及苯的萃取和苯乙烯的合成。苯乙烯的合成通常采用乙苯脱氢法，该方法可以将乙苯转化为苯乙烯。在乙苯脱氢法中，乙苯在高温下经过脱氢反应生成苯乙烯，反应过程中产生的热量可以通过热交换器回收利用，从而提高了生产过程的效率。

除了聚苯乙烯树脂之外，XPS保温板生产过程中还会使用一些添加剂，如发泡剂、抗压强度增强剂等。这些添加剂的使用可以改善XPS保温板的性能，提高其保温性能和力学性能。然而，这些添加剂在生产过程中几乎不会产生有害物质，因此不会对环境造成污染。

在XPS保温板生产过程中，废料也可以回收利用。XPS保温板生产过程中产生的废料主要包括边角料和废品板材。这些废料可以通过回收利用，制成新的XPS保温板，从而减少了对原材料的需求，提高了生产过程的效率。同时，回收利用废料也可以减少对环境的污染，实现了资源的有效利用。

（2）保温效果的可持续性

XPS保温板是一种常用的保温材料，具有良好的保温效果和可持续性表现。以下是关于XPS保温板保温效果的可持续性表现的一些主要特点：

良好的保温性能：XPS保温板具有闭孔结构，可以有效地阻止空气和水分的渗透，提供优异的保温性能。它具有较低的导热系数，使其成为一种非常有效的隔热材料，可在建筑物中减少热量传递，从而节省能源消耗。

长期的保温效果：XPS保温板具有出色的耐久性和稳定性，能够长期保持其保温性能。由于其闭孔结构，它不易吸收水分，因此不会降低保温效果。与其他保温材料相比，XPS保温板具有更长的使用寿命，减少了维护和更换的需求。

（3）材料使用寿命的长期性

XPS保温板是一种常见的建筑材料，具有较高的耐久性和稳定性，使用寿命长，可以达数十年之久。作为一种保温材料，XPS保温板可以有效地减少建筑物的能耗，提高室内舒适度，同时也可以降低建筑行业的碳排放。

XPS保温板具有优良的物理性能，如高强度、硬度、耐磨性、耐腐蚀性等。这些性能使其能够在各种环境下长期使用，不受外界因素的影响。例如，XPS保温板可以在高温、低温、潮湿、干燥等环境下使用，而不会出现变形、损坏等问题。

XPS保温板的使用寿命长，可以达数十年之久。由于其优异的物理性能和保温性能，XPS保温板可以在建筑物的使用寿命内长期保持其性能，不需要进行更换。这不仅可以减少建筑材料的更换频率，降低建筑行业的碳排放，同时也可以提高建筑物的使用效率，降低社会成本。

（4）环保性

XPS保温板是一种聚苯乙烯泡沫板，因其优良的物理性能和化学稳定性而被广泛应用于建筑、家电、电子等领域。在XPS保温板的生产过程中，不会产生有害物质，同时其化学性质稳定，不会散发有害物质，因此具有良好的环保性。

XPS保温板的生产过程主要涉及聚苯乙烯树脂、发泡剂和其他添加剂的混合、挤出和发泡等步骤。在这些过程中，生产设备和生产线都是全自动化操作，并且真空传输原料，绝对无污染。此外，XPS保温板的生产过程中所使用的发泡剂对人体无害，而有些厂商使用氟利昂发泡剂则会对人体造成伤害，尤其是对视力的影响较大。因此，在选择XPS保温板时，一定要选择无害发泡剂的挤塑板，不要贪图便宜购买使用氟利昂发泡剂的保温板。

XPS保温板的化学性质非常稳定，不会散发有害物质。聚苯乙烯树脂本身是一种化学惰性材料，不容易与其他物质发生反应，因此XPS保温板在使用过程中不会释放有害物质。此外，XPS保温板还具有优良的耐腐蚀性、耐候性和耐化学稳定性，可以在各种恶劣环境下长期使用，不会产生有害物质。

5.2.3 PU材料

PU材料（聚氨酯）是一种常见的高分子材料，具有优异的弹性、耐磨性、耐油性和耐化学品侵蚀性等特点。PU材料的绿色低碳指标主要包括以下几个方面：

（1）原材料来源

PU材料是一种常见的高分子材料，广泛应用于家具、服装、鞋业、汽车内饰等领域。然而，PU材料的生产过程中需要使用大量的石化原料，这些石化原料的使用不仅对环境造成污染，同时也加剧了石化资源的紧缺。因此，如何提高PU材料的绿色低碳指标，减少石化原料的使用，提高可再生资源利用率，成为当前研究的热点。

首先，减少石化原料的使用是提高PU材料绿色低碳指标的重要手段。石化原料中的苯、甲苯、二甲基甲酰胺等物质具有毒性和致癌性，对环境和人体健康造成严重威胁。因此，可以通过使用替代石化原料的方式来减少石化原料的使用。例如，使用生物质材料、废弃塑料等替代石化原料，可以有效降低PU材料中石化原料的使用量，从而提高PU材料的绿色低碳指标。

其次，提高可再生资源利用率也是提高PU材料绿色低碳指标的重要手段。可再生资源包括生物质材料、废弃塑料等，这些材料可以通过回收利用的方式，降低对环境的污染，同时也可以减少石化原料的使用。例如，使用回收塑料作为PU材料的原材料，可以有效降低PU材料中石化原料的使用量，从而提高PU材料的绿色低碳指标。

此外，使用环保助剂也是提高PU材料绿色低碳指标的重要手段。环保助剂可以降低PU材料中挥发性有机化合物（VOC）的排放，减少对环境的污染。例如，使用水性聚氨酯胶粘剂代替传统的溶剂型聚氨酯胶粘剂，可以有效降低VOC的排放，从而提高PU材料的绿色低碳指标。

总之，提高PU材料的绿色低碳指标是当前高分子材料研究的重要方向之一。通过减少石化原料的使用、提高可再生资源利用率和使用环保助剂等方式，可以有效降低PU材料中石化原料的使用量，减少对环境的污染，从而提高PU材料的绿色低碳指标。

（2）生产过程

PU材料是一种常见的高分子材料，广泛应用于家具、服装、鞋业、汽车等行业。然而，PU材料的生产过程需要消耗大量的能源和化学品，这对环境造成了不小的负担。因此，如何提高PU材料的绿色低碳指标，实现环保生产，是值得探讨的问题。

首先，降低能源消耗是提高PU材料绿色低碳指标的重要手段。在PU材料生产过程中，电力、蒸汽等能源消耗量较大。因此，可以通过采用节能设备、优化生产工艺等方式来降低能源消耗。例如，使用高效节能的热风干燥机代替传统的热风干燥机，可以大幅降低能源消耗。此外，利用太阳能、风能等可再生能源也是一种有效的节能措施。

其次，减少化学品的使用也是提高PU材料绿色低碳指标的重要途径。在PU材料生产过程中，需要使用大量的溶剂、催化剂等化学品。这些化学品不仅对环境造成污染，还可能对人体健康产生危害。因此，可以通过改进生产工艺、使用环保型化学品等方式来减少化学品的使用。例如，使用水性聚氨酯代替传统的溶剂型聚氨酯，可以大大降低化学品的使用量，同时减少对环境的污染。

此外，提高生产效率也是提高PU材料绿色低碳指标的重要手段。在PU材料生产过程中，提高生产效率可以减少资源浪费，降低生产成本，从而实现环保生产。因此，可以通过改进生产设备、优化生产流程等方式来提高生产效率。例如，使用自动化生产线可以提高生产效率，同时减少人工成本和生产误差。

总之，提高PU材料的绿色低碳指标需要从多个方面入手。通过降低能源消耗、减少化学品使用、提高生产效率等方式，可以实现PU材料的环保生产，减少对环境的污染。此外，还需要加强政府监管，鼓励企业开展绿色低碳生产，推广环保型PU材料，从而推动PU材料行业的可持续发展。

（3）产品性能

PU材料是一种聚氨酯材料，具有优异的弹性、耐磨性、耐油性和耐化学品侵蚀性等特点，因此被广泛应用于制鞋、服装、家具、汽车、建筑等行业。PU材料的绿色低碳指标可以从提高产品耐用性、降低产品废弃率等方面来考虑。

首先，提高PU产品的耐用性是实现绿色低碳的重要途径之一。耐用性是指产品在正常使用条件下能够保持其性能和功能的时间。提高产品的耐用性可以减少产品的更换频率，从而减少对环境的负面影响。在PU材料中，可以通过提高其耐磨性、耐油性和耐化学品侵蚀性等性能来提高其耐用性。例如，在制鞋行业中，使用PU材料制作的鞋子具有更好的耐磨性和耐油性，可以延长鞋子的使用寿命，减少鞋子的更换频率，从而减少对环境的负面影响。

其次，降低PU产品的废弃率也是实现绿色低碳的重要途径之一。废弃率是指产品在使用后的废弃量与产品总量的比率。降低产品的废弃率可以减少对环境的负面影响。在PU材料中，可以通过回收和再利用废弃PU产品来降低其废弃率。例如，在家具行业中，可以使用回收的PU材料来制作家具，减少对环境的负面影响。

此外，PU材料的绿色低碳指标还可以从其他方面来考虑。例如，在生产过程中采用环保材料和生产工艺，减少对环境的污染；在产品设计中，考虑产品的可拆卸性和可回收性，提高产品的再利用率；在产品使用过程中，提倡正确的使用和维护方法，延长产品的使用寿命，减少产品的更换频率。

总之，PU材料作为一种广泛应用的材料，其绿色低碳指标的提高对于环境保护和可持续发展具有重要意义。通过提高产品的耐用性、降低产品的废弃率以及在生产、设计和使用过程中采取一系列措施，可以实现PU材料的绿色低碳发展。

（4）废弃处理

PU材料，即聚氨酯材料，因其优良的性能，广泛应用于家具、建筑、汽车、鞋业等领域。然而，随着PU材料应用范围的扩大，其废弃处理问题也日益凸显，对环境造成了不小的压力。因此，如何合理处理PU材料的废弃物，成为一个重要的环保问题。

PU材料的废弃处理方式主要有焚烧、填埋和回收利用等。焚烧PU材料会产生大量的二氧化碳和其他有害气体，对大气环境造成严重污染，因此不建议采用焚烧的方式处理PU废弃物。填埋PU材料虽然能够减少对大气环境的污染，但长期填埋会导致土壤污染和地下水污染，对生态环境造成破坏。因此，回收利用是处理PU废弃物的最佳选择，既可以减少对环境的污染，又能实现资源的再利用，具有显著的环保效益。

为了实现PU材料的绿色低碳指标，可以从以下几个方面入手：

减少废弃物产生。在生产和使用PU材料的过程中，要尽量减少废弃物的产生。一方面，可以通过提高生产工艺水平，降低生产过程中的废弃物产生；另一方面，可以倡导绿色消费，提高产品的使用寿命，减少废弃物的产生。

提高废弃物回收利用率。PU材料的回收利用率较低，主要是因为回收过程中存在较高的技术门槛。为了提高PU废弃物的回收利用率，可以加大技术研发力度，优化回收工艺，降低回收成本。同时，政府和企业也应加大对PU废弃物回收利用的支持力度，为回收企业提供优惠政策，鼓励其积极参与回收工作。

推广可降解PU材料。可降解PU材料是未来发展的趋势，这种材料在特定条件下可以分解为无害物质，降低了对环境的影响。政府和企业可以加大对可降解PU材料的研发和推广力度，以减少传统PU材料的使用，从源头上降低废弃物的产生。

增强环保意识。提高公众和企业的环保意识，使其认识到PU废弃物对环境的危害，主动参与PU废弃物的回收利用工作。政府和企业可以通过开展环保宣传教育、组织环保活动等方式，提高公众的环保意识，为PU废弃物的绿色低碳处理创造良好的社会氛围。

综上所述，PU材料的废弃处理是一个重要的环保问题。为了实现PU材料的绿色低碳指标，需要从减少废弃物产生、提高废弃物回收利用率等方面入手，加强技术研发，优化回收工艺，提高环保意识，共同推动PU废弃物的绿色低碳处理。

5.2.4 岩棉

岩棉是一种新型的保温材料，因其优良的保温性能和环保性能而备受欢迎。岩棉绿色低碳指标主要包括以下几个方面：

（1）保温性能

岩棉是一种常见的建筑保温材料，其保温性能是指其在一定时间内保持室内温度稳定的能力。岩棉的保温性能越好，所需的能量消耗就越少，从而减少了碳排放。以下是岩棉保温性能的详细解释。

首先，岩棉具有良好的隔热性能。岩棉是由玄武岩和其他天然矿石等材料经高温熔融成纤维，再加入适量胶粘剂固化加工而成。其纤维结构和孔隙结构使得岩棉具有良好的隔热性能，可以有效减少热量的传递，保持室内温度稳定。

其次，岩棉具有较高的吸声系数。岩棉板的吸声效果主要取决于单位面积内的密度，密度越大，吸声效果越好。岩棉的吸声性能可以减少室内外的噪声污染，提高室内的舒适度。

再次，岩棉具有较低的吸湿性。大多数保温材料吸水后，其保温效果会显著降低，因为水有较高的导热系数。因此，岩棉具有良好的防水性能，可以减少水分吸收，保持其保温性能。

最后，岩棉具有较高的强度，能够支持承重。建筑用岩棉板具有优良的防火、保温和吸声性能，主要用于建筑墙体、屋顶的保温隔声；建筑隔墙、防火墙、防火门和电梯井的防火和降噪。

综上所述，岩棉的保温性能是指其在一定时间内保持室内温度稳定的能力。其良好的隔热性能、吸声性能、防水性能和强度性能，使得岩棉成为一种优秀的建筑保温材料，可以有效降低能源消耗和碳排放，推动可持续发展。

（2）环境保护

岩棉是一种环保材料，它的生产过程和应用都不会产生有害物质，不会对环境和人体造成伤害。岩棉的主要成分是硅酸盐和铝酸盐，它们都是天然无害的物质。在生产过程中，岩棉生产线通常采用清洁能源，如太阳能和风能等，以减少碳排放。

首先，让我们来看看岩棉的生产过程。岩棉的生产过程主要涉及两个阶段：一是矿石的处理和熔融，二是熔融物的纺丝和固化。在矿石的处理和熔融阶段，岩棉生产厂家会采用先进的生产技术，如电弧炉和熔窑等，对矿石进行高温熔融，使其转化为液态的熔融物。在这个过程中，会产生一些有害气体和灰尘，但是这些有害物质都会被收集和处理，以确保生产过程的清洁和环保。

在熔融物的纺丝和固化阶段，熔融物会被送到纺丝机中，通过高温高速的纺丝过程，将其拉成微细的纤维。这些纤维随后会被固化，形成岩棉板材。在这个过程中，由于采用了高温和高速的纺丝技术，因此不会产生有害物质。同时，岩棉生产厂家也会采用先进的除尘和过滤技术，以确保生产过程的清洁和环保。

除了生产过程的环保性外，岩棉的应用也十分广泛。由于岩棉具有优良的保温、隔热和吸声性能，因此它被广泛应用于建筑、工业和交通等领域。在建筑领域，岩棉被广泛应用于外墙保温、屋顶保温、防火隔离墙和吸声吊顶等方面。在工业领域，岩棉被广泛应用于高温绝缘、防火和吸声等领域。在交通领域，岩棉被广泛应用于汽车、火车和飞机等交通工具的保温和隔热方面。

总之，岩棉是一种环保材料，它的生产过程和应用都不会产生有害物质，不会对环境和人体造成伤害。在生产过程中，岩棉生产线通常采用清洁能源，如太阳能和风能等，以减少碳排放。因此，岩棉是一种十分环保的建筑材料，被广泛应用于各种领域。

（3）能源消耗

岩棉是一种常见的保温材料，其生产和运输需要消耗能源。然而，相对于其他保温材料，岩棉的能源消耗较低，这是因为岩棉的生产过程相对简单，主要原料是玄武岩和其他天然岩石，不需要大量的能源投入。

此外，岩棉在使用过程中能够减少能源的浪费，从而减少碳排放。岩棉具有良好的保温性能，可以减少建筑物的能源消耗，从而减少碳排放。例如，在寒冷的冬季，使用岩棉保温的建筑物可以减少暖气的使用，降低能源消耗和碳排放。

同样地，在炎热的夏季，使用岩棉保温的建筑物可以减少空调的使用，降低能源消耗和碳排放。此外，岩棉还可以用于工业领域的保温，如管道、锅炉、窑炉等，可以降低工业生产过程中的能源消耗和碳排放。

总之，虽然岩棉的生产和运输需要消耗能源，但是相对于其他保温材料，岩棉的能源消耗较低。并且在使用过程中，岩棉能够减少能源的浪费，从而减少碳排放。因此，岩棉是一种环保、可持续的保温材料，值得推广和使用。

（4）碳排放量

岩棉是一种常见的保温材料，其碳排放量是指在其生产和使用过程中排放的二氧化碳量。由于岩棉的生产和使用过程中都需要消耗能源，因此其碳排放量是不可避免的。但是，相对于其他保温材料，岩棉的碳排放量较低，这是因为岩棉的生产过程和使用过程中具有较高的能源利用效率和较低的二氧化碳排放量。

首先，岩棉的生产过程使用非常普通的岩石（如玄武岩）作为原材料，其可用储量近乎无限。相比于制造聚苯乙烯板需要使用石油、天然气等矿物燃料，岩棉的生产过程的能源消耗较低。而且，现代工厂的全部或大部分生产废物是可循环利用的，经过处理后，排放物会被减少到最低水平。因此，岩棉的生产过程中的碳排放量相对较低。

其次，岩棉的使用过程中具有较高的能源利用效率。岩棉具有良好的保温性能，可以降低建筑物的能耗，因此在建筑物中得到广泛应用。据研究表明，制造1kg岩棉消耗约20MJ能量，而制造1kg聚苯乙烯板消耗至少85MJ。这意味着，使用岩棉可以节省大量的能源，从而降低碳排放量。

最后，岩棉的碳排放量也受到其使用寿命的影响。岩棉的使用寿命较长，可以长达数十年，而聚苯乙烯板等保温材料的使用寿命较短，往往只有几年。因此，在使用寿命内，岩棉的碳排放量也相对较低。

综上所述，虽然岩棉的碳排放量是不可避免的，但相对于其他保温材料，岩棉的碳排放量较低。这是因为岩棉的生产过程和使用过程中具有较高的能源利用效率和较低的二氧化碳排放量。此外，岩棉的使用寿命较长，也在一定程度上降低了其碳排放量。因此，在保温材料选择时，可以考虑使用岩棉，以降低碳排放量，保护环境。

第六章　建筑设备设施绿色低碳指标

6.1

不同类型建筑设备设施全生命周期碳排放认证方法和碳排放因子

6.1.1 电梯

▶ 电梯全生命周期碳排放认证是指对电梯从生产、运输、安装、使用到拆除的全过程中所产生的碳排放量进行测量、计算和认证的过程。认证方法主要包括以下几个步骤：

（1）确定认证对象和范围

电梯认证是指对电梯进行安全评定和认证，以确保电梯的安全性和可靠性。认证对象和范围包括电梯的类型、规格和使用场所等。

电梯的类型包括曳引电梯、强制驱动电梯、自动扶梯和自动人行道等。不同类型的电梯具有不同的结构和功能，因此需要进行不同的认证。

电梯的规格包括电梯的速度、载重、层数、门数等指标。这些指标直接影响电梯的安全性和性能，因此需要根据规格进行认证。

电梯的使用场所包括商场、办公楼、住宅楼等不同类型的建筑。不同场所的电梯使用频率和负荷不同，因此需要根据使用场所进行认证。

在电梯认证中，需要对电梯的机械、电气、安全保护等方面进行全面检查和测试。例如，需要测试电梯的运行速度、制动能力、载重能力、缓冲器性能等指标，以确保电梯的安全可靠。

电梯认证的范围还包括电梯的安装、维修和保养等方面。电梯的安装质量和维修保养水平直接影响电梯的安全性和使用寿命，因此需要对电梯的安装和维修保养进行认证。

总之，电梯认证的对象和范围包括电梯的类型、规格和使用场所等，需要对电梯的机械、电气、安全保护等方面进行全面检查和测试，以确保电梯的安全可靠。

（2）收集碳排放数据

电梯是人们日常生活中不可或缺的交通工具，它大大提高了人们的出行效率。然而，电梯的全生命周期中各个环节都会产生碳排放，对环境造成一定程度的影响。因此，收集电梯全生命周期中各个环节的碳排放数据对于我们了解电梯的环保性能，实施低碳环保措施具有重要意义。

电梯的生产环节包括设计、制造、调试等步骤。在这一环节，主要的碳排放来源是能源消耗，如电力、燃料等。此外，电梯的零部件和材料生产也会产生碳排放。根据相关研究，电梯生产环节的碳排放量约为电梯总碳排放量的10%左右。

电梯的运输环节包括原材料运输、零部件运输和整机运输。在这一环节，碳排放主要来自于运输工具的能源消耗，如汽车、船舶等。运输距离和运输工具的种类都会影响碳排放量。电梯运输环节的碳排放量约为电梯总碳排放量的5%左右。

电梯的安装环节包括土建施工、设备安装、调试验收等步骤。在这一环节，碳排放主要来自于施工过程中的能源消耗和材料生产。此外，电梯安装过程中还会产生一定量的废弃物，如建筑垃圾等。电梯安装环节的碳排放量约为电梯总碳排放量的15%左右。

电梯的使用环节包括运行、维护和修理等步骤。在这一环节，碳排放主要来自于电梯运行时的能源消耗。电梯的使用环节碳排放量约为电梯总碳排放量的60%左右。需要注意的是，电梯的能效水平、使用频率和负载率都会影响碳排放量。

电梯的拆除环节包括拆除、回收和处理等步骤。在这一环节，碳排放主要来自于拆除过程中的能源消耗和废弃物处理。电梯拆除环节的碳排放量约为电梯总碳排放量的10%左右。

综上所述，电梯全生命周期中各个环节的碳排放数据具有重要意义。通过对电梯碳排放数据的收集和分析，我们可以更好地了解电梯的环保性能，为实施低碳环保措施提供依据。同时，电梯行业也应积极开展低碳技术研究，提高电梯能效，降低电梯全生命周期中的碳排放。

（3）确定碳排放因子

电梯是现代城市和建筑物中不可或缺的设备，随着社会的发展和进步，电梯的数量和种类也在不断增加。然而，电梯的使用也会产生环境影响，其中碳排放是其中一个重要的方面。因此，根据电梯的类型、规格和使用场所等，确定电梯的碳排放因子，对于电梯的环保设计和使用具有重要意义。

首先，电梯的碳排放主要来自于其能源消耗，包括电力和燃料等。因此，电梯的碳排放因子与电梯的能源效率、使用频率、负载等因素密切相关。

其次，电梯的类型和规格也会影响其碳排放因子。不同类型的电梯具有不同的能源消耗特点和载重能力，因此其碳排放因子也会有所差异。例如，曳引式电梯和强制式电梯在能源消耗方面就存在较大的差异，曳引式电梯的能耗通常更高。此外，电梯的规格也会影响其碳排放因子，载重能力更大的电梯通常需要更多的能源消耗。

再次，电梯的使用场所也会影响其碳排放因子。不同场所的电梯使用频率和负载也会不同，例如商业建筑和住宅建筑中的电梯使用频率和负载就存在较大差异。因此，在确定电梯的碳排放因子时，需要考虑电梯的使用场所和实际使用情况。

最后，电梯的维护和管理也会影响其碳排放因子。定期维护和保养电梯可以提高其能源效率和使用寿命，从而降低其碳排放。因此，在确定电梯的碳排放因子时，需要考虑电梯的维护和管理情况。

综上所述，确定电梯的碳排放因子需要考虑多种因素，包括电梯的类型、规格、使用场所、能源效率、使用频率、负载、维护和管理等。根据这些因素，可以制定出电梯的碳排放因子计算公式，从而准确地评估电梯的碳排放情况，为电梯的环保设计和使用提供科学依据。

（4）计算碳排放量

电梯全生命周期中的碳排放量需要考虑多个方面，包括电梯制造、安装、使用和维护等。制造和安装过程涉及的材料、能源和运输等都会产生碳排放，使用过程中电梯所消耗的电力也会产生碳排放，维护和更新电梯时也需要考虑碳排放。

首先，我们需要收集电梯全生命周期中的碳排放数据。这些数据可以从多个来源获得，包括电梯制造商、安装公司、电力公司和政府机构等。数据收集后需要进行整理和分类，以便后续计算。

其次，我们需要确定电梯全生命周期中的碳排放因子。这些因子包括制造和安装过程中的能源和材料消耗、电梯使用过程中的电力消耗、维护和更新过程中的能源和材料消耗等。因子的确定需要依据实际情况进行估算和计算，需要考虑多个因素，如电梯的类型、规格、使用频率、维护保养等。

最后，我们可以利用收集的数据和确定的因子，计算电梯全生命周期中的碳排放量。计算过程中需要将数据和因子进行匹配，以便正确计算碳排放量。计算结果可以用于评估不同类型、规格和品牌的电梯的碳排放情况，为电梯的选购、使用和维护提供参考。

需要注意的是，电梯全生命周期中的碳排放量是一个相对复杂的计算过程，需要考虑多个因素和变量。因此，在计算过程中需要遵循科学、客观和公正的原则，以确保计算结果的准确性和可靠性。同时，电梯的碳排放量只是电梯环境影响的一部分，还需要考虑其他因素，如电梯的使用寿命、安全性能等。

（5）审核和认证

碳排放量审核和认证是指对计算得出的碳排放量进行审核和确认，确保数据准确可靠。碳排放量审核和认证的重要性在于，碳排放是导致气候变化的主要原因之一，而准确可靠的碳排放数据是制定减排计划、实施碳排放权交易、推广低碳经济等方面的重要基础。因此，对计算得出的碳排放量进行审核和认证，具有重要的现实意义和深远的历史意义。

碳排放量审核和认证的过程通常包括以下几个步骤：

确定碳排放计算方法：首先需要确定计算碳排放的方法，包括核算范围、计算公式、数据来源等。这些方法应该符合国际标准，如ISO 14064标准、绿色电力证书等。

收集数据：对碳排放相关数据进行收集，包括能源消耗、原材料消耗、交通运输、生产过程等方面的数据。这些数据应该来自可靠的来源，如国家统计局、能源管理部门、企业内部数据等。

审核碳排放计算结果：对计算得出的碳排放量进行审核，包括核算范围、计算公式、数据来源等方面的审核。审核人员应该具备相关的专业知识和经验，能够准确判断计算结果的正确性和可靠性。

认证碳排放量：对审核通过的碳排放量进行认证，认证机构应该具备相关的资质和信誉，能够提供客观、公正、可靠的认证服务。认证结果应该符合国际标准，如ISO 14064标准、绿色电力证书等。

公布碳排放数据：对认证通过的碳排放量进行公布，包括在企业社会责任报告、环境报告、碳排放权交易市场等方面公布。公布的数据应该真实、准确、可靠，能够为各方提供参考和借鉴。

碳排放量审核和认证的意义在于，可以提高碳排放数据的准确性和可靠性，为制订减排计划、实施碳排放权交易、推广低碳经济等方面的工作提供重要依据。同时，碳排放量审核和认证还可以增强企业的社会责任感和环保意识，促进企业转型升级和可持续发展。

在实际操作中，碳排放量审核和认证可能存在一些困难和挑战，如数据收集不全、计算方法不统一、审核人员素质不高等。因此，需要加强碳排放量审核和认证的培训和指导，提高相关人员的专业能力和素质，确保碳排放量审核和认证工作的顺利进行。

总之，对计算得出的碳排放量进行审核和认证，是确保碳排放数据准确可靠的重要手段。在实施碳排放量审核和认证的过程中，需要注重方法的科学性、数据的准确性、审核的公正性等方面，为企业和社会提供可靠的碳排放数据。

6.1.2 中央空调

中央空调全生命周期碳排放认证是指对中央空调从设计、生产、运输、安装、使用到拆除等全生命周期进行碳排放量核算和认证。该认证方法主要包括以下几个步骤：

（1）确定认证范围和目标

中央空调全生命周期的各个阶段和碳排放因子如下：

设计阶段：在设计阶段，需要考虑中央空调系统的类型、规格和能源效率等因素。此阶段的碳排放因子主要包括电气和机械设备的能源消耗、材料生产和运输等。

施工阶段：在施工阶段，需要进行设备安装、管道铺设和电气连接等工作。此阶段的碳排放因子主要包括建筑材料的生产和运输、机械设备的能源消耗和废弃物的产生等。

运行阶段：在运行阶段，中央空调系统需要消耗能源来提供制冷或供暖服务。此阶段的碳排放因子主要包括能源消耗、设备维护和废弃物的产生等。

维护阶段：在维护阶段，需要对中央空调系统进行定期维护和保养，以确保其正常运行。此阶段的碳排放因子主要包括设备维护所需的能源和材料消耗等。

废弃阶段：在中央空调系统废弃时，需要进行拆除和处理工作。此阶段的碳排放因子主要包括废弃物的产生和处理、设备的回收和再利用等。

确定认证的目标和范围时，需要考虑以下几个方面：

确定认证的目标：例如，旨在提高中央空调系统的能源效率、减少碳排放等。

确定认证的范围：例如，包括哪些中央空调系统、哪些阶段和碳排放因子等。

确定认证的标准和方法：例如，采用哪种碳排放计算方法、如何评估中央空调系统的能源效率等。

确定认证的周期和有效期：例如，认证的周期是多久、认证的有效期是多久等。

确定认证的机构和管理机制：例如，由哪个机构进行认证、如何管理和监督认证过程等。

总之，确定中央空调全生命周期的各个阶段和碳排放因子是进行认证的重要前提，而确定认证的目标和范围则是进行认证的重要基础。

（2）收集数据和信息

收集中央空调全生命周期各个阶段的数据和信息，包括能源消耗、材料使用、运输距离、碳排放量等，是一个重要的课题。中央空调是建筑物内不可或缺的设备，它为建筑物提供舒适的温度和湿度。然而，中央空调的运行也会带来能源消耗、碳排放等问题，因此，对中央空调全生命周期进行数据收集和分析，有助于提高空调的能效、降低碳排放，从而实现可持续发展。

首先，能源消耗是中央空调全生命周期中最重要的一个方面。中央空调的能源消耗主要包括电力、燃料等。在数据收集过程中，需要对中央空调在不同季节、不同负荷下的能源消耗进行监测和记录，同时还需要考虑能源价格、能源来源等因素。通过对能源消耗数据的分析，可以找出中央空调的能效瓶颈，从而采取相应的措施来提高空调的能效。

其次，材料使用也是中央空调全生命周期中一个重要的方面。中央空调设备和系统需要使用大量的材料，包括金属、塑料、橡胶等。这些材料的使用会对环境造成一定的影响。在数据收集过程中，需要记录中央空调使用的材料种类、数量、来源等信息，同时还需要考虑材料的可再生性、可回收性等因素。通过对材料使用数据的分析，可以减少中央空调对环境的影响，促进可持续发展。

运输距离也是中央空调全生命周期中的一个重要方面。中央空调设备和系统通常需要从生产地点运输到使用地点，这个过程会产生一定的碳排放。在数据收集过程中，需要记录中央空调的运输距离、运输方式等信息，同时还需要考虑运输过程中的碳排放等因素。通过对运输距离数据的分析，可以减少中央空调的碳排放，降低对环境的影响。

最后，碳排放量也是中央空调全生命周期中一个重要的方面。中央空调的运行会产生大量的碳排放，这对环境造成一定的影响。在数据收集过程中，需要记录中央空调的碳排放量、碳排放来源等信息，同时还需要考虑碳排放的影响因素。通过对碳排放量的分析，可以降低中央空调对环境的影响，促进可持续发展。

总之，收集中央空调全生命周期各个阶段的数据和信息，包括能源消耗、材料使用、运输距离、碳排放量等，有助于提高空调的能效、降低碳排放，从而实现可持续发展。

（3）核算碳排放量

计算中央空调全生命周期的碳排放量需要考虑多个因素，包括空调的使用时间、功率、能源效率、碳排放因子等。下面将详细介绍如何按照规定的方法和公式计算中央空调全生命周期的碳排放量。

首先，需要确定中央空调的使用时间。假设中央空调的使用寿命为20年，每年使用时间为10个月，每月30d，每天使用时间为12h。那么，中央空调的总使用时间为：

$$20×10×30×12=72000h$$

其次，需要确定中央空调的功率。假设中央空调的制冷量为100kW，能源效率为3.0，即每消耗1kWh的能量，能够提供3.0kW的制冷量。那么，中央空调的功率为：

$$100÷3.0=33.33kW$$

接下来，需要确定中央空调的碳排放因子。碳排放因子是指每消耗1kWh电力所产生的二氧化碳排放量，通常以千克为单位。假设碳排放因子为0.7kg/kWh，那么中央空调每消耗1kWh电力所产生的二氧化碳排放量为：

$$33.33×0.7=23.33kg/h$$

最后，可以按照以下公式计算中央空调全生命周期的碳排放量：

碳排放量=空调使用时间×空调功率×碳排放因子

代入上述数据，可得：

$$碳排放量=72000×33.33×0.7=1613776kg$$

因此，中央空调全生命周期的碳排放量为1613776kg。需要注意的是，这个结果只是一个粗略估计，实际的碳排放量可能会受到多种因素的影响，例如能源价格、能源来源、空调的使用方式等。

（4）确定碳排放因子

空调的碳排放量取决于电力来源和空调的使用情况。如果使用清洁能源发电，如太阳能、风能和水力发电，空调的碳排放量可以较低。但如果使用化石燃料发电，如煤炭和天然气，空调的碳排放量就会相对较高。此外，空调的使用情况也会影响碳排放量，如设定温度、室外机周围通风情况、空调系统运行状态、安装质量、维护保养状态和房间漏热量等。

中央空调全生命周期的碳排放量是指从原材料开采、生产、运输、安装、使用到废弃整个过程中的碳排放量。影响中央空调碳排放量的因素包括设备质量、安装质量、使用情况、维护保养质量和废弃处理等。

确定碳排放因子需要考虑各种因素的影响程度。例如，如果空调使用清洁能源发电，碳排放因子可以较低，但如果使用化石燃料发电，碳排放因子就会相对较高。此外，空调的使用情况也会影响碳排放因子，如设定温度、室外机周围通风情况、空调系统运行状态、安装质量、维护保养状态和房间漏热量等。

确定碳排放因子需要进行详细的生命周期评估和碳足迹分析。这需要考虑到原材料开采、生产、运输、安装、使用和废弃处理等各个环节的碳排放量，以及各种因素的影响程度。通过确定碳排放因子，可以更好地了解中央空调的碳排放情况，并采取相应的措施来降低碳排放量。

（5）编制认证报告

编制中央空调全生命周期碳排放认证报告需要进行以下几个步骤：

1）确定认证范围和目标

首先需要确定认证的范围和目标，明确认证的范围和目标，以便确定认证的重点和方法。对于中央空调的全生命周期碳排放认证，认证范围应该包括中央空调的设计、生产、运输、安装、使用和废弃等环节。认证目标应该是减少中央空调全生命周期内的碳排放，提高空调的能源效率和环保性能。

2）收集数据和信息

在确定认证范围和目标后，需要收集中央空调全生命周期内的数据和信息，包括中央空调的能源消耗、碳排放、原材料和工艺等方面的信息。这些数据可以通过现场调查、生产记录、能源报表、碳排放报告等途径获得。

3）核算碳排放量和碳排放因子

在收集数据和信息的基础上，需要对中央空调全生命周期内的碳排放量和碳排放因子进行核算。碳排放量应该包括中央空调在生产、运输、安装、使用和废弃等环节中的直接和间接碳排放。碳排放因子应该包括中央空调的能源消耗量、碳排放强度、原材料碳排放等因素。

4）编写认证报告

在完成碳排放量和碳排放因子的核算后，需要编写认证报告。认证报告应该包括认证范围和目标、认证方法、认证结果、认证过程、碳排放量和碳排放因子等信息。认证报告应该按照相关标准和要求进行编写，并经过审核和认证。

5）审核和认证

在编写认证报告后，需要进行审核和认证。审核和认证应该由独立的第三方机构进行，以确保认证结果的公正性和准确性。审核和认证过程应该按照相关标准和要求进行，并出具认证证书和报告。

总之，编制中央空调全生命周期碳排放认证报告需要进行数据收集、核算、报告编写、审核和认证等多个步骤，以确保认证结果的准确性和公正性。

6.1.3 立式空调

立式空调全生命周期碳排放认证方法是指对立式空调产品从原材料提取、生产、运输、使用和废弃等全生命周期中产生的碳排放量进行认证。具体认证方法如下：

（1）确定认证对象和范围

在进行立式空调的认证过程中，首先需要确定要认证的具体型号和生产批次。这需要与制造商进行沟通，获取相关产品信息。一般来说，立式空调的型号和生产批次可以通过产品标签、技术参数表、产品质量证书等途径获取。在确定型号和生产批次后，需要对产品进行详细的了解，包括其设计、生产、原材料等方面的信息，以便后续进行碳排放核算。

接下来需要确定认证的碳排放范围。立式空调的碳排放包括原材料提取、生产、运输、使用和废弃等环节。在这些环节中，原材料提取和生产环节的碳排放通常是最大的。因此，在确定碳排放范围时，应重点关注这两个环节。

首先，对于原材料提取环节，需要了解立式空调所使用的原材料种类、来源、用量等信息。一般来说，立式空调的主要原材料包括钢铁、铝合金、塑料等。在获取这些信息后，可以进一步分析原材料的碳排放强度，例如钢铁的碳排放因子、铝合金的碳排放因子等。通过这些数据，可以计算出原材料提取环节的碳排放量。

其次，对于生产环节，需要了解立式空调的生产工艺、设备、能源消耗等信息。生产环节的碳排放主要包括能源消耗、工艺过程排放等。在获取这些信息后，可以对生产环节的碳排放进行估算。此外，还可以通过考察工厂的能源管理、碳排放管理等方面的情况，评估工厂在生产过程中对碳排放的控制程度。

在运输、使用和废弃环节，碳排放相对较低。对于运输环节，可以根据立式空调的运输距离、运输方式等信息，估算运输环节的碳排放。对于使用环节，需要考虑立式空调的使用寿命、使用频率等因素，估算其在使用过程中的碳排放。对于废弃环节，需要考虑立式空调的废弃量、回收利用情况等因素，估算废弃环节的碳排放。

综上所述，确定要认证的立式空调型号和生产批次，以及认证的碳排放范围，包括原材料提取、生产、运输、使用和废弃等环节，需要进行详细的调查、分析和估算。在进行认证过程中，应充分考虑产品的实际使用情况，结合国家相关政策和标准，对立式空调的碳排放进行科学、客观的评估。

（2）收集数据

立式空调的全生命周期包括原材料提取、生产制造、运输、使用和废弃等环节。在每个环节中，都会产生碳排放。下面将分别介绍每个环节的碳排放情况。

1）原材料消耗和生产制造环节

立式空调的生产制造需要消耗大量的原材料，包括铝、铜、钢材等金属材料和塑料、橡胶等非金属材料。这些原材料的提取和加工过程中都会产生大量的碳排放。同时，生产制造过程中还需要消耗大量的电力和燃料，也会产生碳排放。

2）运输环节

立式空调在运输过程中也会产生碳排放。运输方式包括公路运输、铁路运输、水路运输和航空运输等。不同的运输方式产生的碳排放量也不同。其中，公路运输和航空运输的碳排放量较高，而水路运输和铁路运输的碳排放量相对较低。

3）使用环节

立式空调在使用过程中需要消耗大量的电力，电力的产生和输送过程中都会产生碳排放。同时，使用过程中还会产生大量的制冷剂泄漏和废弃，会对环境产生负面影响。

4）废弃环节

立式空调在废弃时，需要进行回收和处理。如果处理不当，会对环境产生负面影响。例如，废弃的立式空调中含有的制冷剂等有害物质可能会泄漏，对环境和人体健康造成危害。

（3）确定碳排放因子

确定每个环节的碳排放因子是进行碳足迹分析的重要步骤。碳排放因子是指每个环节的碳排放量与单位产品的关系，通常用千克二氧化碳/千克产品表示。下面我们将根据收集的数据，确定每个环节的碳排放因子。

首先，我们需要收集各个环节的碳排放数据。这些数据可以从生产过程中测量得到，或者通过调查和统计分析得到。例如，对于一个生产过程，我们可以测量每个环节的能源消耗量和碳排放量，然后计算出每个环节的碳排放因子。

其次，我们需要确定产品的单位量。产品的单位量通常是指产品的产量，可以用千克或吨表示。在确定单位量时，需要考虑到产品的不同形态和规格，以确保单位量的准确性。

然后，我们可以根据收集的数据计算出每个环节的碳排放因子。这可以通过以下公式计算：

$$碳排放因子=碳排放量/单位产品量$$

最后，我们需要对计算得到的碳排放因子进行分析和评估。通过分析和评估，我们可以了解到每个环节的碳排放情况，并采取相应的措施来降低碳排放。

在确定每个环节的碳排放因子时，需要考虑到多种因素，如生产工艺、能源消耗、原材料消耗等。此外，还需要考虑到不同产品和不同生产过程的特点，以确保碳排放因子的准确性和可靠性。

总之，确定每个环节的碳排放因子是进行碳足迹分析的重要步骤，需要收集数据、确定单位量、计算碳排放因子和分析评估等多个环节。通过确定碳排放因子，可以了解到每个环节的碳排放情况，并采取相应的措施来降低碳排放。

（4）计算碳排放量

计算每个环节的碳排放量需要先确定该环节的碳排放因子，这通常是通过测量和模拟不同环节的碳排放量得出的。碳排放因子是一个数值，表示在一个特定的生产过程中，每生产一个单位产品所产生的二氧化碳排放量。例如，对于汽车生产的某个环节，其碳排放因子可能是$0.1t\ CO_2$/辆。

然后，需要确定该环节在生产过程中消耗的原材料和能源等数据。这些数据通常是通过生命周期评估（LCA）方法来获得的。LCA是一种用于评估产品或服务从原材料提取到生产、使用和废弃整个生命周期的环保性能的方法。在LCA中，需要考虑每个环节的能源消耗、原材料使用、废弃物产生等因素。

有了这些数据，就可以计算出每个环节的碳排放量。这可以通过将该环节的碳排放因子与生产过程中消耗的原材料和能源等数据相乘来获得。例如，对于汽车生产的某个环节，如果其碳排放因子是0.1t CO_2/辆，而生产每辆汽车需要消耗1000kg的钢材和100kg的塑料，那么该环节的碳排放量就可以通过以下公式计算：

碳排放量=碳排放因子×（钢材消耗量×钢材的碳排放因子+塑料消耗量×塑料的碳排放因子）

其中，钢材的碳排放因子和塑料的碳排放因子也需要通过测量和模拟来获得。

在实际计算中，需要将所有环节的碳排放量加起来，以获得整个生产过程的碳排放量。这可以帮助企业或政府了解生产过程中产生的二氧化碳排放量，并采取措施来减少碳排放。例如，可以使用更环保的原材料、优化生产工艺、改善能源利用等方法来降低碳排放。

需要注意的是，在计算每个环节的碳排放量时，需要确保数据准确性和可靠性。否则，计算结果可能会出现偏差，导致最终的碳排放量不准确。因此，需要使用可靠的数据来源和科学的计算方法来计算每个环节的碳排放量。

（5）审核和认证

碳排放量审核和认证是指对计算出的碳排放量进行审核和确认，以确保数据的准确性和可靠性。碳排放量审核和认证的重要性不言而喻，因为它是衡量一个国家、一个地区、一个企业或一个产品碳排放情况的重要指标，也是制订减排计划、实施碳排放权交易、促进绿色低碳发展的重要依据。

碳排放量审核和认证一般由专业的第三方机构或认证机构进行，这些机构通常具有丰富的经验和专业知识，并能够提供科学、客观、公正的审核和认证服务。审核和认证的过程通常包括以下几个步骤：

确定碳排放计算方法：审核和认证机构需要首先确定计算碳排放的方法，包括碳排放的边界和范围、计算公式、数据来源和采集方法等。这些方法需要符合相关标准和规范，并经过专家评审和认可。

审查碳排放数据：审核和认证机构需要对计算得出的碳排放数据进行审查，包括数据来源的可靠性、数据采集的准确性、计算方法的正确性等。如果发现数据存在问题，需要及时与碳排放计算方沟通并进行修正。

验证碳排放报告：审核和认证机构需要对碳排放报告进行验证，包括报告的格式、内容、精度和完整性等。报告需要符合相关标准和规范，并能够清晰、准确地反映碳排放情况。

颁发碳排放认证证书：如果碳排放量计算和报告符合相关要求，审核和认证机构将颁发碳排放认证证书。证书通常包括碳排放量的具体数值、计算方法、数据来源、认证机构签名等信息，能够证明碳排放量计算和报告的准确性和可靠性。

6.1.4 挂壁空调

挂壁空调全生命周期碳排放认证方法通常包括以下几个步骤：

（1）确定碳排放边界

挂壁式空调的碳排放边界包括生产、运输、安装、使用和废弃等环节。在生产过程中，空调需要消耗能源，例如电力、燃料等，这些能源的消耗会产生二氧化碳等温室气体。此外，生产过程中还需要使用化学品和材料，例如制冷剂、金属、塑料等，这些材料也会产生碳排放。

在运输过程中，挂壁式空调需要经过陆路、水路或空运等运输方式，这些运输方式都需要消耗能源，产生碳排放。另外，如果空调在运输过程中受到损坏，需要进行维修或更换，这也会产生额外的碳排放。

在安装过程中，需要进行施工和装配工作，这些工作需要消耗能源和人力资源，也会产生碳排放。此外，安装过程中可能会使用化学品和材料，例如制冷剂、保温材料等，这些材料也会产生碳排放。

在使用过程中，挂壁式空调需要消耗能源，例如电力、燃料等，这些能源的消耗会产生二氧化碳等温室气体。此外，空调的使用还会产生废气和废水等排放物，这些排放物也可能会对环境造成影响。

在废弃过程中，挂壁式空调需要进行回收和处理，这些工作需要消耗能源和人力资源，也会产生碳排放。如果空调被不当处理或丢弃，可能会对环境造成污染和危害。

因此，要全面考虑挂壁式空调的碳排放边界，需要从生产、运输、安装、使用和废弃等环节进行分析和评估。可以通过生命周期评估等方法，对空调的碳排放进行量化和评估，并采取措施来降低碳排放和环境影响。例如，可以采用环保材料、提高能源利用效率、回收和再利用废弃物等方式，来降低挂壁式空调的碳排放。

（2）收集碳排放数据

挂壁空调在生产、运输、安装、使用和废弃等环节都会产生碳排放，这些碳排放对于环境影响非常大。因此，需要对这些环节的碳排放进行收集和分析，以期减少碳排放，保护环境。

在生产环节，挂壁空调的制作需要大量的能源和材料，这些能源和材料的消耗都会产生碳排放。同时，生产过程中还会有一些废弃物产生，这些废弃物的处理也会产生碳排放。因此，在生产环节需要加强能源和材料的管理，减少废弃物的产生，以降低碳排放。

在运输环节，挂壁空调需要经过陆路、水路或空运等方式运输，这些运输方式都会产生碳排放。为了减少碳排放，可以选择更加环保的运输方式，如使用电力车辆进行运输，或者使用低碳船舶进行水运。

在安装环节，挂壁空调需要进行组装和安装，这些过程都需要消耗能源和材料，也会产生碳排放。因此，在安装环节需要加强能源和材料的管理，减少废弃物的产生，以降低碳排放。

在使用环节，挂壁空调需要消耗大量的电力，这些电力的产生和输送都会产生碳排放。因此，可以使用更加节能的空调，或者采用更加环保的能源形式，如太阳能或风能等，以减少碳排放。

在废弃环节，挂壁空调的废弃会产生大量的废弃物和污染物，这些废弃物和污染物的处理都会产生碳排放。因此，需要对废弃的空调进行分类和回收，将可以再利用的材料进行再利用，减少废弃物的产生，以降低碳排放。

总之，挂壁空调在生产、运输、安装、使用和废弃等环节都会产生碳排放，这些碳排放对于环境影响非常大。因此，需要对这些环节的碳排放进行收集和分析，以期减少碳排放，保护环境。

（3）确定碳排放因子

挂壁空调是一种常见的家用空调器型，其在使用过程中会排放一定量的二氧化碳等温室气体，对环境造成一定的影响。为了更好地了解挂壁空调的碳排放情况，需要确定挂壁空调的碳排放因子，即每生产、运输、安装、使用和废弃一台挂壁空调所产生的碳排放量。

生产过程中的碳排放是挂壁空调碳排放的一个重要来源。在生产过程中，需要消耗大量的电力和燃料，同时生产过程中还会产生大量的二氧化碳等温室气体。根据相关数据，生产一台挂壁空调的碳排放量约为20kg二氧化碳当量。

运输和安装过程中的碳排放也是一个不可忽视的部分。在运输过程中，需要使用汽车、火车等交通工具，这些交通工具在运行过程中会排放大量的二氧化碳。同时，在安装过程中，需要使用一些材料和工具，这些材料和工具的生产和运输也会产生碳排放。根据相关数据，运输和安装一台挂壁空调的碳排放量约为10kg二氧化碳当量。

使用过程中的碳排放是挂壁空调碳排放的主要来源。在运行过程中，挂壁空调需要消耗大量的电力，电力的生产和输送过程中会产生大量的二氧化碳等温室气体。根据相关数据，每使用一台挂壁空调一年所产生的碳排放量约为300kg二氧化碳当量。

废弃过程中的碳排放也是挂壁空调碳排放的一个来源。在废弃过程中，需要处理挂壁空调的废弃物，这些废弃物的处理和处置也会产生碳排放。根据相关数据，废弃一台挂壁空调的碳排放量约为10kg二氧化碳当量。

综合考虑生产、运输、安装、使用和废弃过程中的碳排放，可以确定挂壁空调的碳排放因子。

（4）计算碳排放量

挂壁式空调是一种常见的家用空调类型，对于消费者来说，在购买空调时需要考虑到其全生命周期的碳排放量，以减少对环境的影响。本文将根据挂壁空调的碳排放因子和生产、运输、安装、使用和废弃的数量，计算挂壁空调的全生命周期碳排放量。

首先，我们需要了解挂壁空调的碳排放因子。碳排放因子是指在生产、运输、使用和废弃过程中，每单位能源消耗所产生的二氧化碳排放量。根据相关研究，挂壁空调的碳排放因子约为0.11kg CO_2/kWh。

其次，我们需要考虑挂壁空调的生产过程。生产过程中需要消耗能源，主要包括电力和燃料。根据研究，挂壁空调的生产过程中的碳排放量约为1.5kg CO_2/台。

然后，我们需要考虑挂壁空调的运输过程。在运输过程中，需要使用交通工具，如货车、火车等，这些交通工具会消耗燃料，产生二氧化碳排放。根据研究，挂壁空调的运输过程中的碳排放量约为0.03kg CO_2/（台·km）。

接下来，我们需要考虑挂壁空调的安装过程。安装过程中需要使用电力和人力，也会产生碳排放。根据研究，挂壁空调的安装过程中的碳排放量约为0.02kg CO_2/台。

最后，我们需要考虑挂壁空调的使用和废弃过程。在使用过程中，空调需要消耗电力，产生二氧化碳排放。根据挂壁空调的碳排放因子和用电量，可以计算出使用过程中的碳排放量。废弃过程中，空调需要进行回收和处理，也会产生碳排放。根据研究，挂壁空调的废弃过程中的碳排放量约为0.1kg CO_2/台。

综上所述，我们可以计算出挂壁空调的全生命周期碳排放量。以一台挂壁空调为例，其全生命周期碳排放量约为：

生产过程碳排放量+运输过程碳排放量+安装过程碳排放量+使用过程碳排放量+废弃过程碳排放量

=1.5kg CO_2/台+0.03kg CO_2/台·km+0.02kg CO_2/台+0.11kg CO_2/kWh×1000kWh/台+0.1kg CO_2/台

=2.25kg CO_2/台

因此，一台挂壁空调的全生命周期碳排放量为2.25kg CO_2/台。在购买空调时，消费者可以通过选择低能耗、低碳排放的空调，以及合理使用和回收，来减少对环境的影响。

（5）审核认证

挂壁空调是一种常见的家用空调类型，其全生命周期包括生产、运输、销售、安装和使用等环节。在这些环节中，都会产生碳排放，对环境造成不良影响。因此，对于挂壁空调的全生命周期碳排放量进行认证，有助于减少环境污染，促进可持续发展。

首先，需要采集挂壁空调全生命周期的碳排放数据。这包括生产过程中的能源消耗、原材料消耗、运输过程中的碳排放、销售和使用过程中的能源消耗等。在采集数据时，需要考虑到各种因素，如生产工艺、原材料来源、运输方式、使用情况等，以保证数据的准确性和全面性。

其次，对采集到的数据进行分析和计算，得出挂壁空调全生命周期的碳排放量。在这个过程中，需要使用各种工具和方法，如生命周期评估、碳足迹计算、能源审计等，以确保计算的准确性和可靠性。

最后，将计算出的碳排放数据提交给专业的审核机构进行认证。审核机构将对碳排放数据进行审核，以确保其准确性和可靠性。在审核过程中，审核机构可能会采用各种方法，如现场核查、抽样检查、文件审核等，以保证审核结果的公正性和客观性。

如果审核结果符合相关标准和要求，审核机构将出具认证报告，证明挂壁空调的全生命周期碳排放量符合认证要求。认证报告通常包括碳排放量的计算方法、数据来源、审核过程和结果等内容，以供各方参考和使用。

总之，对挂壁空调的全生命周期碳排放量进行认证，有助于减少环境污染，促进可持续发展。在认证过程中，需要采集数据、分析计算、提交审核机构进行认证，并出具认证报告。这些步骤都需要严格遵守相关标准和要求，以保证认证结果的准确性和可靠性。

6.1.5 新风系统

新风系统全生命周期碳排放认证是指对新风系统的整个生命周期进行碳排放测量、计算和认证的过程。具体来说，该认证方法包括以下几个步骤：

（1）确定认证范围和目标

新风系统是一种为室内提供新鲜空气的设备，它可以将室外空气经过过滤、净化和热交换等处理后送入室内，同时将室内污浊空气排出室外，从而提高室内空气品质，改善居住环境和身体健康。在认证新风系统时，需要考虑以下范围和目标：

1）系统设计

新风系统的设计是认证的重要环节，需要考虑系统的性能、可靠性、安全性、节能性和环保性等方面。在设计认证中，需要对新风系统的风量、风速、温度、湿度、噪声等参数进行测定和计算，确保系统能够满足室内空气品质标准和节能要求。同时，需要考虑新风系统的安装、使用和维护方便性，降低用户的使用成本和维护成本。

2）制造和运输

新风系统的制造和运输也是认证的重要环节，需要考虑系统的质量和安全性。在制造认证中，需要对新风系统的材料、工艺、质量和性能进行检测和认证，确保系统能够达到设计要求和标准。在运输认证中，需要考虑新风系统的包装、标识、运输方式和路线等因素，确保系统在运输过程中不会受到损坏或污染。

3）安装和使用

新风系统的安装和使用是认证的重要环节，需要考虑系统的安全性、可靠性和效果。在安装认证中，需要对新风系统的安装位置、安装方式、连接管道、设备调试和性能测试等方面进行认证，确保系统能够正常运行并达到设计效果。在使用认证中，需要对新风系统的操作方便性、噪声、振动、能耗和维护成本等方面进行认证，确保系统能够满足用户需求并达到节能环保的要求。

4）维护和保养

新风系统的维护和保养也是认证的重要环节，需要考虑系统的可靠性、安全性和长效性。在维护认证中，需要对新风系统的维护周期、维护内容、维护成本和维护效果等方面进行认证，确保系统能够长期稳定运行并保持良好的性能。在保养认证中，需要对新风系统的保养方法、保养周期、保养内容和保养效果等方面进行认证，确保系统能够保持良好的工作状态并延长使用寿命。

综上所述，认证新风系统需要考虑系统的设计、制造、运输、安装、使用和维护等环节，确保系统能够满足室内空气品质标准和节能要求，提高居住环境和身体健康。

（2）收集数据和信息

新风系统是一种为室内提供新鲜空气的设备，它可以改善室内空气质量，提高人们的舒适度和健康水平。然而，新风系统的全生命周期中各个环节都会产生碳排放，对环境造成负面影响。因此，收集新风系统全生命周期中各个环节的碳排放数据和信息，包括能源消耗、材料使用、运输距离、存储和处理等方面，对于评估新风系统的环境影响和制定减排策略具有重要意义。

首先，新风系统的能源消耗是其主要的碳排放来源。新风系统需要消耗能源来运行风机、加热或冷却空气等设备。能源消耗产生的碳排放量与新风系统的使用时间和能源类型有关。例如，使用电力运行的新风系统会产生更多的碳排放，而使用太阳能等可再生能源的新风系统则会产生更少的碳排放。

其次，新风系统的材料使用也是其碳排放的重要来源。新风系统通常由金属、塑料、玻璃纤维等材料制成，这些材料在生产、加工和运输过程中都会产生碳排放。此外，新风系统的滤网等部件也需要定期更换，更换的部件也会产生碳排放。

再次，新风系统的运输距离和存储方式也会对其碳排放产生影响。新风系统通常需要在生产地点和安装地点之间进行运输，运输距离和方式的不同会影响其碳排放量。例如，使用货运列车或船只进行运输的新风系统会比使用货运卡车进行运输的新风系统产生更少的碳排放。此外，新风系统的存储方式也会影响其碳排放，存储在室外的新风系统可能会受到气候条件的影响，从而增加其碳排放。

最后，新风系统的处理和废弃也会产生碳排放。新风系统在使用过程中会产生废气和废水，这些废气和废水需要进行处理和排放。处理和排放的方式不同，产生的碳排放量也会有所差异。例如，使用生物质能处理废气的新风系统会比使用化学方法处理废气的新风系统产生更少的碳排放。

总之，收集新风系统全生命周期中各个环节的碳排放数据和信息，包括能源消耗、材料使用、运输距离、存储和处理等方面，对于评估新风系统的环境影响和制定减排策略具有重要意义。通过这些数据和信息，我们可以更好地了解新风系统的碳排放情况，从而采取有效的措施来降低其对环境的影响。

（3）确定碳排放因子

新风系统是一种为室内提供新鲜空气的设备，它可以通过过滤、加热或降温等方式，将室外空气处理成适合室内环境的空气。新风系统的全生命周期包括材料生产、设备制造、运输、安装、使用和维护等环节。在这些环节中，都会产生碳排放。下面是新风系统全生命周期中各个环节的确定碳排放因子。

1）材料生产环节

新风系统的主要材料包括金属、塑料、橡胶等，这些材料的生产过程中都会产生碳排放。以钢铁为例，钢铁生产过程中需要消耗大量的能源，其中包括化石燃料。这些化石燃料的燃烧会产生大量的二氧化碳，从而导致碳排放。根据统计数据，钢铁生产的碳排放因子约为2.11t CO_2/t钢铁。

2）设备制造环节

新风系统的制造过程中也需要消耗大量的能源，其中包括电力和燃料。这些能源的消耗也会导致碳排放。此外，新风系统的制造过程中还会产生一些废弃物和排放物，例如废气、废水和废渣等。这些废弃物和排放物也会对环境造成污染，从而导致碳排放。根据统计数据，新风系统制造的碳排放因子约为0.74t CO_2/台新风系统。

3）运输环节

新风系统在运输过程中也会产生碳排放。运输过程中需要使用交通工具，例如汽车、卡车和船舶等，这些交通工具的运行需要消耗大量的燃料，从而导致碳排放。根据统计数据，新风系统运输的碳排放因子约为0.08t CO_2/台新风系统。

4）安装环节

新风系统的安装过程中也会产生碳排放。安装过程中需要使用电力和人力，这些资源的消耗也会导致碳排放。此外，安装过程中还会产生一些废弃物和排放物，例如废气和废水等。这些废弃物和排放物也会对环境造成污染，从而导致碳排放。根据统计数据，新风系统安装的碳排放因子约为0.02t CO_2/台新风系统。

5）使用环节

新风系统在使用过程中也会产生碳排放。使用过程中需要消耗大量的电力，从而导致碳排放。此外，新风系统的运行还会产生一些废弃物和排放物，例如废气和废水等。这些废弃物和排放物也会对环境造成污染，从而导致碳排放。根据统计数据，新风系统使用的碳排放因子约为0.11t CO_2/台新风系统。

6）维护环节

新风系统的维护过程中也会产生碳排放。维护过程中需要使用电力和人力，这些资源的消耗也会导致碳排放。此外，维护过程中还会产生一些废弃物和排放物，例如废气和废水等。这些废弃物和排放物也会对环境造成污染，从而导致碳排放。根据统计数据，新风系统维护的碳排放因子约为0.03t CO_2/台新风系统。

总之，新风系统全生命周期中各个环节都会产生碳排放。这些碳排放会对环境造成污染，从而导致全球气候变暖。因此，我们需要采取措施来减少新风系统的碳排放，例如使用高效的新风系统、减少使用电力、优化运输方式等。

（4）计算碳排放

要计算新风系统全生命周期中的碳排放量，需要考虑直接碳排放和间接碳排放。直接碳排放指的是新风系统在运行过程中所产生的碳排放，而间接碳排放则包括新风系统所消耗的电力或燃料等产生的碳排放。

首先，我们需要了解新风系统的运行原理和能源消耗情况。新风系统是通过吸入室外空气，过滤、净化后输送到室内，以满足室内空气品质要求。在运行过程中，新风系统需要消耗能源，例如电力或燃料等，这些能源的消耗会产生碳排放。

其次，我们需要了解新风系统的使用寿命和维护保养情况。新风系统的使用寿命取决于多种因素，例如使用频率、环境条件、设备质量等。在使用寿命期间，新风系统需要进行维护保养，例如更换过滤器、清洁设备等，这些维护保养也会产生碳排放。

再次，我们可以利用生命周期评估方法，计算新风系统全生命周期中的碳排放量。生命周期评估方法是一种系统性、综合性的方法，用于评估产品或服务在整个生命周期中所产生的环境影响。根据生命周期评估方法，我们可以将新风系统的全生命周期分为五个阶段：原材料提取、生产制造、运输配送、使用维护和废弃处理。

在原材料提取阶段，新风系统需要消耗金属、塑料、橡胶等原材料，这些原材料的提取和加工会产生碳排放。在生产制造阶段，新风系统需要消耗能源，例如电力或燃料等，这些能源的消耗也会产生碳排放。在运输配送阶段，新风系统需要进行包装、运输和配送，这些过程也会产生碳排放。在使用维护阶段，新风系统需要消耗能源，例如电力或燃料等，这些能源的消耗会产生碳排放。在废弃处理阶段，新风系统需要进行拆解、回收和处理，这些过程也会产生碳排放。

最后，我们可以根据碳排放因子和碳排放量计算公式，计算新风系统全生命周期中的碳排放量。碳排放因子是指单位产品或服务在生产或消费过程中所产生的碳排放量，通常以千克二氧化碳/千克产品或服务为单位。碳排放量计算公式为：碳排放量=碳排放因子×产品或服务的重量或使用量。

总之，要计算新风系统全生命周期中的碳排放量，需要考虑直接碳排放和间接碳排放，然后利用生命周期评估方法，计算出每个阶段的碳排放量，最后将它们加起来得到总额。这个过程需要用到大量的数据和信息，需要专业的技能和知识。

（5）审核和认证

碳排放量的计算方法和数据准确性对于减缓气候变化和环境保护具有重要意义。因此，对计算得到的碳排放量进行审核和认证是必不可少的。以下是一些的审核和认证方法：

检查计算方法：审核人员需要检查计算碳排放量的方法是否符合国际标准，如ISO 14064标准。该标准规定了计算碳排放量的基本原则和方法。审核人员需要确认计算方法的选择是否合理，是否考虑了所有必要的因素，如能源消耗、交通出行、食品和饮料消耗、建筑物能源消耗等。

检查数据准确性：审核人员需要检查计算碳排放量所使用的数据是否准确可靠。这包括能源消耗、交通出行、食品和饮料消耗、建筑物能源消耗等数据的准确性。审核人员需要确认数据来源、数据收集方法和数据处理方式是否符合国际标准，如ISO 14064标准。

检查边界和范围：审核人员需要检查计算碳排放量的边界和范围是否清晰明确。这包括确定哪些活动和排放源应该被纳入计算，以及哪些活动和排放源不应该被纳入计算。审核人员需要确认计算碳排放量的边界和范围是否与国际标准一致。

检查碳排放报告：审核人员需要检查碳排放报告是否符合国际标准，如ISO 14064标准。该标准规定了碳排放报告的内容、格式和要求。审核人员需要确认报告是否包括必要的信息，如碳排放量、计算方法、数据来源、边界和范围等。

检查内部控制：审核人员需要检查组织内部控制是否足够有效，以确保碳排放量的计算和报告的准确性和可靠性。这包括确定是否存在内部控制缺陷，如数据操纵、数据丢失或错误、计算错误等。

综上所述，对计算得到的碳排放量进行审核和认证是确保计算方法和数据准确可靠的重要手段。审核和认证方法包括检查计算方法、数据准确性、边界和范围、碳排放报告和内部控制等方面的有效性。

6.1.6 建筑排风机

建筑排风机全生命周期碳排放认证方法是指对建筑排风机从生产、运输、安装、使用到废弃的全过程进行碳排放量测量、计算和认证的方法。该方法主要包括以下几个步骤：

（1）确定认证范围和目标

建筑排风机是一种重要的建筑设备，用于排出室内污浊空气、保持室内空气清新。为了确保建筑排风机的质量和性能，需要进行认证。认证范围和目标包括认证的时间范围、建筑排风机的类型和数量等。

认证时间范围通常是指认证的有效期限。建筑排风机的认证时间范围一般为1~5年，具体时间取决于认证机构的要求和建筑排风机的使用情况。在认证时间范围内，建筑排风机需要定期进行检测和维护，以确保其性能和质量符合认证要求。

建筑排风机的类型和数量也是认证范围和目标的重要内容。建筑排风机的类型包括轴流风机、混流风机、斜流风机、离心风机等。不同类型的建筑排风机具有不同的性能和适用范围，因此需要根据实际情况进行选择。建筑排风机的数量也是认证的重要因素，数量过多或过少都会影响认证的结果和有效性。

认证的目标是确保建筑排风机的性能和质量符合标准要求。认证机构会对建筑排风机进行检测和测试，包括性能测试、安全测试、噪声测试、振动测试等。通过认证，可以确保建筑排风机的性能和质量符合标准要求，同时也可以提高建筑排风机的可靠性和使用寿命。

除了认证范围和目标外，认证的过程也是非常重要的。认证过程通常包括申请、审核、检测、验收等步骤。建筑排风机的认证过程需要严格按照认证机构的要求进行，以确保认证的结果真实、有效。

总之，建筑排风机的认证范围和目标是非常重要的，涉及认证的时间范围、建筑排风机的类型和数量等内容。认证的目标是确保建筑排风机的性能和质量符合标准要求，认证过程需要严格按照认证机构的要求进行。通过认证，可以提高建筑排风机的可靠性和使用寿命，保障人们的生命安全和健康。

（2）收集数据和信息

收集建筑排风机生产、运输、安装、使用和废弃等全过程中的数据和信息，包括能源消耗、原材料消耗、排放量、运输距离和方式等，对于提高建筑排风机的能源效率、减少环境污染和降低成本具有重要意义。

首先，建筑排风机的生产过程中需要消耗能源和原材料。收集生产过程中的能源消耗和原材料消耗数据，可以分析生产过程中的能源和原材料利用效率，从而优化生产工艺，降低生产成本。此外，还可以通过分析原材料的来源和能源的消耗方式，进一步降低生产过程中的环境影响。

其次，建筑排风机的运输过程中也会消耗能源和产生排放。收集运输过程中的数据，包括运输距离、运输方式、能源消耗和排放量等，可以分析运输过程中的能源和排放情况，从而优化运输方案，降低运输成本和环境影响。例如，可以选择更加节能的运输方式，如铁路运输、水路运输等，以减少能源消耗和排放量。

再次，建筑排风机的安装和使用过程中也会产生能源消耗和排放。收集安装和使用过程中的数据，包括能源消耗、排放量等，可以分析建筑排风机在使用过程中的能源效率和环境影响，从而优化建筑排风机的使用方式，提高其能源效率和减少环境污染。例如，可以通过增加建筑排风机的自动化控制和智能化管理，实现对其能源消耗和排放量的实时监控和控制，从而进一步提高其能源效率和减少环境影响。

最后，建筑排风机的废弃过程也会对环境产生影响。收集废弃过程中的数据，包括废弃方式、废弃物处理方式等，可以分析废弃过程中的环境影响和资源利用效率，从而优化废弃方式，降低废弃过程中的环境影响。例如，可以选择更加环保的废弃方式，如回收利用、焚烧处理等，以减少废弃物对环境的污染。

总之，收集建筑排风机生产、运输、安装、使用和废弃等全过程中的数据和信息，包括能源消耗、原材料消耗、排放量、运输距离和方式等，对于提高建筑排风机的能源效率、减少环境污染和降低成本具有重要意义。应加强对建筑排风机全过程的数据收集和分析，优化建筑排风机的生产、运输、安装、使用和废弃方式，推动建筑排风机行业的可持续发展。

（3）确定碳排放因子

建筑排风机是建筑行业中常用的设备之一，其在生产、运输、安装、使用和废弃等不同阶段都会产生碳排放。为了更好地评估和控制建筑排风机的碳排放，需要确定相应的碳排放因子。

在生产阶段，建筑排风机的碳排放主要来自于能源消耗和原材料消耗。能源消耗因子可以用生产过程中消耗的电力、燃料等能源量来计算。而原材料消耗因子则可以用生产过程中消耗的原材料量来计算，例如钢材、铝材等。此外，生产过程中还会产生一些废气和废水等排放物，也需要考虑其对环境造成的影响。

在运输阶段，建筑排风机的碳排放主要来自于运输工具的能源消耗和排放。运输因子可以用运输过程中消耗的能源量和排放的废气量来计算。为了减少运输阶段的碳排放，可以选择更加节能和环保的运输工具，例如电动车、火车等。

在安装阶段，建筑排风机的碳排放主要来自于安装过程的能源消耗和排放。安装因子可以用安装过程中消耗的电力、燃料等能源量来计算。为了减少安装阶段的碳排放，可以采用更加节能和环保的安装方式，例如使用太阳能电池板等可再生能源。

在使用阶段，建筑排风机的碳排放主要来自于能源消耗和排放。排放因子可以用排风机在使用过程中排放的废气量来计算。为了减少使用阶段的碳排放，可以采用更加节能和环保的排风机，例如高效能排风机。

在废弃阶段，建筑排风机的碳排放主要来自于废弃物的处理和排放。废弃因子可以用废弃物处理和排放过程中消耗的能源和排放的废气量来计算。为了减少废弃阶段的碳排放，可以采用更加环保的废弃物处理方式，例如回收利用。

总之，建筑排风机在不同阶段的碳排放因子不同，需要根据具体情况进行评估和控制。在实际操作中，可以通过采用节能和环保的方式来降低碳排放，例如使用可再生能源、减少原材料消耗、优化排风机设计等。此外，还可以通过碳排放权交易、碳税等方式来激励企业减少碳排放，推动建筑行业的可持续发展。

（4）计算碳排放量

要计算建筑排风机在全生命周期内的碳排放量，需要考虑以下几个方面：

①确定建筑排风机的碳排放因子。根据IPCC2006中所介绍的排放公式，建筑排风机的碳排放因子包括直接排放和间接排放。直接排放指的是排风机在运行过程中产生的二氧化碳排放，间接排放指的是排风机所使用的电力或燃料产生的二氧化碳排放。根据GHGProtocol和ISO 14064标准流程，需要界定建造建造物过程的排放范围，包括范围1、范围2和范围3。范围1是建造过程中产生的排放，例如焊接；范围2是采购电力导致的排放；范围3是其他排放，例如工人上下班、原材料生产运输等。

②收集建筑排风机的相关数据。这些数据包括排风机的容量、使用时间、能源消耗量等。对于直接排放，需要收集排风机的气体排放量和排放因子；对于间接排放，需要收集排风机所使用的电力或燃料的消耗量和排放因子。

③计算建筑排风机的碳排放量。根据所收集的数据和碳排放因子，计算出建筑排风机在全生命周期内的碳排放量。计算公式为：碳排放量=直接排放+间接排放。其中，直接排放=气体排放量×排放因子；间接排放=电力或燃料消耗量×排放因子。

需要注意的是，在计算建筑排风机的碳排放量时，需要考虑到不同的碳排放因子和数据来源可能存在差异。因此，需要尽可能地收集可靠的数据，并采用公认的碳排放因子进行计算。同时，还需要注意数据的完整性和准确性，以确保计算结果的可靠性。

总之，计算建筑排风机在全生命周期内的碳排放量需要确定碳排放因子、收集相关数据，并进行计算。

（5）审核和认证

计算碳排放量是衡量一个国家、地区、企业或个人二氧化碳排放量的过程。为了确保计算方法和数据准确可靠，需要对计算得到的碳排放量进行审核和认证。以下是一些审核和认证方法：

交叉核实法：通过与其他相关数据进行比较，检查碳排放量的计算结果是否合理。例如，可以将计算出的碳排放量与同一时期、同一地区的其他数据进行比较，如能源消耗量、交通出行量等。如果计算出的碳排放量与其他数据存在较大差异，则需要进一步核实计算方法和数据。

实地核实法：通过实地考察、调查和核实，确认碳排放量的计算结果是否准确。例如，可以对某些排放源进行实地核实，如工厂的废气排放、车辆的行驶里程等。通过实地核实，可以发现计算方法是否存在偏差，以及数据是否存在漏报、虚报等问题。

样本抽查法：通过对一定数量的样本进行抽查，检查碳排放量的计算结果是否可靠。例如，可以从一个地区或行业的碳排放量中随机选取一定数量的样本，对其进行审核和认证。如果样本的计算结果与总体结果存在较大差异，则需要进一步核实计算方法和数据。

专家评审法：通过邀请专业人士对碳排放量的计算方法和数据进行评审，确保计算结果的准确性和可靠性。例如，可以邀请气候变化、环境科学、统计学等领域的专家对碳排放量的计算方法和数据进行评审。专家评审可以发现计算方法中存在的不足和问题，并提出改进建议。

第三方认证法：通过委托第三方机构对碳排放量的计算方法和数据进行认证，确保计算结果的准确性和可靠性。例如，可以委托专业的审计机构或认证机构对碳排放量的计算方法和数据进行认证。第三方认证可以提供客观、公正的认证结果，增强计算结果的可信度。

在实际应用中，可以结合上述方法，对计算得到的碳排放量进行审核和认证。此外，还需要建立完善的碳排放计量和报告制度，规范碳排放量的计算方法和数据管理，确保计算结果的准确性和可靠性。

6.1.7 太阳能热水器

在太阳能热水器的全生命周期碳排放认证中，需要对生产、运输、安装、使用和废弃等各个环节进行碳排放核算。

具体来说，太阳能热水器全生命周期碳排放认证方法包括以下几个步骤：

（1）确定认证范围和目标

太阳能热水器的全生命周期碳排放认证是指对太阳能热水器从原材料提取、生产、运输、安装、使用到废弃的全过程进行碳排放量的测量、计算和认证。该认证旨在确定太阳能热水器的全生命周期碳排放量，并为消费者提供权威的环保认证。

在确定认证范围和目标时，需要考虑以下几个方面：

认证范围：确定认证对象，即太阳能热水器的全生命周期，包括原材料提取、生产、运输、安装、使用和废弃等环节。同时需要明确认证的边界和范围，例如是否包括运输和安装等环节。

认证目标：确定认证的目标，例如减少太阳能热水器的全生命周期碳排放量、提高太阳能热水器的能源利用效率、推广可持续的太阳能热水器等。认证目标应该与环境保护和可持续发展相一致，并符合市场需求和消费者期望。

认证标准：确定认证的标准，包括碳排放量的测量、计算和认证方法。需要参考相关的国际、国内标准和规范，例如ISO 14064、GB/T 24489等。同时需要考虑太阳能热水器的特殊性质，例如使用寿命、热效率等。

认证程序：确定认证的程序和步骤，包括碳排放量的测量、计算、审核和认证等环节。需要建立完整的认证流程和体系，并明确各环节的责任和义务。

认证结果：确定认证结果的表示和公示方式，例如碳排放量的数值、等级和标识等。需要建立公示平台和渠道，方便消费者查询和了解认证结果。

太阳能热水器的全生命周期碳排放认证具有重要的意义。首先，可以促进太阳能热水器行业的可持续发展，提高行业的环保水平和社会责任感。其次，可以为消费者提供权威的环保认证，引导消费者选择低碳、环保的产品。最后，可以促进太阳能热水器技术的不断创新和升级，提高太阳能热水器的能源利用效率和环保性能。

然而，太阳能热水器的全生命周期碳排放认证也存在一些挑战。首先，太阳能热水器的全生命周期碳排放量难以测量和计算，需要建立科学的测量和计算方法。其次，太阳能热水器的碳排放认证需要考虑多方面的因素，例如使用寿命、热效率、安装和运输等，需要综合考虑这些因素对碳排放的影响。最后，太阳能热水器的碳排放认证需要与市场需求和消费者期望相一致，否则很难得到消费者的认可和接受。

总之，太阳能热水器的全生命周期碳排放认证是一个复杂的过程，需要考虑多方面的因素和挑战。然而，随着太阳能热水器行业的不断发展和环保意识的不断提高，相信太阳能热水器的全生命周期碳排放认证将会逐渐得到推广和应用。

（2）收集数据和信息

太阳能热水器是一种可再生能源利用设备，其在使用过程中可以大大降低对传统能源的依赖，减少二氧化碳等温室气体的排放。为了全面评估太阳能热水器的全生命周期碳排放，需要从以下几个方面收集数据和信息：

产品生产阶段碳排放数据：太阳能热水器的生产涉及多个环节，包括原材料开采、加工、制造、运输等。这些环节都会产生一定的碳排放。为了获取生产阶段碳排放数据，需要收集每个生产环节的能源消耗数据、碳排放因子等相关信息。可以通过企业提供的生产数据、能源消耗报告等途径获取。

产品使用阶段碳排放数据：太阳能热水器在使用过程中，其碳排放主要来自于电加热部分，如使用电力进行供水加热等。为了获取使用阶段碳排放数据，需要收集用户使用太阳能热水器的能源消耗数据、用电量、用水量等。可以通过用户调查、实地监测等方法获取。

产品废弃与回收阶段碳排放数据：太阳能热水器的废弃与回收涉及拆解、处理、再利用等环节。这些环节也会产生一定的碳排放。为了获取废弃与回收阶段碳排放数据，需要收集拆解、处理、再利用等环节的能源消耗数据、碳排放因子等相关信息。可以通过企业提供的废弃与回收数据、环保部门提供的相关信息等途径获取。

上下游产业链碳排放数据：太阳能热水器的生产和使用涉及多个上下游产业，如原材料生产、零部件制造、物流运输等。这些上下游产业也会产生一定的碳排放。为了全面评估太阳能热水器的全生命周期碳排放，需要收集上下游产业链的碳排放数据。可以通过企业提供的供应链数据、相关行业协会提供的数据等途径获取。

其他相关数据和信息：除了上述数据和信息外，还需要收集一些其他相关数据和信息，如太阳能热水器的使用寿命、使用率、太阳能资源充沛程度等。这些数据和信息可以帮助更准确地评估太阳能热水器的全生命周期碳排放。

总之，收集太阳能热水器的全生命周期碳排放数据和信息需要涉及多个方面，包括生产、使用、废弃与回收等环节，以及上下游产业链和其他相关数据。通过收集这些数据和信息，可以对太阳能热水器的全生命周期碳排放进行全面评估，为低碳环保技术的推广和可持续发展提供有力支持。

（3）确定碳排放因子

太阳能热水器是一种可再生能源设备，它可以利用太阳能将阳光转换为热能，从而提供热水。与其他热水器相比，太阳能热水器具有较低的碳排放量，因为它使用的能源是免费的太阳能。然而，在太阳能热水器的全生命周期中，仍然存在碳排放的因素，例如生产、运输、安装和维护等。因此，对于太阳能热水器的全生命周期碳排放认证，需要确定碳排放因子。

碳排放因子是指在生产、运输、安装和维护太阳能热水器过程中，每生产一台太阳能热水器所产生的二氧化碳排放量。碳排放因子的计算需要考虑以下几个方面：

生产过程中的碳排放量：包括原材料开采、生产制造、能源消耗等。在计算碳排放因子时，需要考虑到生产过程中所使用的能源类型、能源消耗量以及能源的碳排放因子。

运输过程中的碳排放量：包括原材料运输、产品运输等。在计算碳排放因子时，需要考虑到运输过程中所使用的运输方式、运输距离以及运输的碳排放因子。

安装过程中的碳排放量：包括安装太阳能热水器的设备和人工成本等。在计算碳排放因子时，需要考虑到安装过程中所使用的能源类型、能源消耗量以及能源的碳排放因子。

维护过程中的碳排放量：包括维护太阳能热水器的设备和人工成本等。在计算碳排放因子时，需要考虑到维护过程中所使用的能源类型、能源消耗量以及能源的碳排放因子。

在确定碳排放因子时，需要考虑到太阳能热水器的生产、运输、安装和维护等各个环节的影响因素。此外，还需要考虑到太阳能热水器的使用寿命、使用频率以及所在地区的气候等因素。通过计算碳排放因子，可以更好地评估太阳能热水器的全生命周期碳排放量，从而为减少碳排放提供依据。

总之，太阳能热水器的全生命周期碳排放认证需要确定碳排放因子，考虑生产、运输、安装和维护等各个环节的影响因素。

（4）计算碳排放量

太阳能热水器是一种可再生能源设备，其使用可以降低对传统能源的依赖，并且能够减少温室气体的排放。然而，在太阳能热水器的全生命周期中，仍然存在一定的碳排放。为了评估太阳能热水器的全生命周期碳排放，需要考虑以下几个方面：

1）生产阶段碳排放

太阳能热水器的生产阶段包括原材料提取、制造、运输等环节。这些环节都会产生一定的碳排放。在计算碳排放时，需要考虑原材料提取和制造过程中所使用的能源、材料和运输方式等因素。例如，生产太阳能热水器所需要的铝、玻璃等材料都需要进行开采、加工等环节，这些环节会产生大量的碳排放。

2）使用阶段碳排放

太阳能热水器的使用阶段包括加热水、供电、维护等环节。在这些环节中，主要的碳排放来自于加热水所需的能源。太阳能热水器使用电能或者燃气等能源进行加热，这些能源的使用都会产生碳排放。因此，在计算太阳能热水器使用阶段的碳排放时，需要考虑使用的能源类型、能源消耗量等因素。

3）废弃阶段碳排放

太阳能热水器的废弃阶段包括拆除、处理等环节。这些环节也会产生一定的碳排放。在计算废弃阶段的碳排放时，需要考虑废弃物的处理方式、运输方式等因素。

针对太阳能热水器的全生命周期碳排放，可以采用生命周期评估（LCA）的方法进行计算。LCA是一种用于评估产品或服务从摇篮到坟墓的全过程环境影响的方法。在LCA中，需要考虑产品或服务的各个阶段，包括生产、使用、废弃等环节，并评估各个环节所产生的环境影响。

具体地，针对太阳能热水器的碳排放计算，需要先收集相关的数据，包括生产阶段、使用阶段、废弃阶段的碳排放数据。这些数据可以从相关的数据库、文献、企业报告等获取。然后，需要对这些数据进行整理、分类，并进行生命周期评估模型的建立。

最后，根据生命周期评估模型，计算太阳能热水器的全生命周期碳排放。根据计算结果，可以评估太阳能热水器的碳排放水平，并为降低碳排放提供参考。

（5）审核和认证

太阳能热水器是一种可再生能源设备，它可以通过收集太阳能并将其转化为热能，用于加热水或空间。虽然太阳能热水器相对于传统热水器具有更低的碳排放，但是在其全生命周期中仍然存在一定的碳排放。因此，对于太阳能热水器的全生命周期碳排放进行审核和认证是非常必要的。

首先，我们需要了解太阳能热水器的全生命周期。太阳能热水器的全生命周期包括以下几个阶段：原材料提取和加工、生产制造、运输和安装、使用和维护，以及废弃和处理。在每个阶段中，都会产生一定的碳排放。

其次，对于太阳能热水器的全生命周期碳排放进行审核和认证需要考虑以下几个方面：

原材料提取和加工阶段的碳排放：太阳能热水器的原材料主要包括铝、铜、钢等金属材料和玻璃、塑料等非金属材料。在这些原材料的提取和加工过程中，会产生一定的碳排放。因此，在审核和认证过程中需要考虑原材料提取和加工阶段的碳排放。

生产制造阶段的碳排放：太阳能热水器的生产制造过程包括铸造、焊接、喷涂等环节。在这些环节中，会产生一定的碳排放。因此，在审核和认证过程中需要考虑生产制造阶段的碳排放。

运输和安装阶段的碳排放：太阳能热水器在运输和安装过程中，会产生一定的碳排放。因此，在审核和认证过程中需要考虑运输和安装阶段的碳排放。

使用和维护阶段的碳排放：太阳能热水器在使用和维护过程中，也会产生一定的碳排放。例如，在使用过程中，太阳能热水器需要消耗一定的电力或燃气等能源。因此，在审核和认证过程中需要考虑使用和维护阶段的碳排放。

废弃和处理阶段的碳排放：太阳能热水器在废弃和处理过程中，也会产生一定的碳排放。因此，在审核和认证过程中需要考虑废弃和处理阶段的碳排放。

最后，对于太阳能热水器的全生命周期碳排放进行审核和认证需要依靠专业的机构和标准。目前，国际上比较流行的太阳能热水器全生命周期碳排放认证标准包括ISO 14067和ISO 14040等。这些标准提供了对太阳能热水器全生命周期碳排放的审核和认证的指导和规范。

总之，对于太阳能热水器的全生命周期碳排放进行审核和认证是非常必要的。在审核和认证过程中，需要考虑太阳能热水器的全生命周期各个阶段的碳排放，并依靠专业的机构和标准进行认证。

6.1.8 地源热泵

地源热泵全生命周期碳排放认证方法：

地源热泵是一种可再生能源利用设备，用于供暖、制冷和热水供应等。为了评估地源热泵的全生命周期碳排放，需要考虑以下几个方面：

（1）确定认证范围和目标

地源热泵是一种可再生能源技术，它可以利用地下土壤的热量来加热和冷却建筑物。

相比于传统的加热和冷却方式，地源热泵可以显著降低能源消耗和碳排放。因此，地源热泵的全生命周期碳排放认证对于推广这项技术具有重要意义。

首先，需要确定地源热泵全生命周期碳排放认证的范围。这个范围应该包括地源热泵的整个生命周期，从原材料的提取和加工、设备的制造和运输、安装和调试、运行和维护，到设备的退役和处理等环节。在这个范围内，需要对地源热泵的碳排放进行监测和计算，以便确定其在整个生命周期内的碳排放量。

其次，需要确定地源热泵全生命周期碳排放认证的目标。这个目标应该是降低地源热泵的碳排放量，促进地源热泵技术的推广和应用。为了实现这个目标，需要在认证过程中采用一些措施，比如采用低碳材料、优化制造和运输过程、提高设备的效率和性能、采用可再生能源等。

最后，需要制定地源热泵全生命周期碳排放认证的标准和方法。这个标准和方法应该基于国家和国际相关的碳排放标准和方法，同时考虑到地源热泵技术的特点和实际情况。在制定标准和方法的过程中，需要充分征求相关专家和利益相关者的意见和建议，确保认证的公正性和可信度。

总之，地源热泵的全生命周期碳排放认证是一项重要的工作，它可以促进地源热泵技术的推广和应用，降低碳排放，应对气候变化。在认证过程中，需要确定认证的范围、目标和标准方法，同时充分征求相关专家和利益相关者的意见和建议，确保认证的公正性和可信度。

（2）收集数据

地源热泵是一种可再生能源技术，可以利用地下土壤或水中的热量来进行加热和冷却。与其他加热和冷却技术相比，地源热泵具有较低的碳排放量。下面是地源热泵在材料生产、运输、安装、运行和拆除等阶段的碳排放数据。

材料生产阶段：地源热泵的材料生产阶段主要包括制造热泵设备、地下埋管、水管和控制系统等。这些设备的制造需要大量的金属、塑料、橡胶和玻璃等材料，其中一些材料需要进行加工和运输。根据研究，地源热泵的材料生产阶段的碳排放量约为 $1.5kg\ CO_2/kWh$。

运输阶段：地源热泵的运输阶段涉及将设备和材料从一个地方运输到另一个地方。运输方式包括公路、铁路、水路和航空等。根据研究，地源热泵的运输阶段的碳排放量约为 $0.5kg\ CO_2/kWh$。

安装阶段：地源热泵的安装阶段需要进行钻井、埋管、安装热泵设备和控制系统等。这些工作需要大量的机械设备和人力，同时也需要消耗能源。根据研究，地源热泵的安装阶段的碳排放量约为 $3kg\ CO_2/kWh$。

运行阶段：地源热泵的运行阶段涉及使用热泵设备进行加热和冷却。在运行过程中，热泵设备需要消耗电力，而电力的产生会产生碳排放。根据研究，地源热泵的运行阶段的碳排放量约为 $2kg\ CO_2/kWh$。

拆除阶段：地源热泵的拆除阶段需要将设备和地下埋管等拆除并运走。这些工作需要消耗能源和产生碳排放。根据研究，地源热泵的拆除阶段的碳排放量约为1kg CO_2/kWh。

综上所述，地源热泵在材料生产、运输、安装、运行和拆除等阶段的碳排放量约为8.5kg CO_2/kWh。虽然地源热泵的碳排放量比其他加热和冷却技术低，但仍然存在着一定的碳排放。因此，在考虑使用地源热泵时，需要权衡其优缺点，并考虑如何尽可能减少碳排放。

（3）确定碳排放因子

地源热泵是一种可再生能源技术，通过从地下土壤或地下水提取热量，冬季供暖夏季供冷。作为一种清洁能源技术，地源热泵在减少碳排放方面具有重要意义。为了确定地源热泵在各个阶段的碳排放因子，我们需要对地源热泵的工作原理和应用过程进行分析。

地源热泵的工作原理是将地下土壤或地下水中的热量通过地源热泵系统提取出来，经过热交换器进行热量交换，然后供给建筑物供暖或供冷。在这个过程中，地源热泵的碳排放主要来自于以下几个阶段：

设备制造阶段：地源热泵系统的制造过程中，需要消耗一定量的电力、钢材、塑料等材料，以及产生一定量的二氧化碳排放。此外，运输和安装过程也会产生一定程度的碳排放。根据统计数据，设备制造阶段的碳排放因子约为0.08~0.12kg CO_2/kWh。

系统运行阶段：地源热泵系统在运行过程中，主要通过地下土壤或地下水与建筑物进行热交换来实现供暖或供冷。在这一阶段，地源热泵的碳排放主要来自于热泵机组的电力消耗。根据实际运行数据，系统运行阶段的碳排放因子约为0.06~0.1kg CO_2/kWh。

系统维护阶段：地源热泵系统的维护主要包括设备保养、更换部件等。这一阶段产生的碳排放相对较低，主要来自于维护过程的电力消耗和部件制造过程中的碳排放。根据统计数据，系统维护阶段的碳排放因子约为0.01~0.03kg CO_2/kWh。

系统末端阶段：地源热泵系统供暖或供冷的末端设备，如散热器、风机盘管等，在运行过程中也会产生一定程度的碳排放。这一阶段的碳排放因子与具体末端设备和使用情况有关，通常约为0.01~0.05kg CO_2/kWh。

综上所述，地源热泵在各个阶段的碳排放因子约为：设备制造阶段0.08~0.12kg CO_2/kWh，系统运行阶段0.06~0.1kg CO_2/kWh，系统维护阶段0.01~0.03kg CO_2/kWh，系统末端阶段0.01~0.05kg CO_2/kWh。然而，需要注意的是，这些数据仅供参考，实际碳排放因子可能因地源热泵系统的具体设计和运行情况而有所差异。

（4）计算碳排放量

地源热泵是一种可再生能源技术，它可以利用地下土壤的热量来加热和冷却建筑物。虽然地源热泵相对于传统加热和冷却技术具有更低的碳排放量，但它仍然会排放一定量的二氧化碳等温室气体。

要计算地源热泵的碳排放量，需要知道以下几个因素：

①地源热泵的能源效率：地源热泵的能源效率通常在300%~500%之间，这意味着每消

耗1kWh的能量，可以提供3~5kWh的热量或冷却能力。

②地下土壤的热能储存量：地下土壤的热能储存量取决于土壤的物理性质和地下水的流量和温度等因素。

③地源热泵的使用情况：地源热泵的使用情况会影响其碳排放量。例如，如果地源热泵在冬季和夏季都使用，那么其碳排放量将会更高。

④电力的碳排放因子：地源热泵需要消耗电力来运行，因此需要考虑电力的碳排放因子。碳排放因子是指生产1kWh电力所排放的二氧化碳量。

基于以上因素，可以计算出地源热泵的碳排放量。以下是一个示例计算过程：

假设一个地源热泵系统每年提供10000kWh的热量和10000kWh的冷却能力，能源效率为400%，使用电力来运行。假设电力的碳排放因子为0.7 kg CO_2/kWh。

那么，该地源热泵系统的碳排放量计算如下：

1. 地源热泵的能源消耗量为10000÷400%=2500kWh。

2. 地源热泵需要消耗的电力量为2500÷3=833.33kWh。

3. 地源热泵的碳排放量为833.33×0.7=586.67kg CO_2。

因此，该地源热泵系统的碳排放量为586.67kg CO_2。

需要注意的是，上述计算只是一个简化的示例，实际的碳排放量可能会受到多种因素的影响，例如地下土壤的热能储存量、地源热泵的能源效率、使用情况和电力的碳排放因子等。此外，地源热泵的碳排放量也取决于所采用的碳排放因子。不同的组织或国家可能会使用不同的碳排放因子，因此碳排放量的计算结果可能会有所不同。

（5）审核认证

碳排放量审核和认证是指对计算出的碳排放量进行审核和确认，以确保其准确性和可靠性。碳排放量审核和认证的重要性不言而喻，因为它是衡量一个国家、一个地区、一个企业或一个产品碳排放水平的重要指标，也是制定减排计划、实施碳排放权交易、促进绿色低碳发展的重要依据。

碳排放量审核和认证一般由专业的第三方机构或认证机构进行。这些机构通常具有丰富的经验和专业知识，能够依据相关的标准和方法，对碳排放量进行全面、准确、公正的审核和认证。

碳排放量审核和认证的过程一般包括以下几个步骤：

确定碳排放量的计算方法：审核和认证机构需要首先确定碳排放量的计算方法，包括核算范围、核算边界、数据收集和计算方法等。这些方法需要符合相关的标准和规范，以确保计算结果的准确性和可靠性。

收集和整理数据：审核和认证机构需要收集和整理与碳排放量相关的数据，包括能源消耗、原材料消耗、生产过程、运输和存储等环节的数据。这些数据需要来自可靠的来源，并且需要进行验证和确认，以确保其准确性和可靠性。

进行碳排放量计算：审核和认证机构需要根据确定的计算方法和收集到的数据，进行碳排放量的计算。计算过程需要符合相关的标准和规范，以确保计算结果的准确性和可靠性。

进行审核和认证：审核和认证机构需要对计算出的碳排放量进行审核和认证。审核和认证过程需要依据相关的标准和规范进行，包括对计算方法、数据收集和计算结果的审核和认证。审核和认证结果需要以报告的形式呈现，并且需要由审核和认证机构的专家签署。

发布和更新碳排放量数据：审核和认证机构需要将审核和认证后的碳排放量数据发布在相关的平台上，并且需要定期更新数据，以保证数据的时效性和准确性。

碳排放量审核和认证的结果可被用于多种用途，包括制订减排计划、实施碳排放权交易、评估企业或产品的环保性能等。因此，碳排放量审核和认证的准确性和可靠性至关重要。

6.1.9 建筑光伏

建筑光伏全生命周期碳排放认证是指对建筑光伏发电系统从原材料提取、生产、运输、安装、运行到拆除的全过程中所产生的碳排放进行计算和认证的过程。该认证方法主要包括以下几个步骤：

（1）确定认证范围和目标

建筑光伏的全生命周期碳排放认证是指对建筑光伏系统从原材料提取、生产、运输、安装、使用到拆除的全过程进行碳排放量的测量、计算和认证。该认证旨在确定建筑光伏系统的碳排放水平，以及识别和降低碳排放的重点领域，从而促进建筑光伏行业的可持续发展。

确定认证范围和目标是建筑光伏全生命周期碳排放认证的关键步骤。认证范围应包括建筑光伏系统的所有阶段，从原材料提取到拆除。认证目标应该确定认证的具体内容和标准，以及认证的目的和意义。

在确定认证范围时，应考虑到建筑光伏系统的整个生命周期，包括光伏组件的生产、运输、安装、使用和拆除等环节。在生产环节中，应考虑到原材料提取、生产工艺、能源消耗等因素；在运输环节中，应考虑到运输方式、距离、能源消耗等因素；在安装环节中，应考虑到安装工艺、人工成本、能源消耗等因素；在使用环节中，应考虑到光伏系统的发电量、使用寿命、维护成本等因素；在拆除环节中，应考虑到拆除工艺、材料回收、能源消耗等因素。

在确定认证目标时，应考虑到建筑光伏系统的碳排放水平和可持续发展要求。认证目标应该明确规定建筑光伏系统的碳排放量、碳排放强度、碳中和能力等方面的要求。例如，可以设定建筑光伏系统的碳排放量不超过某个特定值，或者碳排放强度不高于某个特定值，或者通过碳中和措施抵消碳排放等。

在建筑光伏全生命周期碳排放认证中，还需要考虑到一些关键因素。例如，光伏组件的生产工艺和质量对碳排放量的影响很大，因此需要选择优质的光伏组件和生产工艺。

（2）收集数据

建筑光伏发电系统是一种可再生能源应用方式，它可以在建筑表面或者周边安装太阳能电池板，将太阳能转化为电能，为建筑提供电力。光伏发电系统在减少碳排放方面具有很大的潜力，因为它可以替代传统能源，减少对化石燃料的需求。下面是建筑光伏发电系统在材料生产、运输、安装、运行和拆除等阶段的碳排放数据。

1）材料生产阶段

建筑光伏发电系统的主要材料是太阳能电池板、支架和蓄电池等。在材料生产阶段，主要的碳排放来自于原材料的提取和加工过程。例如，太阳能电池板的生产需要大量的硅材料，而硅材料的生产需要消耗大量的电力和化学品，从而导致碳排放。据研究，太阳能电池板的生产过程中，每瓦太阳能电池板需要排放约$0.5kg\ CO_2$。

2）运输阶段

建筑光伏发电系统的材料运输阶段也会产生碳排放。运输阶段的碳排放取决于运输方式和运输距离。如果采用公路运输，每吨货物的运输距离为100km，那么运输过程中的碳排放约为$0.07kg\ CO_2/t$。如果采用铁路运输，每吨货物的运输距离为100kg，那么运输过程中的碳排放约为$0.03kg\ CO_2/t$。

3）安装阶段

建筑光伏发电系统的安装阶段也会产生碳排放。安装阶段的碳排放主要来自于建筑表面的改造和太阳能电池板的安装过程。据研究，每安装1W太阳能电池板，需要排放约$0.12kg\ CO_2$。

4）运行阶段

建筑光伏发电系统在运行阶段可以产生电力，从而减少对化石燃料的需求，降低碳排放。据研究，每生产1kWh电力，光伏发电系统可以减少约0.6kWh的排放。

5）拆除阶段

建筑光伏发电系统在拆除阶段也会产生碳排放。拆除阶段的碳排放主要来自于太阳能电池板和支架的拆除过程。据研究，每拆除1W太阳能电池板，需要排放约$0.05kg\ CO_2$。

综上所述，建筑光伏发电系统在材料生产、运输、安装、运行和拆除等阶段的碳排放数据与具体的情况有关。一般来说，建筑光伏发电系统在运行阶段可以减少碳排放，但在材料生产和拆除阶段则会产生碳排放。因此，在推广建筑光伏发电系统时，需要权衡各方面的因素，采取合理的措施来降低碳排放。

（3）确定碳排放因子

建筑光伏发电系统在各个阶段的碳排放因子如下：

1）材料生产阶段

在建筑光伏发电系统的材料生产阶段，主要的碳排放来自于硅材料、晶硅生产、光伏组件制造等过程。根据统计数据，硅材料的生产过程中，每生产1W光伏组件需要排放约

0.6g CO_2。晶硅生产的碳排放因子约为0.2g/W，光伏组件制造的碳排放因子约为0.1g/W。

2）系统安装阶段

在建筑光伏发电系统的安装阶段，主要的碳排放来自于安装过程中的机械设备使用、人工搬运等过程。根据统计数据，光伏发电系统的安装过程中，每安装1W光伏组件需要排放约0.1g CO_2。

3）系统运行阶段

在建筑光伏发电系统的运行阶段，主要的碳排放来自于光伏组件的制造和运输过程。根据统计数据，光伏发电系统运行过程中，每发电1kWh需要排放约0.08kg CO_2。

4）系统退役阶段

在建筑光伏发电系统的退役阶段，主要的碳排放来自于光伏组件的处理和回收过程。根据统计数据，光伏组件的处理和回收过程中，每处理1W光伏组件需要排放约0.01g CO_2。

综上所述，建筑光伏发电系统在各个阶段的碳排放因子分别为：材料生产阶段约为0.6g/W、系统安装阶段约为0.1g/W、系统运行阶段约为0.08kg/kWh、系统退役阶段约为0.01g/W。不过，这些碳排放因子仅仅是一个粗略的估计，具体的碳排放量还需要根据实际情况进行计算。

（4）计算碳排放量

建筑光伏发电系统是一种可再生能源应用方式，可以通过光伏发电板将太阳能转化为电能，从而为建筑物提供电力。根据建筑光伏发电系统的碳排放因子和相关数据，可以计算出各个阶段的碳排放量。

首先需要了解建筑光伏发电系统的碳排放因子。碳排放因子是指在生产和使用过程中，排放一定数量的二氧化碳所对应的能量值。对于建筑光伏发电系统，碳排放因子可以根据电力输出量和光伏发电板的使用寿命进行计算。

在计算建筑光伏发电系统的碳排放量时，需要考虑以下几个阶段：

生产阶段：生产光伏发电板需要消耗能源，这部分能源的消耗会产生碳排放。根据光伏发电板的生产工艺和能源消耗情况，可以计算出生产阶段的碳排放量。

运输阶段：运输光伏发电板需要消耗能源，这部分能源的消耗也会产生碳排放。根据光伏发电板的运输距离和运输方式，可以计算出运输阶段的碳排放量。

安装阶段：安装光伏发电板需要消耗能源，这部分能源的消耗也会产生碳排放。根据光伏发电板的安装方式和安装过程中的能源消耗，可以计算出安装阶段的碳排放量。

使用阶段：光伏发电板在使用过程中，会产生电力，但这部分电力的产生也会产生碳排放。根据光伏发电板的电力输出量和使用寿命，可以计算出使用阶段的碳排放量。

在计算建筑光伏发电系统的碳排放量时，需要考虑到不同阶段的碳排放因子和能源消耗情况，然后将这些数据进行累加，得出整个生命周期内的碳排放量。

以一个典型的建筑光伏发电系统为例，假设该系统的电力输出量为1000kWh，使用寿命为20年，碳排放因子为0.5kg CO_2/kWh。那么，该建筑光伏发电系统的碳排放量计算如下：

生产阶段：假设生产1000kWh的光伏发电板需要消耗100kg标准煤，那么生产阶段的碳排放量为100×2.72=272kg CO_2。

运输阶段：假设运输1000kWh的光伏发电板需要消耗100kg标准煤，那么运输阶段的碳排放量为100×2.72=272kg CO_2。

安装阶段：假设安装1000kWh的光伏发电板需要消耗100kg标准煤，那么安装阶段的碳排放量为100×2.72=272kg CO_2。

使用阶段：假设使用1000kWh的光伏发电板需要消耗100kg标准煤，那么使用阶段的碳排放量为100×2.72=272kg CO_2。

因此，该建筑光伏发电系统的总碳排放量为272（生产阶段）+272（运输阶段）+272（安装阶段）+272（使用阶段）=1088kg CO_2。

需要注意的是，上述计算结果仅作为一个大致的估算，实际的碳排放量可能会受到多种因素的影响，例如光伏发电板的能量回收率、使用寿命、碳排放因子等。因此，在实际计算中，需要根据具体情况对上述数据进行调整，以得出更为准确的碳排放量。

（5）审核认证

对计算出的碳排放量进行审核和认证，可以确保计算结果的准确性和可靠性。碳排放量的审核和认证通常包括以下几个步骤：

确定审核和认证的目标和范围：在审核和认证之前，需要明确目标和范围，确定哪些碳排放数据需要进行审核和认证。这包括光伏发电系统的各个阶段，如生产、运输、安装和使用阶段。

收集和整理碳排放数据：对于每个阶段产生的碳排放数据，需要收集和整理相关的数据和信息。这包括碳排放因子、能源消耗量、能源类型、运输距离等。

检查数据准确性和完整性：对收集到的数据进行准确性和完整性检查，确保数据的正确性和可靠性。对于缺失或不合理的数据，需要进行调查和补充。

采用合适的碳排放计算方法：选择合适的碳排放计算方法，以确保计算结果的准确性和可靠性。常用的碳排放计算方法包括生命周期分析法、投入产出法等。

进行碳排放量核算：根据收集到的数据和采用的计算方法，对光伏发电系统的各个阶段的碳排放量进行核算。

审核和认证结果：对核算出的碳排放量进行审核和认证，确保计算结果的准确性和可靠性。这可以通过内部审核、第三方审核等方式进行。

提出改进措施：对于审核和认证过程中发现的问题，需要提出改进措施，以提高碳排放计算的准确性和可靠性。这可能包括数据收集和整理、计算方法的改进等。

持续改进：定期对碳排放计算过程进行持续改进，确保计算结果的准确性和可靠性。这包括对数据来源、计算方法、审核和认证过程等方面的改进。

总之，对计算出的碳排放量进行审核和认证是确保计算结果准确性和可靠性的关键步骤。通过严格的审核和认证过程，可以提高碳排放计算的可信度，为光伏发电系统的可持续发展提供有力支持。

6.2
不同类型建筑设备设施选材指标

6.2.1 不同类型设备的能源利用率

▶ 　　在绿色低碳背景下，以下是电梯、中央空调、立式空调、挂壁空调、新风系统、建筑排风机、太阳能热水器和建筑光伏的能源利用率指标要求：

　　（1）电梯

　　电梯是我们日常生活中常见的一种垂直交通工具，随着社会的发展和科技的进步，电梯的种类和功能也越来越多样化。然而，无论电梯的种类如何，其能源利用率指标都是衡量电梯能效的重要标准之一。为了更好地衡量电梯的能源利用率，我们需要考虑以下几个方面。

　　第一，我们需要了解电梯的能效等级。电梯的能效等级是根据电梯的能耗和性能指标来划分的，通常分为A、B、C、D、E、F、G七个等级。其中，A级电梯的能耗最低，G级电梯的能耗最高。电梯的能效等级通常由专业的检测机构进行检测和评定，检测结果应该符合国家相关标准，如现行《电梯制造与安装安全规范》GB/T 7588。

　　第二，我们需要考虑电梯的能耗指标。电梯的能耗指标包括电梯的运行能耗、待机能耗和附加能耗等。运行能耗是指电梯在运行状态下所消耗的能量，待机能耗是指电梯在待机状态下所消耗的能量，附加能耗是指电梯除运行和待机外的其他功能所消耗的能量。在衡量电梯的能源利用率时，我们需要综合考虑这三个方面的能耗指标。

　　第三，我们需要考虑电梯的使用频率和运行时间。电梯的使用频率和运行时间会影响电梯的能源利用率。例如，如果电梯的使用频率很高，但运行时间很短，那么电梯的能耗可能会比较高。因此，在衡量电梯的能源利用率时，我们需要考虑电梯的使用频率和运行时间的因素。

第四，我们需要考虑电梯的维护保养。电梯的维护保养对电梯的能源利用率也有很大的影响。如果电梯缺乏维护保养，那么电梯的能耗可能会增加，甚至会出现安全事故。因此，在衡量电梯的能源利用率时，我们需要考虑电梯的维护保养情况。

第五，我们需要考虑电梯的节能措施。电梯的节能措施可以提高电梯的能源利用率，降低电梯的能耗。例如，可以采用节能型电梯电机、优化电梯控制系统、减少电梯空载运行等措施来降低电梯的能耗。

总之，电梯的能源利用率指标应该考虑能效等级、能耗指标、使用频率和运行时间、维护保养情况以及节能措施等因素。通常情况下，电梯的能源利用率应符合国家相关标准，如现行《电梯制造与安装安全规范》GB/T 7588。在实际操作中，我们可以通过检测和评估电梯的能效等级、能耗指标和使用频率等因素，来衡量电梯的能源利用率，并采取相应的节能措施，以提高电梯的能源利用率，降低电梯的能耗。

（2）中央空调

中央空调系统的能源利用率是建筑节能的重要指标之一，为了提高能源利用率，需要符合国家相关标准。其中，现行《民用建筑供暖通风与空气调节设计规范》GB 50736和《建筑给水排水设计标准》GB 50015是中央空调系统设计的基本标准，规范中对于系统能效的要求如下：

空调系统的设计应根据建筑的性质、功能、地理位置、气候条件等因素综合考虑，选择合适的空调方式和设备，并应根据不同区域的使用情况，采取有效的节能措施。

空调系统的能耗应符合国家现行有关建筑节能标准的规定。空调系统的能耗指标应根据建筑的性质、功能、气候条件等因素进行综合分析，并应结合建筑全年的能源消耗情况进行计算。

空调系统的设备选型应根据系统的冷热负荷、使用时间、环境温度等因素综合考虑，并应选择高效、节能、低噪声的设备。

空调系统的控制应根据建筑的使用情况和气候条件进行调节，并应充分利用自然通风和室外冷源等节能措施。

空调系统的维护管理应按照国家现行有关建筑节能标准的规定进行，并应定期对系统的性能和能耗进行检测和评估，采取有效的节能措施。

此外，为了提高中央空调系统的能源利用率，还需要注意以下几点：

优化建筑围护结构，减少冷热负荷。建筑围护结构的热传导和热辐射是中央空调系统能耗的主要组成部分，因此，应优化建筑围护结构，减少冷热负荷。

合理设置空调系统参数。空调系统的参数设置应根据建筑的使用情况和气候条件进行综合考虑，并应充分利用自然通风和室外冷源等节能措施。

采用节能控制系统。节能控制系统可以根据建筑的使用情况和气候条件进行自动调节，从而实现空调系统的节能控制。

定期维护和清洁空调系统。空调系统的定期维护和清洁可以提高系统的工作效率和能耗，减少系统的故障率和维修费用。

充分利用太阳能等可再生能源。利用太阳能等可再生能源可以有效降低空调系统的能耗，减少对传统能源的依赖。

总之，中央空调系统的能源利用率应符合国家相关标准，如现行《民用建筑供暖通风与空气调节设计规范》GB 50736和《建筑给水排水设计标准》GB 50015中关于系统能效的要求。同时，为了提高能源利用率，还需要注意优化建筑围护结构、合理设置空调系统参数、采用节能控制系统、定期维护和清洁空调系统、充分利用太阳能等可再生能源等措施。

（3）立式空调

立式空调作为家用电器中的一种，其能源利用率是国家相关标准所关注的重要方面。在我国，现行《房间空气调节器能效限定值及能效等级》GB 21455是对家用空调能效等级进行规定的主要标准之一。该标准规定了家用空调的能效等级、能效限定值、测试方法等内容，为家用空调的节能评价提供了重要依据。

现行《房间空气调节器能效限定值及能效等级》GB 21455中的能效等级分为一级、二级、三级三个等级，其中一级能效为最高等级，三级能效为最低等级。能效等级的划分主要依据空调的制冷量、制冷消耗功率、热泵制热性能系数等指标进行。在选购立式空调时，消费者可以关注产品的能效等级标识，选择能效等级较高的产品，以达到节能降耗的目的。

立式空调的能源利用率除了与能效等级有关外，还与空调的运行时间、使用环境等因素密切相关。为了提高立式空调的能源利用率，在使用过程中应注意以下几点：

合理设置空调温度：立式空调的温度设置应合理，避免过低或过高。在夏季，室内温度设定在26~28℃为宜，既能保证舒适度，又能减少空调能耗。

避免频繁开关空调：立式空调在频繁开关的过程中，会增加空调的能耗，因此应避免频繁的开关空调。如果室内温度需要调整，可以适当调节空调的温度设定，而不是频繁开关空调。

定期清洗空调滤网：立式空调在使用过程中，滤网会逐渐积聚灰尘和污垢，导致空调的制冷效果下降，能耗增加。因此，应定期对空调滤网进行清洗，保证空调的制冷效果和能源利用率。

合理使用空调：立式空调的使用应合理，避免长时间连续运行。在室内温度达到预设温度后，可以适当降低空调的使用频率，以减少能耗。

总之，立式空调的能源利用率对于家用空调的节能降耗至关重要。消费者在选购立式空调时，应关注产品的能效等级、制冷量、制冷消耗功率等指标，同时合理使用空调，定期维护和清洗空调，以提高空调的能源利用率，实现节能降耗的目标。

（4）挂壁空调

挂壁空调是一种常见的家用空调类型，用于冷却和加热室内空气。能源利用率是评估挂壁空调能源效率的重要指标，应当符合国家相关标准。在中国，现行《房间空气调节器能效限定值及能效等级》GB 21455是评估空调能效等级的主要标准。

现行《房间空气调节器能效限定值及能效等级》GB 21455将空调能效等级分为三个等级，分别是一级能效、二级能效和三级能效。其中，一级能效是最高等级，表示空调的能源利用率最高，节能效果最好。三级能效则是最低等级，表示空调的能源利用率最低，节能效果最差。

要评估挂壁空调的能源利用率，需要考虑多个因素，包括空调的制冷量、制热量、功率、能效比等。其中，制冷量和制热量是衡量空调制冷和制热能力的重要指标。功率则是衡量空调能源消耗的重要指标。能效比则是衡量空调能源利用率的重要指标，等于制冷量或制热量与功率的比值。

根据现行《房间空气调节器能效限定值及能效等级》GB 21455的规定，挂壁空调的能效等级应当符合以下要求：

一级能效：能效比大于或等于3.4；

二级能效：能效比大于或等于3.2；

三级能效：能效比大于或等于3.0。

此外，现行《房间空气调节器能效限定值及能效等级》GB 21455还规定，挂壁空调的制冷量和制热量应当大于或等于额定制冷量和额定制热量的95%。

对于消费者来说，购买挂壁空调时，应当关注空调的能效等级、制冷量、制热量、功率等参数，选择能源利用率高、节能效果好的空调。同时，也应当合理使用空调，避免空调过度使用，造成能源浪费。

（5）新风系统

新风系统是一种空气净化设备，它可以将室外新鲜空气过滤净化后引入室内，同时将室内污浊空气排出，以保持室内空气新鲜、清洁。在现代社会，随着空气污染日益严重，新风系统已经成为许多建筑、公共场所和家庭的必备设备之一。然而，新风系统的能源利用率也是需要考虑的问题，应该符合国家相关标准。

在中国，现行《公共建筑节能设计标准》GB 50189是新风系统能效要求的主要标准。该标准对新风系统的能效提出了具体的要求，主要包括以下几个方面：

空气过滤效率：新风系统应该具备高效的空气过滤能力，能够过滤掉室外空气中的灰尘、细菌、病毒等有害物质。根据GB 50189标准，新风系统的过滤效率应该不低于90%，以确保室内空气的质量。

温度调节效率：新风系统应该能够将室外空气调节到合适的温度，以满足室内舒适度要求。根据GB 50189标准，新风系统的温度调节效率应该不低于75%，以确保室内温度的稳定。

湿度调节效率：新风系统应该能够将室外空气调节到合适的湿度，以满足室内舒适度要求。根据GB 50189标准，新风系统的湿度调节效率应该不低于60%，以确保室内湿度的适宜。

节能效率：新风系统应该能够在保证室内空气品质的同时，尽可能地降低能耗。根据GB 50189标准，新风系统的节能效率应该不低于50%，以确保系统的经济性。

综上所述，新风系统的能源利用率应符合国家相关标准，如现行《公共建筑节能设计标准》GB 50189中关于新风系统的能效要求。只有符合这些标准，新风系统才能在保证室内空气品质的同时，尽可能地降低能耗，实现可持续发展。

（6）建筑排风机

建筑排风机是建筑内通风、排气系统中不可或缺的设备，它能够帮助排除室内污染、异味、烟雾等有害气体，保持空气清新，维护室内环境卫生。然而，排风机在运行过程中需要消耗大量的能源，因此其能源利用率的高低直接影响着建筑的能源消耗和环境影响。为了提高建筑排风机的能源利用率，国家制定了一系列相关标准和政策，如《工业通风机 用标准化风道性能试验》GB/T 1236—2017中的能效指标要求，以规范和指导排风机的节能工作。

《工业通风机 用标准化风道性能试验》GB/T 1236—2017是我国标准化技术委员会制定的国家标准，它对离心式通风机的性能测试方法、能效指标、测试条件等进行了明确的规定。其中，能效指标是衡量通风机能源利用率高低的重要指标，包括功率、效率、转速、风量、压力等参数。根据GB/T 1236—2017的规定，通风机的能效指标应根据其用途、工作条件和性能要求进行综合评价，并符合国家相关节能标准的要求。

建筑排风机的能源利用率应符合国家相关标准，主要体现在以下几个方面：

节能要求：排风机在运行过程中需要消耗大量能源，因此其能源利用率应符合国家相关节能标准的要求，如《工业通风机 用标准化风道性能试验》GB/T 1236—2017中的能效指标要求。

效率要求：排风机的效率是衡量其能源利用率高低的重要指标，因此应根据实际工作条件和性能要求进行综合评价，并符合国家相关标准的要求。

噪声控制：排风机在运行过程中会产生噪声，对室内环境产生影响。因此，在建筑排风机的能源利用率符合国家相关标准的同时，还需要注意其噪声控制的要求。

空气品质：排风机用于排除建筑内部的污染、异味、烟雾等有害气体，因此其能源利用率应符合国家相关标准的要求，以确保排出的空气品质符合室内环境卫生要求。

为了提高建筑排风机的能源利用率，可以采取以下措施：

选择高效节能的排风机，其能效指标应符合国家相关标准的要求。

根据建筑的实际情况和需要，合理设置排风机的数量、规格和运行时间。

利用智能控制系统，对排风机进行优化控制，以提高其能源利用率和效率。

定期对排风机进行维护和清洁，确保其正常运行和性能指标。

加强对排风机的节能监管和管理，对不符合国家相关节能标准的排风机进行限期整改和淘汰。

总之，建筑排风机的能源利用率对于建筑的能源消耗和环境影响具有重要意义。应选择符合国家相关标准的高效节能排风机，并采取有效的措施，提高其能源利用率和效率，以实现建筑的可持续发展。

（7）太阳能热水器

太阳能热水器是一种利用太阳能集热将水加热的设备，其能源利用率应考虑热损失和热收集效率。热损失是指太阳能热水器在运行过程中，由于各种原因（如管道散热、水箱保温不良等）导致热量的损失。热收集效率是指太阳能热水器将太阳能转化为热能的效率。

为了保证太阳能热水器的能源利用率，通常应符合国家相关标准。例如，《太阳热水系统性能评定规范》GB/T 20095—2006中的能效要求规定了太阳能热水器的能效等级、热效率和热损失等指标。这些标准对于太阳能热水器的能源利用率有着严格的要求。

太阳能热水器的能效等级是根据其能效比（即热收集效率）来划分的。能效比越高，能效等级就越高。根据GB/T 20095标准，太阳能热水器的能效等级分为一级、二级和三级，其中一级能效比最高，三级能效比最低。

太阳能热水器的热效率是指其实际收集的热能量与理论上可以收集的热能量之比。热效率越高，说明太阳能热水器的能源利用率越高。根据GB/T 20095标准，太阳能热水器的热效率应不低于70%。

太阳能热水器的热损失是指在运行过程中，由于各种原因导致热量的损失。热损失越小，说明太阳能热水器的能源利用率越高。根据GB/T 20095标准，太阳能热水器的热损失应不超过15%。

总之，为了提高太阳能热水器的能源利用率，应考虑热损失和热收集效率，并符合国家相关标准，如《太阳热水系统性能评定规范》GB/T 20095—2006中的能效要求。这样，太阳能热水器的能源利用率才能达到最佳状态，为人们提供更加高效、节能、环保的热水服务。

（8）地源热泵

地源热泵是一种利用地球表面浅层地热资源进行冷暖调节的空调技术，其能源利用率应考虑以下几个方面：

地源热泵的制热性能系数（COP）：地源热泵的制热性能系数是衡量其能源利用率的重要指标，表示单位电能输入下，地源热泵所提供的热量与电能的比值。根据国家标准《水（地）源热泵机组》GB/T 19409—2013的规定，地源热泵的制热性能系数应不低于3.0。

地源热泵的制冷性能系数（EER）：地源热泵的制冷性能系数也是衡量其能源利用率的重要指标，表示单位电能输入下，地源热泵所提供的制冷量与电能的比值。根据国家标准《制冷系统及热泵 安全与环境要求》GB 9237—2017的规定，地源热泵的制冷性能系数应不低于11.0。

地源热泵的循环效率：地源热泵的循环效率也是衡量其能源利用率的重要指标，表示地源热泵在运行过程中，吸收和释放热量的效率。根据国家标准《水（地）源热泵机组》GB/T 19409—2013的规定，地源热泵的循环效率应不低于75%。

地源热泵的节能性能：地源热泵的节能性能也是衡量其能源利用率的重要指标，表示地源热泵在运行过程中，相对于传统空调技术的节能效果。根据国家标准《冷水机组能效限定值及能效等级》GB 19577—2015的规定，地源热泵的能源效率等级应不低于3级。

地源热泵的环境影响：地源热泵的环境影响也是衡量其能源利用率的重要指标，表示地源热泵在运行过程中，对环境的影响程度。根据国家标准《地源热泵系统工程技术规范》GB 50366—2009的规定，地源热泵系统应尽可能地减少对地下水资源的影响，并应符合环保要求。

综上所述，地源热泵的能源利用率应考虑其制热性能系数、制冷性能系数、循环效率、节能性能和环境影响等方面，以确保其在冷暖调节过程中，能够最大限度地利用地球表面浅层地热资源，提高能源利用率，减少对传统能源的依赖，实现可持续发展。

（9）建筑光伏

建筑光伏（BIPV）是一种将光伏发电系统集成到建筑中的技术，它可以有效地利用建筑物表面的阳光资源，实现能源的高效利用和环境保护。能源利用率是建筑光伏系统的重要指标之一，它反映了建筑光伏系统将太阳能转化为电能的能力。能源利用率的提高可以降低系统的成本，提高系统的经济效益，因此应该选择高效率的光伏组件，并通过合理的设计和安装来最大化能源利用率。

光伏组件的转换效率是影响建筑光伏能源利用率的重要因素之一。转换效率是指光伏组件将太阳能转化为电能的效率，通常用百分比表示。组件的转换效率越高，产生的电能就越多，能源利用率也就越高。因此，在选择光伏组件时，应该选择转换效率高的组件，以提高系统的能源利用率。

除了光伏组件的转换效率之外，合理的设计和安装也是提高建筑光伏能源利用率的重要手段。设计阶段应该充分考虑建筑物的特点和光伏组件的安装位置，确保组件能够最大限度地接收阳光，并避免阴影和遮挡的影响。在安装阶段，应该注意组件的倾角和朝向，以确保组件能够接收到最多的阳光。此外，还应该对组件进行定期维护和清洗，以确保其正常的工作状态和最长的使用寿命。

为了规范建筑光伏系统的设计和安装，国家标准《建筑光伏系统应用技术标准》GB/T 51368—2019对建筑光伏系统的能源利用率进行了要求。规范中规定，建筑光伏系统的能源利用率应不低于80%。这意味着，在建筑光伏系统的设计和安装过程中，应该充分考虑光伏组件的转换效率、安装位置、倾角和朝向等因素，以确保系统的能源利用率达到或超过80%。

总之，建筑光伏的能源利用率指标要求与光伏组件的转换效率相关。在选择光伏组件时，应该选择高效率的组件，并通过合理的设计和安装来最大化能源利用率。此外，还应该按照国家标准《建筑光伏系统工程技术规范》GB/T 51368—2019的要求，对建筑光伏系统进行设计和安装，以确保系统的能源利用率达到或超过80%。

6.2.2 不同类型设备的设备使用年限

在绿色低碳背景下，以下是设备使用年限指标要求的建议：

（1）电梯

随着人们对环境保护和可持续发展的日益重视，绿色低碳理念已经成为社会发展的主流。在各个领域，都开始采取各种措施来推广绿色低碳生活方式。其中，电梯节能是一个非常重要的方面。通常情况下，电梯的使用年限为15~20年。然而，在绿色低碳背景下，可以鼓励采用节能型电梯，并将使用年限延长到20~25年。

首先，节能型电梯具有很高的能源利用效率，能够有效地减少能源浪费。与传统电梯相比，节能型电梯采用更加先进的技术和材料，能够实现更好的能源回收和利用。例如，节能型电梯可以采用永磁同步电机、能量回馈系统、智能控制系统等先进技术，从而提高电梯的能源利用效率，减少能源浪费。

其次，节能型电梯具有更长的使用寿命，能够降低电梯的更新换代频率，减少浪费。节能型电梯采用更加耐用的材料和先进的制造工艺，使得电梯的机械结构更加牢固，电气系统更加可靠。因此，节能型电梯的使用寿命可以长达20~25年，比传统电梯的使用寿命更长。

再次，节能型电梯的维护成本也更低，能够减少电梯维护和保养的费用。由于节能型电梯的机械结构更加牢固，电气系统更加可靠，因此维护和保养的工作量也更少。同时，节能型电梯的能效比传统电梯更高，因此维护和保养的费用也更低。

最后，节能型电梯的推广和应用也能够促进环保和可持续发展。随着节能型电梯的广泛应用，能够有效地减少能源浪费，降低碳排放量，从而对环境保护和可持续发展做出贡献。

总之，在绿色低碳背景下，鼓励采用节能型电梯，并将使用年限延长到20~25年，是一个可行的方案。通过推广和应用节能型电梯，可以有效地减少能源浪费，降低碳排放量，促进环保和可持续发展。同时，节能型电梯具有更长的使用寿命和更低的维护成本，能够降低电梯的更新换代频率和浪费。因此，鼓励采用节能型电梯，并将使用年限延长到20~25年，是一项非常有意义的工作。

（2）中央空调

随着社会经济的不断发展和科技的进步，中央空调系统已成为现代建筑中必不可少的一种设备。它不仅可以提供一个舒适的室内环境，还可以净化空气、去除湿冷，对于人们的生活和工作环境有着重要的影响。然而，传统的中央空调系统在能源消耗方面较高，不符合我国绿色低碳的发展理念。因此，在当前背景下，推广高效节能的中央空调系统并将使用年限延长至20~25年，对我国经济和环境具有重要意义。

首先，高效节能的中央空调系统可以降低能源消耗，节约企业成本。传统的中央空调系统能耗较高，每年需要消耗大量的电能，而高效节能的中央空调系统采用了先进的技术和设备，可以大大降低能源消耗。例如，采用变频技术、热回收技术、智能控制系统等，可以提高空调系统的能效比，减少能源浪费。此外，使用年限的延长也可以减少企业的设备更新换代频率，降低企业运营成本。

其次，推广高效节能的中央空调系统有利于环境保护。传统的中央空调系统在能源消耗过程中会产生大量的二氧化碳、氟利昂等有害气体，对臭氧层和环境造成严重破坏。而高效节能的中央空调系统在降低能耗的同时，也可以减少有害气体的排放。此外，使用年限的延长可以减少设备的报废量，降低废弃物的产生，有利于环境保护和资源循环利用。

再次，延长中央空调系统的使用年限可以提高设备的利用率，减少社会资源的浪费。当前，我国中央空调设备的更新换代频率较高，很多设备在使用年限内就被淘汰，造成了不必要的资源浪费。而将使用年限延长至20~25年，可以在保证设备正常运行和性能的前提下，提高设备的利用率，降低社会资源的浪费。

最后，推广高效节能的中央空调系统有利于我国经济的可持续发展。当前，全球能源资源紧缺，价格波动不断，给我国的经济发展带来了很大的压力。通过推广高效节能的中央空调系统，可以降低能源消耗，减轻企业负担，提高企业的市场竞争力，从而有利于我国经济的可持续发展。

综上所述，在绿色低碳背景下，推广高效节能的中央空调系统并将使用年限延长至20~25年，对我国经济和环境具有重要意义。为了实现这一目标，政府和企业应共同努力，加大政策支持和技术研发力度，推动高效节能中央空调系统的普及和应用。同时，加强宣传和培训，提高社会对绿色低碳中央空调系统的认识和接受度，为我国的可持续发展做出贡献。

（3）立式空调

随着科技的发展和人们对生活品质的不断追求，空调已经成为生活中不可或缺的电器之一。在我国，立式空调因其美观、实用等特点，受到了广大消费者的喜爱。然而，传统的立式空调在使用过程中存在能源消耗较大的问题，这不符合我国绿色低碳的发展理念。因此，推广高效节能的立式空调，并将其使用年限延长，是符合时代需求的必要举措。

首先，高效节能的立式空调具有优良的性能。与传统空调相比，高效节能空调采用了先进的技术和材料，能够更加高效地完成制冷、制热等功能。同时，高效节能空调还具有低噪声、低振动、低温度波动等优点，为消费者提供了更加舒适的使用体验。此外，高效节能空调还具备智能控制的特点，可以根据室内温度、湿度等参数自动调节制冷或制热，实现节能与舒适的完美平衡。

其次，推广高效节能的立式空调有助于降低能源消耗，符合我国绿色低碳的发展理念。近年来，我国能源消耗不断增长，其中空调等家电的能源消耗占有较大比例。使用高效节能空调可以降低空调的运行能耗，从而减轻能源压力，提高能源利用效率。此外，高效节能空调的推广使用还可以减少二氧化碳等温室气体的排放，对保护环境、应对气候变化具有积极意义。

再次，将立式空调的使用年限延长至15~20年，可以降低消费者的更换频率，减少废弃家电对环境的压力。传统立式空调的使用年限通常为10~15年，随着技术的进步和产品质量的提高，将使用年限延长至15~20年是完全可行的。这样一来，消费者可以更加充分利用家电产品，减少更换频率，降低消费成本。同时，延长家电使用寿命也有助于减少废弃家电的数量，减轻环境压力。

最后，推广高效节能的立式空调并延长其使用年限，还需要从多方面着手。政府部门应加大对高效节能空调的宣传推广力度，提高消费者的环保意识。同时，企业应加大技术研发投入，不断提高空调的能效比和产品质量。此外，消费者在购买空调时，也应重点关注能效比、节能认证等指标，选购高效节能的立式空调。

总之，在绿色低碳背景下，推广高效节能的立式空调，并将其使用年限延长至15~20年，是符合时代需求的必要举措。这需要政府、企业和消费者共同努力，共同推动空调产业的绿色、低碳、可持续发展。

（4）挂壁空调

挂壁空调是现代生活中不可或缺的电器之一，它为我们提供了舒适和便利。然而，随着人们环保意识的增强，挂壁空调的使用年限也成为一个值得关注的问题。一般来说，挂壁空调的使用年限通常为10~15年，而在绿色低碳背景下，我们应该推广高效节能的挂壁空调，并将使用年限延长到15~20年。

首先，延长挂壁空调的使用年限可以减少浪费和资源消耗。随着使用年限的延长，我们可以减少挂壁空调的更换频率，从而减少废弃物的产生和处理成本。此外，延长使用年限还可以减少对环境的影响，减少能源的消耗和碳排放。

其次，高效节能的挂壁空调具有重要的意义。高效节能的挂壁空调可以降低能源消耗，减少碳排放，对环境保护做出贡献。同时，高效节能的挂壁空调也可以降低使用成本，提高用户的舒适度。

最后，推广高效节能的挂壁空调需要政府、企业和个人的共同努力。政府应该出台相关政策，鼓励企业和个人购买和使用高效节能的挂壁空调。企业应该加强技术研发，提高挂壁空调的能效和质量，同时开展宣传和教育活动，提高公众对高效节能挂壁空调的认知度和接受度。个人应该积极参与，选择购买和使用高效节能的挂壁空调，并在日常生活中注意节能减排，为环境保护贡献自己的力量。

总之，在绿色低碳背景下，推广高效节能的挂壁空调并将使用年限延长到15~20年是一项重要的任务。这需要政府、企业和个人的共同努力，通过加强技术研发、出台相关政策和开展宣传教育等措施，推动高效节能挂壁空调的普及和推广，为环境保护和可持续发展做出贡献。

（5）新风系统

新风系统是一种为室内提供新鲜空气的设备，它可以通过过滤、净化空气，为用户提供健康、舒适的室内环境。新风系统的使用年限是受多种因素影响的，包括使用环境、机器质量、维护保养等。一般来说，新风系统的使用寿命为10~15年，但实际上，使用寿命可能会有所增减。

在绿色低碳背景下，应鼓励使用高效节能的新风系统，并将使用年限延长到15~20年。首先，高效节能的新风系统可以降低能源消耗，减少碳排放，符合绿色低碳的理念。其次，延长新风系统的使用年限可以减少设备的更换频率，降低社会的资源浪费，同时也能够减少用户的经济成本。

为了延长新风系统的使用年限，需要注意以下几点：

选择高质量的新风系统。新风系统的质量是影响使用寿命的重要因素，选择质量过硬的品牌和型号，可以保证新风系统的使用寿命和性能。

安装和维护保养。正确安装和维护保养可以延长新风系统的使用寿命。例如，定期更换滤网、清洗风口和风管，确保新风系统的通风效果和空气质量。

使用环境。新风系统的使用环境也会影响其使用寿命。例如，在空气污染严重的地区，新风系统的滤网会更快地被堵塞，需要更频繁地更换。

合理使用。合理使用新风系统，避免长时间空置或过度使用，可以延长其使用寿命。

总之，在绿色低碳背景下，鼓励使用高效节能的新风系统，并适当延长其使用寿命，是符合社会可持续发展的理念的。为了实现这一目标，需要用户选择高质量的新风系统，并正确安装和维护保养，同时，社会也应该加强对新风系统的监管和宣传，提高用户的环保意识。

（6）建筑排风机

随着社会经济的不断发展和人们环保意识的逐渐增强，绿色低碳理念逐渐深入人心。在建筑领域，排风机作为建筑物内通风换气的重要设备，其使用效果和能效直接影响着人们的生活环境和能源消耗。为了更好地践行绿色低碳理念，提高建筑排风机的使用效率和使用年限显得尤为重要。

首先，推广高效节能的建筑排风机是实现绿色低碳目标的关键。高效节能的排风机具有优良的性能，能够保证室内外空气的充分交换，提高室内空气品质，降低建筑物内各种污染物的浓度，保障人们的健康。此外，高效节能排风机的运行能耗较低，有利于减少能源消耗，缓解能源紧张问题。在现阶段，我国已经研发出许多具有高效节能技术的建筑排风机，如永磁调速排风机、高效离心排风机等，这些产品在性能和能效方面都取得了显著的优势，应得到广泛的推广和应用。

其次，将建筑排风机的使用年限延长至15~20年是实现绿色低碳目标的重要途径。延长排风机的使用年限，不仅可以减少设备的更新换代频率，降低社会资源的消耗，还能减少建筑垃圾的产生，有利于环境保护。为实现这一目标，需要从以下几个方面着手：

提高建筑排风机的产品质量。优化排风机的设计、生产和制造工艺，确保产品质量稳定可靠，提高设备的使用寿命。

加强建筑排风机的运行维护。定期对排风机进行检修和保养，确保设备始终处于良好的运行状态，提高使用寿命。

提高排风机的防腐蚀、防锈蚀能力。针对不同地区的气候条件，采用相应的防腐蚀、防锈蚀材料和工艺，延长设备的使用寿命。

推广合同能源管理模式。通过与专业的能源服务公司签订合同能源管理协议，由能源服务公司负责对建筑排风机进行维护和保养，以提高设备的使用寿命和能效。

总之，在绿色低碳背景下，推广高效节能的建筑排风机和延长其使用年限是实现绿色低碳目标的重要举措。这需要政府、企业和社会各方共同努力，加大政策支持力度，提高技术水平，加强运行维护，从而推动建筑排风机行业的转型升级，为我国绿色低碳发展作出积极贡献。

（7）太阳能热水器

在当今绿色低碳的背景下，人们对于可持续发展和环境保护的意识日益增强。因此，在生活和工作中，人们越来越多地关注和采用环保节能的产品和服务。太阳能热水器作为一种绿色低碳的能源利用方式，受到了广泛的关注和应用。

太阳能热水器的使用年限通常为15~20年。这是因为太阳能热水器的核心部件——真空管的真空度会随着时间的推移而逐渐消失。一般情况下，真空管的寿命为15年左右。但是，如果保养得当，太阳能热水器的使用年限可以延长到20~25年。

在绿色低碳背景下，应鼓励使用高效的太阳能热水器，并将使用年限延长到20~25年。高效的太阳能热水器具有以下优点：

节能环保：太阳能热水器利用太阳能转化为热能，无需消耗电能或燃料，减少了能源的浪费和环境的污染。

经济实用：虽然太阳能热水器的初投资较高，但是随着使用年限的延长，其经济效益逐渐显现。在长期使用中，太阳能热水器可以节省大量的能源费用，成为一种经济实用的选择。

安装方便：太阳能热水器无需占用大量的空间，可以安装在屋顶、墙壁等处，不影响建筑物的外观和结构。

安全可靠：太阳能热水器无需使用燃料和电力，避免了燃气和电气等安全隐患。

为了延长太阳能热水器的使用年限，我们需要进行定期的保养和维护。每两年做一次清水垢和除尘土的保养，可以有效地提高太阳能热水器的效率和寿命。同时，我们还需要注意以下几点：

选择优质的太阳能热水器：优质的太阳能热水器具有更高的效率和更长的使用寿命。在选择太阳能热水器时，应选择品牌可靠、质量过硬的产品。

安装位置的选择：太阳能热水器应安装在阳光充足、通风良好的位置。最好是安装在朝南的墙壁或屋顶上。

避免真空管损坏：真空管是太阳能热水器的核心部件，一旦损坏，则需要更换。因此，在使用太阳能热水器时，应注意避免真空管受到撞击或划伤等损坏。

定期清洗保养：太阳能热水器在使用过程中，易受到水垢和灰尘的影响。因此，每隔一段时间，应定期对太阳能热水器进行清洗和保养，以保证其正常工作和延长使用寿命。

在绿色低碳背景下，我们应该积极鼓励使用高效的太阳能热水器，并将其使用年限延长到20~25年。通过定期的保养和维护，我们可以有效地提高太阳能热水器的效率和寿命，从而实现可持续发展和环境保护的目标。

（8）地源热泵

地源热泵是一种可再生能源利用设备，它通过提取地下土壤或水体的热量，利用热泵原理进行能量转换，从而实现供暖、制冷和热水供应等功能。由于地源热泵使用的是地下的恒温资源，因此其使用寿命通常较长，一般为50年左右。

在绿色低碳背景下，地源热泵作为一种高效的可再生能源设备，具有重要的推广价值。地源热泵的能效比传统空调设备高40%以上，不仅能够节约能源，减少碳排放，同时还能够降低对环境的污染。因此，应该鼓励在适宜的地区推广使用地源热泵，并将其使用年限延长到更长的时间。

为了延长地源热泵的使用年限，需要注意以下几个方面：

设计和安装质量的地源热泵系统是保证使用年限的关键。在设计和安装过程中，应该严格按照相关标准和规范进行操作，确保系统的稳定性和可靠性。

定期维护和保养是延长地源热泵使用年限的关键。定期进行设备的维护和保养，可以保证系统的运行效率和性能，延长使用寿命。

使用优质的地下水和土壤资源是保证地源热泵使用寿命的关键。地下水和土壤资源的质量和稳定性对地源热泵的运行效率和寿命有着重要的影响。因此，在选择地下水和土壤资源时，应该进行充分的勘探和评估，确保其质量和稳定性。

综上所述，地源热泵是一种高效、可再生的能源设备，其使用寿命通常较长，一般为50年左右。在绿色低碳背景下，应该鼓励推广使用地源热泵，并将其使用年限延长到更长的时间，以节约能源，减少碳排放，保护环境。

（9）建筑光伏

随着全球气候变化的加剧，绿色低碳发展成为全球共识。在我国，政府也积极倡导绿色低碳发展，推动能源结构调整，其中，建筑光伏的发展备受关注。建筑光伏是指将光伏发电系统集成到建筑物中，利用太阳能发电，为建筑物提供清洁能源。目前，建筑光伏的使用年限通常为25~30年。在绿色低碳背景下，应鼓励使用高效的建筑光伏，并将使用年限延长到30~35年。

首先，延长建筑光伏的使用年限有利于降低光伏发电的成本。光伏发电系统成本主要包括硬件设备成本和安装成本。随着光伏技术的进步和市场竞争加剧，硬件设备成本逐渐降低。而安装成本在整个系统成本中占有较大比例，延长使用年限可以降低系统成本，从而降低度电成本，提高光伏发电的市场竞争力。

其次，延长建筑光伏的使用年限有助于提高光伏发电的可持续性。可持续发展是指满足当代人的需求，不损害未来人类满足其需求的能力。光伏发电作为清洁能源，能够有效减少二氧化碳排放，缓解全球气候变化。延长建筑光伏的使用年限，可以减少光伏发电系统的更新换代频率，降低对环境的影响，实现可持续发展。

再次，延长建筑光伏的使用年限有利于提高社会对光伏发电的认可度。目前，虽然光伏发电在我国取得了显著成果，但仍面临一些问题，如认知度不高、发展不平衡等。延长建筑光伏的使用年限，可以让更多的人了解光伏发电的优势，提高社会对光伏发电的认可度，有利于光伏发电的推广和普及。

最后，延长建筑光伏的使用年限有利于推动光伏产业的发展。光伏产业是我国战略性新兴产业之一，具有广阔的发展前景。延长建筑光伏的使用年限，可以扩大光伏市场的需求，推动光伏产业技术创新和产业升级，从而提升我国光伏产业在国际市场的竞争力。

总之，在绿色低碳背景下，延长建筑光伏的使用年限具有重要意义。为了实现这一目标，政府和企业应共同努力，加大政策支持力度，提高光伏发电技术水平，优化光伏产业发展环境，推动建筑光伏的普及和发展。

6.2.3 不同类型设备的全生命周期碳排放量

在绿色低碳背景下，以下是一些常见设备和系统的全生命周期碳排放量指标要求：

（1）电梯

电梯是现代城市和建筑物中不可或缺的设备，然而，电梯的生产和使用过程中会产生大量的碳排放，对环境造成负面影响。因此，减少电梯全生命周期的碳排放量对于环境保护和可持续发展具有重要意义。

首先，改进电梯设计是减少电梯碳排放量的重要手段。在电梯设计过程中，可以考虑采用轻量化材料和节能技术，如采用高效能的电机和控制系统，降低电梯的能耗和碳排放。此外，还可以设计电梯回收系统，实现电梯零部件的回收和再利用，减少电梯废弃处理过程中的碳排放。

其次，使用高效能的电机和控制系统也是减少电梯碳排放量的重要手段。高效能的电机和控制系统可以降低电梯的能耗和碳排放，同时提高电梯的运行效率和安全性。例如，可以使用永磁同步电机代替传统的异步电机，降低电机的损耗和碳排放。此外，还可以使用智能控制系统，通过实时监测和分析电梯的使用情况，优化电梯的运行策略，降低电梯的能耗和碳排放。

最后，废弃处理过程中的碳排放也是电梯全生命周期碳排放量的重要组成部分。在电梯废弃处理过程中，可以通过回收和再利用电梯零部件，减少电梯废弃处理过程中的碳排放。例如，可以回收电梯的钢材、铝材等材料，用于制造新的电梯或者其他设备，减少材料的浪费和碳排放。

综上所述，减少电梯全生命周期的碳排放量对于环境保护和可持续发展具有重要意义。通过改进电梯设计、使用高效能的电机和控制系统以及优化废弃处理过程，可以有效降低电梯的碳排放量，实现电梯行业的可持续发展。

（2）中央空调

中央空调系统是现代建筑中不可或缺的设备之一，然而其运行和维护过程中会产生大量的碳排放，对环境造成不良影响。为了降低中央空调系统的碳排放量，可以从以下几个方面入手：

1）高效能的压缩机和制冷剂

压缩机是中央空调系统的核心部件之一，其能效直接关系到系统的碳排放量。采用高效能的压缩机可以降低系统的能耗，从而减少碳排放。此外，制冷剂的选择也很重要。传统的制冷剂如氟利昂等会对臭氧层造成破坏，而新型的制冷剂如二氧化碳等则可以降低对环境的影响。

2）优化系统设计和运行策略

中央空调系统的设计和运行策略也对其碳排放量产生重要影响。优化系统设计可以降低设备的能耗和碳排放。例如，采用变频技术可以调节压缩机的转速，以满足不同的制冷需求，从而降低能耗。优化运行策略可以降低系统的能耗和碳排放。例如，合理调节空调温度和湿度，避免过度制冷或制热，可以降低系统的能耗。同时，定期维护和清洁空调设备也可以提高其能效，降低碳排放。

3）制造和运输过程中的碳排放

中央空调设备的制造和运输过程中也会产生碳排放。采用低碳材料和制造工艺可以降低设备的碳排放。例如，采用高效节能的电机和控制系统可以降低设备的能耗和碳排放。同时，合理规划运输路线和方式也可以降低碳排放。

4）废弃处理过程中的碳排放

中央空调设备在使用寿命结束后需要进行废弃处理。采用环保的废弃处理方式可以降低碳排放。例如，对废弃设备进行回收和再利用，或者采用安全填埋和焚烧等方式进行处理，可以降低碳排放。

综上所述，要降低中央空调系统的全生命周期碳排放量，需要从多个方面入手。通过采用高效能的压缩机和制冷剂、优化系统设计和运行策略，以及低碳制造和运输、环保废弃处理等方式，可以降低中央空调系统的碳排放量，实现环境保护和可持续发展。

（3）立式空调

立式空调全生命周期碳排放量指标要求如下：

立式空调是一种常见的家用空调类型，其在全生命周期内产生的碳排放量主要包括以下几个方面：

材料生产和制造过程中的碳排放：立式空调的生产和制造需要大量的金属、塑料、橡胶等材料，这些材料的生产和制造过程中会产生大量的碳排放。

运输和安装过程中的碳排放：立式空调在运输和安装过程中也需要消耗大量的能源，

例如运输车辆和安装设备的燃油消耗等，这些也会产生碳排放。

使用过程中的碳排放：立式空调在使用过程中需要消耗大量的电力，电力的产生和输送也需要消耗能源，这些能源的消耗会产生大量的碳排放。

维护和保养过程中的碳排放：立式空调在维护和保养过程中需要更换零部件、清洗过滤器等，这些过程也需要消耗能源，产生碳排放。

废弃和处理过程中的碳排放：立式空调在废弃和处理过程中需要进行拆解、回收等操作，这些过程也需要消耗能源，产生碳排放。

因此，立式空调全生命周期的碳排放量是一个较为复杂的问题，需要考虑多个方面的因素。一般来说，立式空调的碳排放量会随着其使用年限的增加而逐渐增加，因为在使用过程中，空调的零部件会逐渐磨损，效率会逐渐降低，从而导致能源消耗的增加。

为了降低立式空调全生命周期的碳排放量，可以采取以下措施：

提高空调的能源效率：采用能效比高的空调，减少能源消耗，从而降低碳排放量。

减少空调的使用时间：合理控制空调的使用时间，避免能源浪费，从而降低碳排放量。

优化空调的维护和保养：定期对空调进行维护和保养，保证空调的零部件完好，提高空调的能源效率，从而降低碳排放量。

采用清洁能源：使用太阳能、风能等清洁能源来提供空调所需的电力，从而降低碳排放量。

回收和再利用废弃空调：对废弃的空调进行回收和再利用，减少资源的浪费，从而降低碳排放量。

总之，立式空调全生命周期的碳排放量是一个复杂的问题，需要考虑多个方面的因素。通过采取上述措施，可以有效地降低立式空调全生命周期的碳排放量，从而为环境保护做出贡献。

（4）挂壁空调

挂壁空调是一种常见的家用空调类型，其全生命周期碳排放量是指从制造、使用到废弃处理过程中所产生的二氧化碳排放总量。随着全球气候变化的加剧，降低挂壁空调的全生命周期碳排放量已成为当前研究的热点之一。通过改进产品设计、使用高效能的压缩机和制冷剂、优化系统运行等方式，可以有效降低挂壁空调的全生命周期碳排放量。

首先，改进产品设计是降低挂壁空调全生命周期碳排放量的重要手段。在产品设计阶段，可以通过采用低碳材料、优化产品结构、改进生产工艺等方式，降低产品的制造过程中的碳排放。例如，使用再生塑料等低碳材料制作空调外壳，可以减少二氧化碳排放；优化产品结构，采用更加紧凑的设计，可以减少材料的使用量，从而降低碳排放。

其次，使用高效能的压缩机和制冷剂也是降低挂壁空调全生命周期碳排放量的重要途径。高效能的压缩机和制冷剂可以提高空调的制冷效率，降低空调的使用过程中的能源消耗，从而减少碳排放。例如，采用新型制冷剂，如R410A等，可以降低制冷过程中的碳排放；使用高效压缩机，可以提高空调的制冷效率，降低能源消耗，从而减少碳排放。

再次，优化系统运行也是降低挂壁空调全生命周期碳排放量的重要方式。在空调使用过程中，可以通过优化空调的使用习惯、控制空调的温度和湿度、定期清洗空调等方式，降低空调的能源消耗，从而减少碳排放。例如，合理设置空调温度和湿度，可以减少空调的使用时间，降低能源消耗；定期清洗空调过滤网和蒸发器，可以提高空调的制冷效率，降低能源消耗，从而减少碳排放。

最后，废弃处理也是影响挂壁空调全生命周期碳排放量的重要环节。在废弃处理阶段，可以通过回收和再利用废弃物、采用环保的废弃处理方式等方式，降低废弃处理过程中的碳排放。例如，回收和再利用废弃空调，可以减少新产品的生产，从而降低碳排放；采用环保的废弃处理方式，如焚烧发电、填埋等，可以降低废弃处理过程中的碳排放。

综上所述，通过改进产品设计、使用高效能的压缩机和制冷剂、优化系统运行以及合理处理废弃物等方式，可以有效降低挂壁空调的全生命周期碳排放量，从而为应对全球气候变化做出贡献。

（5）新风系统

新风系统是一种为室内提供新鲜空气的设备，它可以改善室内空气质量，提高人们的舒适度和健康水平。然而，新风系统的使用也会产生碳排放，对环境造成负面影响。为了降低新风系统的全生命周期碳排放量，可以从以下几个方面入手：

1）制造过程中的碳排放

新风系统的制造过程中，主要包括材料生产、零部件加工、设备组装等环节。这些环节都会消耗能源和产生碳排放。因此，要降低新风系统的全生命周期碳排放量，首先要优化制造过程，采用高效节能的设备和工艺，减少能源消耗和碳排放。

例如，在材料生产环节中，可以采用低碳材料或回收材料，降低碳排放；在零部件加工环节中，可以采用高效加工设备和工艺，减少能源消耗和碳排放；在设备组装环节中，可以采用模块化设计，提高组装效率，降低能源消耗和碳排放。

2）使用过程中的能源消耗

新风系统在使用过程中，需要消耗能源，主要包括电能和热能。为了降低使用过程中的能源消耗，可以采用高效能的换热器、风机和过滤器，提高系统的热效率和空气处理效率，减少能源消耗和碳排放。

此外，还可以通过优化系统运行策略，降低能源消耗。例如，可以根据室内空气质量和室外气候条件，自动调节新风系统的运行速度和风量大小，实现节能减排；还可以通过远程监控和控制系统，对新风系统进行集中管理和调度，提高系统的运行效率和能源利用率。

3）废弃处理的碳排放

新风系统在使用过程中，会产生废气和废弃物，这些废弃物需要进行处理和处置。如果处理不当，会产生大量的碳排放，对环境造成负面影响。因此，要降低新风系统的全生命周期碳排放量，还要优化废弃处理工艺，采用低碳环保的处理方法，减少碳排放。

例如，在处理废气时，可以采用活性炭吸附、光触媒氧化等方法，降低碳排放；在处理废弃物时，可以采用可回收材料和再利用设备，提高回收利用率，降低碳排放。

综上所述，新风系统的全生命周期碳排放量要求可以通过使用高效能的换热器、风机和过滤器以及优化系统运行策略来实现。同时，还要优化制造过程和废弃处理工艺，降低碳排放，保护环境。

（6）建筑排风机

建筑排风机是建筑中常见的一种设备，用于排出室内污浊空气，保持室内空气清新。然而，建筑排风机在全生命周期内会产生一定的碳排放量，对环境造成负面影响。为了减少建筑排风机的全生命周期碳排放量，可以从以下几个方面入手：

1）改进产品设计

改进建筑排风机的产品设计是减少其全生命周期碳排放量的重要手段。在设计过程中，可以采用新型材料、提高设备效率、减少设备重量等方式，从而降低建筑排风机的能耗和碳排放量。

例如，可以采用轻量化的材料制造建筑排风机，减少设备的重量，从而降低设备的能耗和碳排放量。此外，还可以采用高效率的电机和控制系统，提高建筑排风机的使用效率，减少能源消耗和碳排放。

2）使用高效能的电机和控制系统

建筑排风机的能源消耗是其全生命周期碳排放量的重要组成部分。因此，使用高效能的电机和控制系统是减少建筑排风机能源消耗和碳排放的有效途径。

高效能的电机和控制系统可以提高建筑排风机的使用效率，减少能源消耗和碳排放。例如，可以采用变频控制系统，根据实际需要调节建筑排风机的转速和风量，从而实现节能减排。此外，还可以采用智能控制系统，通过优化建筑排风机的使用方式和时间，降低其能源消耗和碳排放量。

3）废弃处理的碳排放

建筑排风机在废弃处理过程中也会产生一定的碳排放量。为了减少废弃处理过程中的碳排放，可以采用可回收的材料制造建筑排风机，提高其回收利用率。

此外，还可以采用环保的废弃处理方式，例如回收利用、焚烧处理等方式，降低废弃处理过程中的碳排放量。

总之，通过改进产品设计、使用高效能的电机和控制系统以及优化废弃处理方式，可以有效减少建筑排风机的全生命周期碳排放量，从而实现环境保护和可持续发展。

（7）太阳能热水器

太阳能热水器是一种利用太阳能将光能转化为热能，用于加热水的设备。其在全生命周期内产生的碳排放量主要包括以下几个方面：

材料生产和制造过程中的碳排放：太阳能热水器的生产和制造需要大量的金属、塑料、橡胶等材料，这些材料的生产和制造过程中会产生大量的碳排放。

运输和安装过程中的碳排放：太阳能热水器在运输和安装过程中也需要消耗大量的能源，例如运输车辆和安装设备的燃油消耗等，这些也会产生碳排放。

使用过程中的碳排放：太阳能热水器在使用过程中需要消耗大量的电力，电力的产生和输送也需要消耗能源，这些能源的消耗会产生大量的碳排放。

维护和保养过程中的碳排放：太阳能热水器在维护和保养过程中需要更换零部件、清洗过滤器等，这些过程也需要消耗能源，产生碳排放。

废弃和处理过程中的碳排放：太阳能热水器在废弃和处理过程中需要进行拆解、回收等操作，这些过程也需要消耗能源，产生碳排放。

因此，太阳能热水器全生命周期的碳排放量是一个较为复杂的问题，需要考虑多个方面的因素。一般来说，太阳能热水器的碳排放量会随着其使用年限的增加而逐渐增加，因为在使用过程中，热水器的零部件会逐渐磨损，效率会逐渐降低，从而导致能源消耗的增加。

为了降低太阳能热水器全生命周期的碳排放量，可以采取以下措施：

提高热水器的能源效率：采用能效比高的太阳能热水器，减少能源消耗，从而降低碳排放量。

减少热水器的使用时间：合理控制热水器的使用时间，避免不必要的能源浪费，从而降低碳排放量。

优化热水器的维护和保养：定期对热水器进行维护和保养，保证热水器的零部件完好，提高热水器的能源效率，从而降低碳排放量。

采用清洁能源：使用太阳能、风能等清洁能源来提供热水器所需的电力，从而降低碳排放量。

回收和再利用废弃热水器：对废弃的热水器进行回收和再利用，减少资源的浪费，从而降低碳排放量。

总之，太阳能热水器全生命周期的碳排放量是一个复杂的问题，需要考虑多个方面的因素。通过采取上述措施，可以有效地降低太阳能热水器全生命周期的碳排放量，从而为环境保护做出贡献。

（8）地源热泵

太阳能热水器是一种利用太阳能将光能转化为热能，从而提供热水的设备。全生命周期碳排放量指标是对太阳能热水器从生产到废弃的全过程中所产生的二氧化碳排放量进行衡量的指标。该指标是评估太阳能热水器环保性能的重要依据，也是推动太阳能热水器产业可持续发展的重要手段。

太阳能热水器全生命周期碳排放量指标的要求如下：

评估范围。太阳能热水器全生命周期碳排放量指标的评估范围应涵盖生产、运输、安装、使用和废弃等环节。其中，生产环节包括原材料提取、生产制造、零部件装配等；运输环节包括产品运输和原材料运输；安装环节包括设备安装和施工；使用环节包括热水供应和维护保养；废弃环节包括设备拆除和材料回收等。

评估方法。太阳能热水器全生命周期碳排放量指标的评估方法应采用生命周期评估法（LCA）。生命周期评估法是一种系统性地评估产品或服务从摇篮到坟墓的全过程中所产生的环境影响的方法。该方法包括编制投入产出清单、评估潜在环境影响、解释清单记录和环境影响的分析结果等步骤。

评估内容。太阳能热水器全生命周期碳排放量指标的评估内容应包括以下几个方面：

碳排放量：生产、运输、安装、使用和废弃等环节中所产生的二氧化碳排放量。

能源消耗：生产、运输、安装、使用和废弃等环节中所消耗的能源量，包括电力、燃料等。

材料消耗：生产、运输、安装、使用和废弃等环节中所消耗的材料量，包括金属、塑料、玻璃等。

环境影响：生产、运输、安装、使用和废弃等环节中所产生的环境影响，包括气候变化、水资源消耗、土地利用等。

指标要求。太阳能热水器全生命周期碳排放量指标的要求如下：

碳排放量应尽可能低。在生产、运输、安装、使用和废弃等环节中，应采取节能减排措施，降低二氧化碳排放量。

能源消耗应尽可能少。在生产、运输、安装、使用和废弃等环节中，应提高能源利用效率，减少能源消耗。

材料消耗应尽可能少。在生产、运输、安装、使用和废弃等环节中，应减少材料的使用量，降低材料消耗。

环境影响应尽可能小。在生产、运输、安装、使用和废弃等环节中，应降低环境污染和生态破坏，减少环境影响。

总之，太阳能热水器全生命周期碳排放量指标是对太阳能热水器从生产到废弃的全过程中所产生的二氧化碳排放量进行衡量的指标。该指标的要求包括评估范围、评估方法、评估内容和指标要求等方面，是评估太阳能热水器环保性能的重要依据，也是推动太阳能热水器产业可持续发展的重要手段。

（9）建筑光伏

建筑光伏的全生命周期碳排放量是指从光伏组件和材料的制造、运输、安装、使用、维护到废弃处理的全过程中所产生的碳排放总量。降低建筑光伏的全生命周期碳排放量对于减少能源消耗和环境污染具有重要意义。

使用高效能的组件和材料是降低建筑光伏全生命周期碳排放量的重要手段。高效能的组件和材料可以提高光伏系统的发电效率和寿命，从而减少光伏系统在使用过程中的碳排放。例如，使用高效能的太阳能电池板、高质量的电缆和连接器、高性能的逆变器等组件和材料，可以提高光伏系统的整体效率，减少能源的浪费。

优化系统设计和运行策略也是降低建筑光伏全生命周期碳排放量的关键。优化系统设计可以提高光伏系统的发电量和能源利用率，从而减少使用过程中的碳排放。例如，针对不同的应用场景，设计适合的光伏系统，并选择适当的安装位置和角度，可以最大程度地吸收太阳能，提高发电效率。优化运行策略可以降低光伏系统的能耗和维护成本，从而减少碳排放。例如，对光伏系统进行定期的维护和清洗，可以保持系统的高效运行，减少能源的浪费。

废弃处理的碳排放也是建筑光伏全生命周期碳排放量的重要组成部分。废弃处理不当会导致大量的碳排放和环境污染。因此，采用环保的废弃处理方式可以降低废弃处理的碳排放。例如，对于废弃的光伏组件和材料，可以采用回收和再利用的方式，减少资源的浪费和碳排放。

建筑光伏的全生命周期碳排放量要求可以通过使用高效能的组件和材料、优化系统设计和运行策略来实现。在实际应用中，需要综合考虑光伏系统的制造、使用、维护和废弃处理等环节，制定相应的碳排放指标和措施，以降低建筑光伏全生命周期碳排放量，推动可持续发展。

7

第七章 绿色低碳建筑设计
选材的方法体系

7.1

超低能耗建筑设计选材的方法体系

▶　超低能耗建筑设计旨在最大程度地减少建筑的能源消耗，以下是超低能耗建筑设计选材的方法体系的特色。

7.1.1 高效保温材料选择

在建筑物保温方面，选择合适的材料非常重要。聚苯乙烯泡沫板、岩棉和玻璃棉等材料都具有优良的保温性能，能够有效减少热量的传递和散失。此外，还可以使用矿物棉、膨胀珍珠岩等材料来提高墙体和屋顶的隔热性能。在选择保温材料时，不仅要考虑其保温性能，还要考虑其耐久性、稳定性和环保性等因素。

（1）聚苯乙烯泡沫板

聚苯乙烯泡沫板是一种常见的保温材料，其原理是利用泡沫板内部的空气层来减少热量的传递，从而达到保温的效果。聚苯乙烯泡沫板是由聚苯乙烯树脂和发泡剂等材料经过加热发泡制成的，其具有优良的保温性能和轻质特性，广泛应用于外墙保温、屋顶保温和地面保温等领域。在外墙保温方面，聚苯乙烯泡沫板可用于外墙外保温和外墙内保温。外墙外保温是指将聚苯乙烯泡沫板安装在建筑外墙的外侧，以增加建筑的保温性能。外墙内保温则是将聚苯乙烯泡沫板安装在建筑外墙的内侧，以减少热量的传递和流失。在屋顶保温方面，聚苯乙烯泡沫板可用于平屋顶和斜屋顶的保温，以减少热量的传递和流失，提高室内的舒适度。在地面保温方面，聚苯乙烯泡沫板可用于地面的保温和隔热，以减少热量的传递和流失，提高室内的舒适度。聚苯乙烯泡沫板除了具有优良的保温性能和轻质特性外，还具有其他优点。首先，聚苯乙烯泡沫板具有优良的防水性能和吸水性能，可以防止水分渗透和结露。其次，聚苯乙烯泡沫板具有优良的防火性能和耐候性能，可以保证其在火灾和恶劣气候下的安全性和使用寿命。最后，聚苯乙烯泡沫板具有优良的可塑性和加工性能，可以切割成各种形状和大小的板材，满足不同场合的需求。需要注意的是，聚苯乙烯泡沫板虽然具有优良的保温性能

低碳建筑材料应用关键技术

和轻质特性，但其也有一些缺点。首先，聚苯乙烯泡沫板具有一定的毒性和污染性，使用过程中需要严格遵守安全操作规程和环保要求。其次，聚苯乙烯泡沫板的强度和稳定性相对较低，使用过程中需要注意其承载能力和稳定性。最后，聚苯乙烯泡沫板的使用寿命相对较短，需要定期更换和维护。

（2）岩棉和玻璃棉

岩棉和玻璃棉是两种常见的保温材料，它们的主要原料都是无机纤维。岩棉的主要原料是玄武岩，而玻璃棉的主要原料是玻璃。这两种材料都具有优良的保温性能和防火性能，广泛应用于建筑外墙保温、屋顶保温、防火门等领域。岩棉和玻璃棉的保温原理是通过纤维的排列和密度来减少热量的传递。岩棉和玻璃棉的纤维直径都比较细，而且在纤维中还含有大量的空气，这些空气可以减少热量的传递，从而达到保温的效果。此外，岩棉和玻璃棉的纤维排列方式也很重要，合理的排列方式可以增加材料的密度和厚度，进一步提高保温性能。岩棉和玻璃棉都具有优良的防火性能。岩棉的主要成分是玄武岩，具有较高的熔点和较好的耐火性，因此岩棉可以在高温环境下保持稳定性能，不会燃烧。玻璃棉的主要成分是玻璃，也是一种不可燃材料，因此玻璃棉也具有良好的防火性能。岩棉和玻璃棉还具有一些其他优点。例如，它们都具有较低的吸水性，不会因吸收水分而降低保温性能。此外，岩棉和玻璃棉还具有较好的耐腐蚀性和耐久性，可以长期保持稳定性能。尽管岩棉和玻璃棉都是优良的保温材料，但它们也有一些缺点。例如，由于它们都含有大量的纤维，因此在加工和安装过程中可能会产生粉尘，对工人的健康造成危害。此外，岩棉和玻璃棉都比较脆弱，容易受到机械损伤，因此在运输和安装过程中需要特别注意。岩棉和玻璃棉是两种具有优良保温性能和防火性能的保温材料，广泛应用于建筑、工业等领域。它们的保温原理是通过纤维的排列和密度来减少热量的传递，同时它们的防火性能也是非常重要的。

（3）矿物棉

矿物棉是一种新型的环保保温材料，其主要成分是矿物质，如硅酸盐、铝酸盐、钙酸盐等，不会释放有害物质，对人体和环境没有任何危害。与其他保温材料相比，矿物棉具有优良的保温性能和吸声性能，是建筑保温、吸声板等领域的理想材料。矿物棉的制作过程是通过将矿物质粉末和其他添加剂混合后，经过高温融化、纤维化、固化等工艺处理而成。由于矿物棉的制作过程采用天然矿物质，因此不会释放甲醛、苯、氨等有害物质，对人体和环境没有任何危害。矿物棉具有优良的保温性能。矿物棉的微观结构是由许多细小的气孔组成的，这些气孔可以有效地减少热量的传导，因此矿物棉的保温性能优于其他保温材料。此外，矿物棉还具有优异的吸声性能，可以有效地吸收声波，降低噪声污染。矿物棉广泛应用于建筑保温、吸声板等领域。在建筑行业中，矿物棉被广泛用于外墙保温、屋顶保温、地面保温、空调管道保温等领域。同时，矿物棉还被广泛用于汽车、火车、飞机等交通工具的保温和吸声材料。矿物棉是一种环保、安全、健康的保温材料，其优异的保温和吸声性能，使其成为建筑和其他领域的理想材料。随着人们对环保和健康的关注不断增加，矿物棉的应用前景将会越来越广泛。

（4）膨胀珍珠岩

膨胀珍珠岩是一种高效的保温材料，其原理是通过珍珠岩的膨胀来形成密集的气孔，从而减少热量的传递。膨胀珍珠岩广泛应用于建筑外墙保温、屋顶保温和地面保温等领域。珍珠岩是一种天然的矿物质，经过预热和高温焙烧后，可以膨胀呈多孔结构的珍珠岩颗粒。这些颗粒具有较小的堆积密度和优良的保温绝热性、吸声性、不燃性、化学稳定性、微孔、高比表面及吸附性等特点。膨胀珍珠岩制品容重在50~200kg/m³，常温下当表观密度为180kg/m³时，导热系数小于0.0465W/（m·K），在高温时，导热系数则达到0.058~0.175W/（m·K）。膨胀珍珠岩吸湿率小、但吸水性大，当表观密度为80~300kg/m³时，吸湿率为0.006%~0.080%。在实践工程中，保温材料层常因吸水性强而导致保温层的导热性能增加，从而失去保温隔热能力。因此，研制高强、低导热系数的憎水珍珠岩制品是膨胀珍珠岩屋面保温绝热材料的发展方向。膨胀珍珠岩不仅应用于建筑外墙保温、屋顶保温和地面保温等领域，还广泛应用于工业、深冷、低温工程绝热、农业、园林和其他领域。例如，膨胀珍珠岩可以用作助滤剂、填料、研磨材料、炼钢过程的集渣材等。

（5）注意因素

选择保温材料时，需要考虑以下因素：

保温性能：保温性能是选择保温材料时最重要的因素之一。保温性能好的材料可以有效减少热量的传递和散失，从而达到节能的目的。在选择保温材料时，可以通过比较不同材料的热传导系数来判断其保温性能的优劣。热传导系数越小，保温性能越好。

耐久性：保温材料在使用过程中，会受到外界环境的影响，如紫外线、氧化、水蒸气等。因此，选择耐久性好的保温材料，可以保证其长期稳定的保温性能。在选择保温材料时，可以询问材料的使用寿命、抗紫外线性能、防水性能等指标，来判断其耐久性的好坏。

稳定性：稳定性好的保温材料，能够在使用过程中保持稳定的性能，不会因为外界环境的变化而失去保温性能。在选择保温材料时，可以通过了解材料的化学成分、结构特点、密度等指标，来判断其稳定性的优劣。

环保性：环保性良好的保温材料，不仅能够保证使用者的健康，还能够为环境保护做出贡献。在选择保温材料时，可以询问材料的环保等级、是否含有有害物质等指标，来判断其环保性的好坏。

经济性：在选择保温材料时，还需要考虑其经济性。经济性好的保温材料，不仅价格合理，而且施工方便，能够降低整个工程的成本。在选择保温材料时，可以比较不同材料的价格、施工难度、使用寿命等指标，来判断其经济性的优劣。

综上所述，选择保温材料时，需要考虑保温性能、耐久性、稳定性、环保性和经济性等多个因素。只有综合考虑这些因素，才能选择出适合的保温材料，从而达到良好的保温效果。

7.1.2 高效节能窗户

窗户是建筑物热量流失的主要通道之一，因此采用高效的节能窗户非常重要。双层或三层中空玻璃窗户是一种很好的选择，因为它们具有较低的热传导系数和高隔热性能。此外，还可以在窗户上安装窗框断热条，以减少热量通过窗框散失。还可以采用遮阳板、窗帘等措施来降低窗户的能耗。

在寒冷的冬季，窗户的热量流失会导致室内温度下降，从而需要更多的热量来保持室内温暖。而高效的节能窗户可以减少热量的流失，从而降低室内取暖的需求，节约能源。在炎热的夏季，窗户的热量流入会导致室内温度升高，从而需要更多的冷却来保持室内舒适。而高效的节能窗户可以减少热量的流入，从而降低室内空调的需求，节约能源。

（1）双层或三层中空玻璃窗户

双层或三层中空玻璃窗户是一种高效的节能窗户。这种窗户由两层或三层玻璃组成，每层玻璃之间留有一定的空气层。空气是一种很差的导热体，因此空气层可以减少热量的传递，提高窗户的隔热性能。此外，双层或三层中空玻璃窗户还可以减少外界噪声的干扰，提高室内的舒适度。在寒冷的冬季，双层或三层中空玻璃窗户可以有效地防止室内热量散失，保持室内温暖。由于空气层可以减少热量的传递，窗户表面的温度不会太低，从而减少了冷辐射的影响。在炎热的夏季，这种窗户也可以有效地防止室外热量进入室内，降低室内温度，从而降低空调的使用频率，节约能源。双层或三层中空玻璃窗户还可以减少外界噪声的干扰。由于每层玻璃之间都有一定的空气层，可以吸收声波，降低噪声的传播。特别是在繁华的城市区域，外界噪声污染比较严重，使用双层或三层中空玻璃窗户可以有效地减少噪声干扰，提高室内的舒适度。除了节能和降噪之外，双层或三层中空玻璃窗户还具有优秀的保温性能和防结露性能。由于空气层的存在，窗户表面温度不会太低，从而减少了结露的可能性。同时，这种窗户还可以防止室内水蒸气凝结在窗户表面上，保持窗户的清晰度。双层或三层中空玻璃窗户是一种高效的节能窗户，可以有效地减少热量传递和噪声干扰，提高室内的舒适度和保温性能。如果正在考虑更换窗户或者新建房屋，不妨考虑使用双层或三层中空玻璃窗户，享受它带来的舒适和节能效果。

（2）窗框断热条

窗框断热条是一种可以安装在窗户上的材料，它的主要作用是减少窗户热量流失，从而降低窗户的能耗。在寒冷的冬季，窗户是室内热量流失的主要通道之一，导致室内温度下降，增加了取暖设备的能耗。而窗框断热条的使用可以有效地解决这个问题，让家居更加舒适和节能。窗框断热条通常由高热阻的材料制成，如塑料、金属等。这些材料具有很低的热传导系数，可以减少窗户框的热量传导。窗框断热条的安装非常简单，只需要将其嵌入窗户框中即可。安装后，窗框断热条可以有效地减少窗户热量流失，降低窗户的能耗。窗框断热条的优点在于其优异的隔热性能。在寒冷的冬季，窗框断热条可以减少窗户热量的流失，使室内温度保持稳定，降低取暖设备的能耗。此外，窗框断热条还具有优良的耐腐蚀性、耐老化性和防水性能，可以长时间使用，维护方便。窗框断热条的安装非常简单。首先，需要测量窗户框的尺寸，根据尺寸购买合适的窗框断热条。然后，将窗框断热条嵌入窗户框中，调整合适的位置，确保窗框断热条与窗户框紧密接触。最后，使用胶枪将窗框断热条固定在窗户框上，安装完成。窗框断热条的安装不仅可以节能减排，还可以提高窗户的保温性能，减少噪声污染。在现代社会，人们对环保和节能的要求越来越高，窗框断热条的安装也逐渐成为家居装修的潮流。总之，窗框断热条是一种可以有效减少窗户热量流失的材料，具有优异的隔热性能和耐腐蚀性。安装窗框断热条不仅可以降低窗户的能耗，提高室内舒适度，还可以实现节能减排，保护环境。窗框断热条的安装非常简单，是家居装修中不可或缺的一部分。

（3）遮阳板和窗帘

遮阳板和窗帘是常见的家居用品，不仅可以改善室内环境，还可以作为一种有效的节能措施。遮阳板是一种安装在建筑物外部的装置，可以遮挡阳光，减少室内温度的升高。遮阳板的作用原理是阻挡阳光直接照射室内，降低室内的光照度和温度。在夏季炎热的天气中，遮阳板可以有效地降低室内温度，从而减少室内空调的使用频率和能耗。此外，遮阳板还可以防止室内家具和装饰品受到阳光的暴晒和褪色，延长其使用寿命。窗帘是一种安装在窗户内部的装置，可以遮挡阳光和外界冷空气。窗帘的节能作用主要体现在夜间。当夜间气温较低时，窗帘可以阻挡外界冷空气的入侵，从而提高室内的隔热性能。这样可以减少室内热量的散失，降低室内温度的变化幅度，从而减少室内取暖设备的使用频率和能耗。此外，窗帘还可以调节室内光线的强度和方向，提高室内的舒适度和私密性。遮阳板和窗帘的节能效果与其材料和设计有关。遮阳板的材料可以是金属、塑料、纤维等，其中金属材料的遮阳板效果最好。窗帘的材料可以是布料、竹片、塑料等，其中布料的窗帘效果最好。此外，遮阳板和窗帘的设计也非常重要。遮阳板的形状和大小应该根据建筑物的朝向和阳光照射角度来设计。窗帘的材质和颜色也应该根据室内环境的需要来选择。遮阳板和窗帘是一种有效的节能措施，可以在家居环境中发挥重要的作用。选择适合的遮阳板和窗帘，可以提高室内的舒适度和私密性，同时降低室内空调和取暖设备的使用频率和能耗，从而减轻家庭的经济负担和环境污染。

（4）注意因素

选择高效节能窗户时，需要考虑以下因素：

隔热性能：高效节能窗户应该具有良好的隔热性能，能够有效地减少热量的流失和进入，从而降低室内温度波动和能源消耗。隔热性能通常通过窗户的U值来表示，U值越低，隔热性能越好。

空气渗透性能：高效节能窗户应该具有良好的空气渗透性能，能够有效地防止冷空气或热空气的渗透，从而保持室内温度稳定，减少能源消耗。空气渗透性能通常通过窗户的R值来表示，R值越高，空气渗透性能越好。

透光性能：高效节能窗户应该具有良好的透光性能，能够让足够的自然光线进入室内，从而减少照明能源的消耗。透光性能通常通过窗户的V值来表示，V值越高，透光性能越好。

框架材料：高效节能窗户的框架材料应该具有良好的隔热性能和气密性能，能够有效地减少热量的流失和进入，从而提高窗户的节能效果。常用的框架材料包括铝合金、塑钢、断桥铝等。

玻璃材料：高效节能窗户的玻璃材料应该具有良好的隔热性能和透光性能，能够有效地减少热量的流失和进入，从而提高窗户的节能效果。常用的玻璃材料包括普通玻璃、中空玻璃、Low-E玻璃等。

密封性能：高效节能窗户应该具有良好的密封性能，能够有效地防止冷空气或热空气的渗透，从而保持室内温度稳定，减少能源消耗。密封性能通常通过窗户的密封胶条、密封结构等方式来实现。

安装工艺：高效节能窗户的安装工艺应该符合相关标准和要求，能够保证窗户的气密性、水密性和抗风压性能等。安装工艺的质量直接影响窗户的节能效果和使用寿命。

品牌信誉：选择高效节能窗户时，应该选择具有良好品牌信誉的生产厂家或供应商，能够保证窗户的质量、性能和售后服务。

总之，选择高效节能窗户时，应该综合考虑以上因素，从而选择出符合自己需求、性能优良、质量可靠的窗户。

7.1.3 高效空调和通风系统

空调和通风系统是现代建筑物中必不可少的设施，然而它们也是建筑物能耗的主要组成部分之一。统计数据显示，空调和通风系统所消耗的能源占建筑物总能耗的40%以上，因此降低空调和通风系统的能耗对提高建筑物的能源利用效率至关重要。为了降低空调和通风系统的能耗，我们可以从以下几个方面着手：

（1）选择节能型空调设备和通风系统

随着科技的不断发展，节能型空调设备和通风系统已经越来越成熟。例如，高效热回收器是一种能够回收空调系统排放出的热量，提高能源利用率的设备。它通过特殊的材料和结构，将排放出的热量转化为可用的热能，从而降低空调系统的能耗。另外，智能控制系统也是降低空调和通风系统能耗的有效手段。这种系统能够根据建筑物的实际需求，智能调节空调和通风设备的运行，实现节能降耗的目的。

1）高效热回收器的作用

回收热量。高效热回收器能够回收空调系统排放出的热量，这些热量可以被再次利用，从而降低空调系统的能耗。在炎热的夏季，空调系统需要排放大量的热量，而高效热回收器可以有效地将这些热量回收，减少能源的浪费。

提高能源利用率。通过使用高效热回收器，可以将排放出的热量转化为可用的热能，从而提高能源利用率。这不仅有助于降低空调系统的能耗，还能为建筑物提供更多的热能需求，减轻能源供应的压力。

降低空调运行成本。使用高效热回收器可以降低空调系统的能耗，进而降低空调的运行成本。在长期的运行过程中，高效热回收器可以为企业或个人节约大量的能源费用，具有较高的经济效益。

2）智能控制系统的优势

根据实际需求调节。智能控制系统能够根据建筑物的实际需求，智能调节空调和通风设备的运行。这意味着空调和通风系统将不再过度运行，从而降低能耗。

提高舒适度。智能控制系统可以根据人员的实际需求，为他们提供更为舒适的环境。例如，在办公室内，智能控制系统可以根据人员的数量、位置和活动情况，智能调节空调和通风设备的运行，提高舒适度。

降低运行成本。智能控制系统可以降低空调和通风系统的能耗，进而降低运行成本。在长期的运行过程中，智能控制系统可以为企业或个人节约大量的能源费用，具有较高的经济效益。

总之，随着科技的不断发展，节能型空调设备和通风系统已经成为现代建筑不可或缺的部分。高效热回收器和智能控制系统是降低空调和通风系统能耗的有效手段，它们可以为企业或个人带来显著的节能效益和经济效益。在未来，随着科技的进一步发展，节能型空调设备和通风系统将更加成熟和普及，为我国的可持续发展作出更大的贡献。

（2）利用自然通风和被动太阳能利用

节能型设备和系统是实现建筑物节能的重要手段，但除此之外，自然通风和被动太阳能利用也是减少空调和通风系统能耗的有效措施。本文将分别对这两种措施进行介绍。

1）自然通风

自然通风是指通过设计建筑物的开口和通风口，利用空气压差和风力驱动原理，实现室内外空气的流通，不需要任何能源消耗。自然通风有许多优点：

节约能源：自然通风不需要任何能源消耗，能够减少空调和通风系统的能耗。

提高室内空气品质：自然通风能够将新鲜空气引入室内，提高室内空气品质，减少空调病的发生。

降低建筑成本：相比安装机械通风系统，自然通风的成本更低，且维护简单。

自然通风的设计需要考虑多个因素，如建筑物的朝向、开口的大小和位置、室外风向和压差等。在建筑物的设计过程中，可以通过模拟软件等工具来预测自然通风的效果，并进行优化设计。

2）被动太阳能利用

被动太阳能利用是指利用建筑物本身的设计来吸收和利用太阳能，从而降低建筑物的能耗。被动太阳能利用有许多优点：

节约能源：被动太阳能利用可以减少空调和通风系统的能耗，降低建筑物的能源消耗。

提高室内舒适度：被动太阳能利用可以利用太阳能提供的热量来提高室内温度，提高室内舒适度。

减少环境污染：相比使用化石燃料等能源，被动太阳能利用可以减少环境污染，对环境更加友好。

被动太阳能利用可以通过多种方式实现，其中最常见的是利用建筑物的窗户和外墙来吸收和利用太阳能。例如，可以在建筑物的窗户和外墙上安装太阳能吸收器，从而增加建筑物表面的温度，提高室内温度。此外，还可以利用太阳能光伏发电系统，将太阳能转化为电能，为空调和通风系统提供部分能源，进一步降低能耗。

除了采用节能型设备和系统外，利用自然通风和被动太阳能利用来减少空调和通风系统的能耗也是一种有效的措施。这两种措施不需要消耗任何能源，既能保证室内空气品质，又能降低空调系统的能耗，也为环境保护做出了贡献。

（3）提高空调和通风系统的运行管理水平

空调和通风系统是现代建筑中不可或缺的设备，然而这些系统的能耗却占据了建筑能耗的很大一部分。据统计，空调和通风系统的能耗占建筑能耗的30%~50%。因此，降低空调和通风系统的能耗对于建筑的"双碳"目标具有重大意义。

为了降低空调和通风系统的能耗，首先需要加强对系统的运行管理。定期的维护和清洁保养是确保系统正常运行和降低能耗的关键。定期的维护可以检查系统的各项指标，如制冷量、通风量、空气流量等，并及时进行调整和修复，以确保系统运行的效率和稳定性。清洁保养可以清除系统内部的污垢和灰尘，提高系统的热交换效率和通风质量，从而降低能耗。

优化运行参数也是降低空调和通风系统能耗的重要措施。优化运行参数包括调整制冷量、通风量、空气流量、温度、湿度等参数，以满足实际需求。例如，在室内温度和湿度满足舒适要求的前提下，适当提高空调温度和降低通风量，可以降低系统的能耗。此外，采用变频技术和智能控制系统也可以实现对空调和通风系统的优化运行，从而降低能耗。

另外，采用节能技术和设备也是降低空调和通风系统能耗的有效途径。例如，采用高效能的制冷机组、热回收技术、变频水泵、节能灯具等设备，可以降低系统的能耗。此外，利用新能源，如太阳能和风能等，也可以为空调和通风系统提供清洁能源，从而降低系统的能耗。

总之，加强对空调和通风系统的运行管理，包括定期维护、清洁保养、优化运行参数等方面，可以有效降低系统的能耗。此外，采用节能技术和设备也是降低空调和通风系统能耗的有效途径。通过这些措施，可以提高空调和通风系统的运行效率，降低能耗，实现建筑的"双碳"目标。

（4）推广合同能源管理模式

合同能源管理（EMC）是一种将能源效率提高和节能项目投资结合起来的新型节能服务模式。它适用于各种建筑物，特别是空调和通风系统，有利于推动节能工作的开展。在这种模式下，节能服务公司与建筑物所有者签订节能合同，承诺在一定时期内实现一定的节能目标，然后从节能效益中收回投资成本。这种模式既降低了建筑物所有者的节能投资风险，又能够调动节能服务公司的积极性，实现双赢。

EMC模式的优势在于，它将节能服务公司和建筑物所有者的利益紧密联系在一起，降低了节能项目的实施风险。建筑物所有者不需要承担高额的节能投资成本，而是可以通过与节能服务公司签订合同，将节能投资风险转移给节能服务公司。同时，节能服务公司也可以通过实现节能目标，从节能效益中获得回报，从而实现双赢。

EMC模式还可以提高节能项目的效率和质量。由于节能服务公司具有专业的技术和经验，他们可以对建筑物进行全面的能源审计，并制定出最适合建筑物的节能方案。同时，节能服务公司还可以负责节能项目的实施和运营，确保项目能够达到预期的节能目标。

除此之外，EMC模式还可以促进节能服务的产业化发展。通过这种模式，节能服务公司可以建立起一系列的服务体系和标准，从而推动节能服务的产业化发展。这不仅可以提高节能服务的质量，还可以降低节能服务的成本，为更多的建筑物所有者提供更好的节能服务。

EMC模式也适用于其他领域的节能工作。例如，照明系统、热水供应系统、动力系统等都可以采用EMC模式进行节能改造。这种模式不仅可以提高节能项目的效率和质量，还可以促进节能服务的产业化发展，为节能工作提供有力的支持和保障。

总之，合同能源管理（EMC）是一种新型的节能服务模式，它将能源效率提高和节能项目投资结合起来，有利于推动空调和通风系统的节能工作。它通过将节能投资风险转移给节能服务公司，提高了节能项目的效率和质量，促进了节能服务的产业化发展，实现双赢。未来，EMC模式将会在各种领域得到广泛的应用，为节能工作做出更大的贡献。

7.1.4 可再生能源利用

随着能源危机和环境污染问题日益严重，可再生能源的利用已经成为现代建筑设计中的重要考虑因素之一。可再生能源是指在人类时间尺度内不会枯竭、不会对环境产生危害，同时具有较高能量密度的能源，如太阳能、风能、水能、地热能等。

在建筑物中利用可再生能源，可以降低建筑物的能耗，减少对传统化石能源的依赖，降低环境污染和温室气体排放。同时，可再生能源的使用也有助于提高建筑物的可持续性，使其更加符合环保和生态友好的理念。

（1）太阳能光伏发电系统

太阳能光伏发电系统是一种可再生能源利用方式，通过太阳能电池板将太阳能转化为电能，再通过蓄电池储存电能，最后通过逆变器将直流电转换为交流电，以满足建筑物的电力需求。太阳能光伏发电系统可以广泛应用于住宅、商业和工业建筑物中。例如，在住宅建筑中，太阳能光伏发电系统可以为家庭提供电力，减少对传统能源的依赖，同时也可以降低家庭的能源费用。在商业和工业建筑物中，太阳能光伏发电系统可以提供建筑物所需的电力，减少对传统能源的消耗，同时也可以降低企业的能源成本和环境污染。

太阳能光伏发电系统的核心部件是太阳能电池板。太阳能电池板是由多个太阳能电池组成的，每个太阳能电池都可以将太阳能转化为电能。太阳能电池板可以将太阳能转化为直流电，然后将其传输到蓄电池中进行储存。蓄电池是一种可以储存电能的装置，它可以将太阳能电池板产生的电能储存起来，以便在需要时供电使用。当需要电力时，逆变器可以将蓄电池中的直流电转换为交流电，以满足建筑物的电力需求。

太阳能光伏发电系统具有许多优点。太阳能是一种无限的可再生能源，使用太阳能光伏发电系统可以减少对传统能源的依赖。太阳能光伏发电系统可以降低家庭的能源费用，因为使用太阳能发电可以避免支付电费。太阳能光伏发电系统也可以降低企业的能源成本和环境污染，因为使用太阳能发电可以减少对传统能源的消耗，同时也可以减少二氧化碳等温室气体的排放。

太阳能光伏发电系统也存在一些缺点。太阳能光伏发电系统需要大量的太阳能电池板和蓄电池，因此需要占用大量的空间。太阳能光伏发电系统也需要定期维护，以确保其正常运行。此外，太阳能光伏发电系统的成本仍然较高，这使得它难以普及到更广泛的用户群中。

尽管如此，随着技术的不断发展和成本的不断下降，太阳能光伏发电系统仍然是一种有前途的可再生能源利用方式。太阳能光伏发电系统可以广泛应用于住宅、商业和工业建筑物中，可以为人们提供清洁、廉价的电力，同时也可以降低对传统能源的依赖和环境污染。随着技术的不断进步，太阳能光伏发电系统将会成为一种更加普及和经济的能源利用方式。

（2）地热或空气源热泵系统

地热和空气源热泵系统是两种常见的可持续性建筑能源系统，它们分别利用地下和室外的热量来提供建筑物的供暖和制冷需求，从而降低能耗和环境污染。

地热系统是利用地下热水或热岩来提供建筑物的供暖和热水需求。地下热水和热岩是一种可再生能源，它们通过地下的热传导和热对流来加热地面和水。地热系统通过钻井或修建地下管道来获取地下热水或热岩，然后将其输送到建筑物中，以满足供暖和热水需求。地热系统不仅可以提供高效的供暖和热水，还可以降低能耗和二氧化碳排放，减少对化石燃料的依赖。此外，地热系统还有助于减少建筑物内部的湿度，提高室内空气质量。

空气源热泵系统则是利用室外空气中的热量来提供建筑物的供暖和制冷需求。空气源热泵利用制冷剂在室外空气中的吸收和排放来吸收和释放热量，从而实现供暖和制冷。空气源热泵系统通常由一个室外机组和一个室内机组组成。室外机组通过蒸发吸收室外空气中的热量，然后将制冷剂压缩并送入室内机组，从而提供供暖和制冷。空气源热泵系统具有高效、节能、环保等优点，它可以降低能耗和二氧化碳排放，同时减少对化石燃料的依赖。

地热和空气源热泵系统具有很多优点，例如：

可再生能源：地热和空气源热泵系统利用可再生能源来提供建筑物的供暖和制冷需求，有助于减少对化石燃料的依赖，降低能耗和环境污染。

高效节能：地热和空气源热泵系统具有高效的节能性能，可以降低建筑物的能耗和运营成本。

环保：地热和空气源热泵系统可以减少二氧化碳和其他温室气体的排放，有助于减缓全球变暖和气候变化。

可持续性：地热和空气源热泵系统是一种可持续性建筑能源系统，可以帮助建筑物实现可持续发展和环境保护目标。

总之，地热和空气源热泵系统是两种常见的可持续性建筑能源系统，它们通过回收和利用室内外的热量来降低能耗，减少对化石燃料的依赖，降低二氧化碳和其他温室气体的排放，有助于减缓全球变暖和气候变化，实现可持续发展和环境保护目标。

（3）其他

除了太阳能、地热或空气源可再生能源利用方式之外，还有其他一些可再生能源利用方式也可以在建筑物中使用。例如，风力发电系统可以将风能转化为电能，为建筑物提供电力。水力发电系统可以将水能转化为电能，为建筑物提供电力。生物质能利用可以将有机物转化为能源，为建筑物提供电力和热能。下面将分别介绍这三种可再生能源利用方式。

1）风力发电系统

风力发电系统是一种将风能转化为电能的技术。风力发电系统通常由风力涡轮机和发电机组成。风力涡轮机通过风力驱动旋转，将旋转力传递给发电机，发电机再将旋转力转化为电能。

在建筑物中，风力发电系统可以安装在屋顶或外部空地上。例如，可以安装在建筑物的屋顶上，通过风力涡轮机将风能转化为电能，为建筑物提供电力。风力发电系统还可以安装在外部空地上，例如，可以安装在公园、学校或社区等地方，通过风力涡轮机将风能转化为电能，为周围建筑物提供电力。

风力发电系统具有许多优点。首先，风力发电系统可以大量减少对传统能源的依赖，提高能源利用效率。其次，风力发电系统可以减少二氧化碳等温室气体的排放，降低对环境的污染。最后，风力发电系统建设成本相对较低，运行维护费用也相对较低。

2）水力发电系统

水力发电系统是一种将水能转化为电能的技术。水力发电系统通常由水轮机和发电机组成。水轮机通过水流驱动旋转，将旋转力传递给发电机，发电机再将旋转力转化为电能。

在建筑物中，水力发电系统可以安装在水流丰富的地区。例如，可以安装在河流或水坝附近，通过水轮机将水流能转化为电能，为建筑物提供电力。水力发电系统还可以安装在潮汐能丰富的地区，例如，可以安装在海边，通过水轮机将潮汐能转化为电能，为建筑物提供电力。

水力发电系统具有许多优点。首先，水力发电系统可以大量减少对传统能源的依赖，提高能源利用效率。其次，水力发电系统可以减少二氧化碳等温室气体的排放，降低对环境的污染。最后，水力发电系统建设成本相对较低，运行维护费用也相对较低。

3）生物质能利用

生物质能利用是一种将有机物转化为能源的技术。生物质能利用通常通过生物质发电和生物质加热等方式进行。

在建筑物中，生物质能利用可以通过生物质发电和生物质加热等方式进行。例如，可以安装生物质发电设备，将生物质能转化为电能，为建筑物提供电力。还可以安装生物质加热设备，将生物质能转化为热能，为建筑物提供热能。

生物质能利用具有许多优点。首先，生物质能利用可以大量减少对传统能源的依赖，提高能源利用效率。其次，生物质能利用可以减少二氧化碳等温室气体的排放，降低对环境的污染。最后，生物质能利用建设成本相对较低，运行维护费用也相对较低。

综上所述，风力发电系统、水力发电系统和生物质能利用等可再生能源利用方式可以在建筑物中使用，大量减少对传统能源的依赖，提高能源利用效率，减少二氧化碳等温室气体的排放，降低对环境的污染，建设成本相对较低，运行维护费用也相对较低，是一种可持续的能源利用方式，值得推广和应用。

7.2
近零能耗建筑设计选材的方法体系

▶　近零能耗建筑设计旨在实现建筑能耗接近零的目标，以下是近零能耗建筑设计选材的方法体系的特色：

7.2.1 超高效隔热材料选择

建筑的隔热性能是提高建筑能效的重要措施之一。采用具有极低导热系数的材料可以有效减少热量的传递，降低建筑的能耗。常用的隔热材料包括气凝胶保温板、蓄热式墙体等。

（1）气凝胶保温板

气凝胶保温板是一种新型的隔热材料，由纳米级别的气凝胶颗粒和一种特殊纤维结合而成，具有极低的导热系数、柔性和适应性等优点，可以有效减少热量的传递，提高建筑物的节能效果。以下是气凝胶保温板的详细优点和应用：

1）极低的导热系数

气凝胶保温板是一种新型的保温材料，它的导热系数非常低，通常只有传统保温材料的几分之一。这是因为气凝胶保温板采用了独特的纳米级气凝胶材料，其具有非常小的孔径结构，能够有效减少热量的传递。此外，气凝胶保温板还具有其他优点，如厚度薄、重量轻、耐高温、耐候性等，可以广泛应用于建筑物的屋顶、墙壁、地面等各个部位，提高建筑物的节能效果。

气凝胶保温板的导热系数可以通过多种方式进行测量和计算。其中，最常用的方法是热流计法和热板法。热流计法是一种测量材料热传导性能的方法，可以通过测量材料的热流密度和厚度来计算其导热系数。热板法是一种通过测量材料表面的温度差和热流量来计算导热系数的方法。

气凝胶保温板的导热系数虽然很低，但也受到一些因素的影响，如温度、湿度、压力等。此外，气凝胶保温板的制作工艺和材料质量也会影响其导热系数。因此，在选择气凝胶保温板时，需要考虑这些因素，并选择质量可靠、性能稳定的产品。

2）柔性和适应性

气凝胶保温板是一种新型的保温材料，具有优异的保温性能和柔韧性。它主要由气凝胶颗粒和聚合物胶粘剂组成，具有良好的耐高温、耐低温、耐腐蚀和耐老化性能。气凝胶保温板可以适应各种形状的建筑表面，因为它具有柔性和可塑性。这使得施工更加方便，可以减少切割和修整的工作量。

气凝胶保温板可以应用于各种建筑物，包括住宅、商业建筑、工业建筑等。它可以安装在建筑物的屋顶、墙壁、地板等各个部位，以提高建筑物的节能效果。气凝胶保温板具有良好的保温性能，可以降低建筑物的能耗，提高室内舒适度。此外，气凝胶保温板还具有良好的防火性能和吸声性能，可以提高建筑物的安全性和舒适度。

气凝胶保温板是一种新型的保温材料，具有柔性和适应性，可以适应各种形状的建筑表面，施工方便。它广泛应用于各种建筑物，可以提高建筑物的节能效果、安全性和舒适度。随着气凝胶技术的不断发展，气凝胶保温板将成为未来建筑保温材料的重要选择之一。

3）防水性能

气凝胶保温板是一种新型的保温材料，具有优异的防水性能。它是由气凝胶颗粒和聚合物材料复合而成，具有优异的耐水性能。气凝胶保温板的防水性能主要表现在以下几个方面：

首先，气凝胶保温板的内部结构致密，不含任何孔隙，水分难以渗透。此外，气凝胶保温板表面覆盖有特殊的防水涂层，可以有效防止水分渗透。

其次，气凝胶保温板具有良好的抗压强度和抗拉强度，可以承受建筑物外部的压力和拉力，保证建筑物的稳定性和安全性。

最后，气凝胶保温板还具有优异的防腐性能，可以防止霉菌、细菌、酸碱等物质的侵蚀，保证建筑物的长期稳定性和安全性。

综上所述，气凝胶保温板具有优异的防水性能，可以有效保护建筑物的内部结构，提高建筑物的舒适度和安全性。因此，气凝胶保温板被广泛应用于建筑、桥梁、隧道、水利工程等领域。

4）防火性能

气凝胶保温板是一种新型的保温材料，其主要成分是硅酸盐和氧化铝，具有优异的防火性能。气凝胶保温板可以承受高温，且不会燃烧，因此可以有效保护建筑物的生命财产安全。

气凝胶保温板的防火性能可以通过其物理性质来解释。气凝胶保温板是由微小的硅酸盐和氧化铝颗粒组成的，这些颗粒之间存在着空隙，因此气凝胶保温板具有很低的导热系数。此外，气凝胶保温板中的氧化铝和硅酸盐颗粒都是无机物质，不易燃烧，因此气凝胶保温板可以承受高温，不会燃烧，具有很好的防火性能。

气凝胶保温板不仅可以用于建筑物的墙壁和屋顶保温，还可以用于防火门、防火窗、防火墙等防火构件的保温。在这些应用中，气凝胶保温板的防火性能可以有效保护建筑物的生命财产安全。

总之，气凝胶保温板具有优异的防火性能，可以有效保护建筑物的生命财产安全。因此，在建筑物的保温和防火构件中，气凝胶保温板是一种值得推广的应用材料。

5）环保和易回收

气凝胶保温板是一种新型的隔热材料，具有优异的保温性能和环保特性，逐渐成为建筑行业和工业领域的热门选择。相较于传统隔热材料，气凝胶保温板有以下优点：

首先，气凝胶保温板具有优秀的环保性能。传统隔热材料如玻璃纤维和岩棉等，在生产过程中会产生大量的废水和废气，对环境造成严重污染。而气凝胶保温板生产过程中排放的废水和废气量较少，对环境影响较小。此外，气凝胶保温板还可以回收利用，降低了对环境的影响。

其次，气凝胶保温板具有易回收的特性。传统隔热材料在拆除后，往往需要进行处理或丢弃，造成了资源浪费和环境污染。而气凝胶保温板可以在使用结束后回收再利用，降低了资源浪费和环境污染。

最后，气凝胶保温板可以降低环境污染。传统隔热材料在燃烧时会产生大量有毒气体，对环境和人体健康造成威胁。而气凝胶保温板则具有优异的防火性能，不会在火灾中产生有毒气体，可以有效保护环境和人体健康。

综上，气凝胶保温板作为一种新型的隔热材料，具有环保、易回收、降低环境污染等优点，是一种可持续的隔热材料，有望成为未来建筑行业和工业领域的主要选择。

（2）蓄热式墙体

蓄热式墙体是一种能够储存热量的材料，能够在夜间释放储存的热量，维持室内温度稳定。蓄热式墙体可以采用各种材料制成，如混凝土、砖块等，是一种经济实用的隔热材料。以下是关于蓄热式墙体的详细介绍。

1）蓄热式墙体的工作原理

蓄热式墙体是一种能够吸收和储存热量的材料，其工作原理是通过墙体内部的相变材料实现的。相变材料是指在吸收或释放热量时，会发生相变的材料，例如水、石蜡等。当相变材料吸收热量时，会发生相变，从固态变为液态或气态，同时储存热量；当相变材料释放热量时，会从液态或气态变为固态，同时释放储存的热量。

蓄热式墙体的结构一般由内外两层材料构成。外层材料一般为透气性好、强度高的材料，例如砖、混凝土等；内层材料为相变材料，例如石蜡、蛭石等。内外两层材料之间留有一定的空隙，以便相变材料在吸热和放热时能够自由膨胀和收缩。

在白天，当室内温度升高时，相变材料会吸收室内的热量，发生相变，从固态变为液态或气态，同时储存热量。由于相变材料吸收了大量热量，墙体内部的温度也会随之升高，进而减少室内和室外之间的温差，降低室内温度的升高速度。在夜间，当室内温度降低时，相变材料会释放之前储存的热量，从液态或气态变为固态，同时室内温度升高。这样，通过墙体的吸热和放热作用，室内温度得以维持稳定。

蓄热式墙体的优点在于能够降低室内温度的波动幅度，提高室内环境的舒适度，同时还能够节约能源，减少空调等制冷设备的使用。此外，蓄热式墙体还具有较好的防火性能，能够有效地防止火灾的发生和蔓延。

蓄热式墙体的缺点在于其相变材料具有一定的寿命，随着使用时间的延长，相变材料的相变性能会逐渐降低，导致墙体的吸热和放热效果减弱。另外，蓄热式墙体的施工难度相对较高，需要专业的施工队伍进行施工。

蓄热式墙体是一种能够吸收和储存热量的材料，其工作原理是通过墙体内部的相变材料实现的。

2）蓄热式墙体的材料选择

蓄热式墙体可以采用各种材料制成，如混凝土、砖块、陶瓷等。不同材料的热性能和蓄热能力也不同，因此在选择材料时需要考虑材料的比热容、热导率等因素。

混凝土是一种常用的蓄热式墙体材料，其比热容较大，能够吸收和储存较多的热量。这意味着在相同的温度变化下，混凝土墙体能够吸收更多的热量，从而使室内温度波动较小，提高室内舒适度。此外，混凝土的热导率较低，能够有效地防止热量的流失，从而提高墙体的保温性能。然而，混凝土的缺点是密度较大，制成的墙体较重，需要足够的支撑结构。这会导致建筑结构的自重增加，从而增加建筑成本。此外，混凝土的制备和浇注需要大量的能源和时间，这也会增加建筑成本和建筑周期。为了克服这些缺点，人们开始研究混凝土的轻量化和保温性能的提高。其中，复合自保温墙体材料是一种常用的解决方案。复合自保温墙体材料由混凝土砌块和保温材料组成，能够在保证墙体强度和稳定性的同时，提高墙体的保温性能。这种材料还可以降低建筑自重，减少建筑成本和建筑周期。

砖块是一种常用的墙体材料，其优点是密度较小，制成的墙体较轻，不需要过多的支撑结构。砖块的热导率较低，能够有效地防止热量的流失，因此被广泛用于蓄热式墙体的建造。砖块的比热容相对较小，这意味着在相同温度下，砖块吸收或释放的热量较少。但是，由于砖块的热导率较低，热量在砖块内部的传递速度较慢，因此砖块能够有效地防止热量的流失。在蓄热式墙体中，砖块通常被用作内层材料，以吸收和储存热量。当外部温度较低时，砖块会释放之前吸收的热量，从而提高室内温度。这有助于降低能源消耗，提高室内舒适度。总之，砖块是一种优秀的蓄热式墙体材料，其热导率低、比热容小，能够有效地防止热量的流失，为建筑节能提供可靠保障。

陶瓷是一种高比热容的材料，这意味着它具有吸收和储存大量热量的能力。比热容是指单位质量物质温度变化时所吸收或释放的热量。陶瓷的比热容通常在0.84103~1.390J/（kg·K）之间，具体数值取决于陶瓷的种类和温度。由于陶瓷的高比热容，它被广泛用于制造高温绝缘材料、加热元件和热储存系统。例如，陶瓷加热器可以用于家电产品，如烤箱、热水器和电饭煲。陶瓷的热储存系统可以用于储存和释放热量，以调节室内温度。陶瓷还具有其他优点，如高硬度、高耐磨性和高耐腐蚀性。这些特性使得陶瓷在许多工业和应用领域中得到广泛应用，如航空航天、汽车制造、电子工业和医疗器械等。总之，陶瓷作为一种高比热容的材料，具有吸收和储存大量热量的能力，这使得它在许多领域中得到广泛应用。

7.2.2 精细化控制空调与通风

空调和通风系统是现代建筑中必不可少的设施，为了提高建筑的能源利用效率，精细化控制空调和通风系统是必不可少的手段。传统的空调和通风系统通常采用简单的开关控制方式，这种控制方式无法根据室内人员的实际需求进行调整，往往会导致能源的浪费。因此，采用高效精细化控制设备，如智能温湿度传感器和二氧化碳监测装置，可以实时调整空调和通风系统的运行状态，以满足室内人员的舒适需求，同时减少能耗。

（1）选用适合的控制设备

精细化控制空调和通风系统是现代建筑设计中的重要环节，其关键在于选用适合的控制设备。智能温湿度传感器和二氧化碳监测装置是现代建筑中常用的精细化控制设备，可以实现对室内环境的实时监测和自动调节，以维持室内舒适度和空气质量，同时减少能耗。

智能温湿度传感器是一种高精度的传感器，可以实时监测室内温度和湿度。其工作原理是通过内置的传感器元件，将温度和湿度信号转换为电信号，并将其传输给控制系统。控制系统可以根据室内温度和湿度自动调节空调和通风系统的运行状态，以维持室内舒适度。例如，在夏季高温高湿的情况下，空调系统可以自动启动，降低室内温度和湿度，以保持舒适的室内环境。在冬季低温低湿的情况下，空调系统可以自动关闭，或者通风系统可以引入新鲜空气，以维持室内舒适度。

智能温湿度传感器具有许多优点。可以实现对室内环境的实时监测，控制器可以根据监测数据实时调整空调和通风系统的运行状态，以适应室内环境的变化。可以提高室内环境的舒适度，减少能源消耗，降低建筑能耗成本。还可以延长空调和通风系统的使用寿命，减少设备的维护成本。

二氧化碳监测装置是一种用于监测室内二氧化碳浓度的设备。其工作原理是通过内置的传感器元件，将二氧化碳浓度信号转换为电信号，并将其传输给控制系统。控制系统可以根据室内二氧化碳浓度自动调节通风系统的运行状态，以保证室内空气质量。例如，在室内二氧化碳浓度超过一定阈值的情况下，通风系统可以自动启动，引入新鲜空气，以降低室内二氧化碳浓度。在室内二氧化碳浓度低于一定阈值的情况下，通风系统可以自动关闭，以减少能耗。

二氧化碳监测装置具有许多优点。可以实现对室内二氧化碳浓度的实时监测，控制器可以根据监测数据实时调整通风系统的运行状态，以适应室内二氧化碳浓度的变化。可以提高室内空气质量，减少能源消耗，降低建筑能耗成本。还可以延长通风系统的使用寿命，减少设备的维护成本。

智能温湿度传感器和二氧化碳监测装置是现代建筑中常用的精细化控制设备，可以实现对室内环境的实时监测和自动调节，以维持室内舒适度和空气质量，同时减少能耗。随着社会的发展和科技的进步，智能控制设备将会在未来的建筑设计中扮演越来越重要的角色。

（2）应用自动化控制系统和智能化设备

随着人们对生活品质和能源效率的不断追求，精细化控制已成为现代建筑领域的重要研究方向。实现精细化控制需要综合运用多种技术手段，其中包括自动化控制系统和智能化设备。这些技术手段可以帮助我们根据室内外环境条件进行智能化调节，以提高建筑的舒适度和能源利用效率。

自动化控制系统是实现精细化控制的重要基础。自动化控制系统主要通过传感器、执行器和控制器三者之间的协同工作，对建筑内各种设备和系统进行自动调节。例如，我们可以在建筑内部安装温度传感器和湿度传感器，实时监测室内温度和湿度变化。当室内温度和湿度超出预设阈值时，自动化控制系统会自动发出指令，控制空调和通风系统进行调节，以维持室内舒适度。

在自动化控制系统中，还可以采用各种类型的控制器来满足不同需求。例如，PID控制器（比例-积分-微分控制器）是一种常用的控制器，它可以根据输入信号与输出信号之间的误差进行自动调整，以实现对系统的精确控制。此外，还有模糊控制器、神经网络控制器等高级控制器，它们可以通过对大量数据进行分析和学习，提高控制系统的精度和适应性。

智能化设备是实现精细化控制的另一个重要手段。智能化设备可以通过人工智能算法和大数据分析，对室内人员的舒适需求进行预测和优化。例如，智能空调可以根据室内人员的位置、活动状态和舒适需求，自动调节温度和风速，以提供个性化的舒适服务。智能照明系统可以根据室内人员的活动规律和光线需求，自动调节照明强度和色温，以提高室内环境的舒适度和视觉效果。

除了舒适性方面的优化，智能化设备还可以对建筑的能源消耗进行分析和优化。例如，智能电表可以实时监测建筑内的用电情况，通过大数据分析为用户提供节能建议。智能插座可以根据设备的用电需求，自动调节电源输出，以避免能源浪费。智能能源管理系统可以对建筑内的各种能源消耗进行综合分析和优化，以实现能源的高效利用。

在实际应用中，自动化控制系统和智能化设备的结合可以实现更加精细化的控制。例如，在办公建筑中，自动化控制系统可以根据室内环境条件和室内人员的舒适需求，自动调节空调、通风、照明等系统，以提供舒适的办公环境。同时，智能化设备可以通过对室内人员的活动规律和能源消耗情况进行分析，为建筑业主和物业管理公司提供能源管理和优化建议。

总之，实现精细化控制需要综合运用自动化控制系统和智能化设备。这些技术手段可以帮助我们根据室内外环境条件进行智能化调节，提高建筑的舒适度和能源利用效率。随着科技的不断发展，自动化控制系统和智能化设备将在建筑领域得到更广泛的应用，为人们创造更加舒适、便捷、绿色的生活环境。

7.2.3 高性能窗户和遮阳系统

窗户和遮阳系统是建筑隔热的重要组成部分。建筑隔热是指通过在建筑内部和外部采取适当的措施，减少热量的传递，降低建筑的能耗，提高建筑的舒适度和可持续性。随着全球能源危机和环境污染问题的加剧，建筑隔热越来越受到重视。选择具有优异隔热性能和可调节透光度的窗户，如智能变色玻璃和低辐射镀膜玻璃，可以有效减少热量的传递，降低建筑的能耗。安装遮阳系统，如可调节角度的百叶窗或遮阳帘，可以减少夏季阳光直射进入室内，降低室内温度，从而减少空调的使用频率，降低建筑的能耗。

（1）高性能窗户

1）智能变色玻璃

智能变色玻璃是一种能够根据外部条件变化而改变颜色的玻璃。它通过电致变色、热致变色和光致变色等方式实现变色，可以在不同的条件下自动调节透光度和隔热性能，以保持室内环境的舒适度。智能变色玻璃具有优异的隔热性能和可调节透光度，可以有效减少热量的传递，降低建筑的能耗。在寒冷冬季，智能变色玻璃可以减少室内热量散失，提高室内温度；在炎热夏季，智能变色玻璃可以阻挡阳光热量的进入，降低室内温度。

电致变色玻璃是一种通过施加电场改变颜色的玻璃。它采用电致变色材料制成，当施加电场时，电致变色材料会发生氧化还原反应，导致玻璃颜色发生变化。电致变色玻璃具有快速响应、可逆性和重复使用等优点，广泛应用于建筑、汽车和电子等领域。

热致变色玻璃是一种通过调节温度改变颜色的玻璃。它采用热致变色材料制成，当温度发生变化时，热致变色材料会发生物理或化学变化，导致玻璃颜色发生变化。热致变色玻璃具有优异的耐候性、耐化学性和耐腐蚀性等优点，广泛应用于建筑、涂料和塑料等领域。

光致变色玻璃是一种通过选择具有特定光谱响应的变色材料，使玻璃在受到特定波长的光线照射时发生颜色变化的玻璃。它采用光致变色材料制成，当受到特定波长的光线照射时，光致变色材料会发生物理或化学变化，导致玻璃颜色发生变化。光致变色玻璃具有快速响应、可逆性和重复使用等优点，广泛应用于建筑、电子和光学等领域。

智能变色玻璃具有优异的隔热性能和可调节透光度，可以有效减少热量的传递，降低建筑的能耗。在寒冷冬季，智能变色玻璃可以减少室内热量散失，提高室内温度；在炎热夏季，智能变色玻璃可以阻挡阳光热量的进入，降低室内温度。因此，智能变色玻璃是一种能够有效调节室内环境的节能玻璃，具有广泛的应用前景。

2）低辐射镀膜玻璃

低辐射镀膜玻璃是一种在普通玻璃表面涂覆一层或多层低辐射材料的玻璃，可以有效减少热量的传递，提高建筑的隔热性能。它的主要原理是通过减少玻璃表面的辐射散热，降低热量的流失。

低辐射镀膜玻璃的制备工艺主要有真空蒸发法、溅射法和化学气相沉积法等。这些方法可以使低辐射材料均匀地沉积在玻璃表面，形成一层或多层薄膜。低辐射镀膜玻璃的性能主要取决于镀膜材料的种类、厚度和均匀性。

真空蒸发法是一种将低辐射材料加热蒸发，然后在玻璃表面凝结成薄膜的方法。这种方法制备的低辐射镀膜玻璃具有较好的耐候性和耐腐蚀性，可以在不同环境下长期使用。

溅射法是一种将低辐射材料通过气相沉积技术喷射到玻璃表面的方法。这种方法制备的低辐射镀膜玻璃具有较高的隔热性能和良好的透光度，可以在建筑门窗、幕墙等领域广泛应用。

化学气相沉积法是一种在玻璃表面通过化学反应形成低辐射薄膜的方法。这种方法制备的低辐射镀膜玻璃具有较好的均匀性和稳定性，可以在不同环境下长期使用。

低辐射镀膜玻璃具有优异的隔热性能和良好的透光度，可被广泛应用于建筑门窗、幕墙等领域。安装低辐射镀膜玻璃可以降低建筑的能耗，提高室内的舒适度，同时也可以减少空调的使用频率，降低环境污染。

低辐射镀膜玻璃是一种环保、节能的新型材料，在建筑行业中具有广泛的应用前景。随着技术的不断发展和成本的不断下降，相信低辐射镀膜玻璃将会成为建筑行业的主流产品，为人们创造更加舒适、健康的生活环境。

（2）遮阳系统

1）百叶窗

百叶窗是一种常见的遮阳装置，其主要组成部分包括叶片、叶片支架和控制器等。通过调节叶片的角度，百叶窗可以控制阳光的进入量和室内光照度，从而达到遮阳、保温、隔热、调节气氛等效果。百叶窗的优点在于结构简单、安装方便、易于清洗和维护，因此在建筑行业中得到了广泛的应用。

百叶窗的叶片材料主要有铝合金、木材、塑料等。铝合金百叶窗具有较高的强度和耐腐蚀性，可以承受较大的风压和雨量，广泛应用于各种建筑类型。铝合金百叶窗还具有较好的防火性能，可以在发生火灾时起到阻止火势蔓延的作用。木材百叶窗具有良好的隔热性能和美观度，但耐久性较差，容易受潮、腐朽和变形。塑料百叶窗具有轻质、耐用、易于清洗等特点，适用于一些轻型建筑，如办公楼、学校、医院等。

百叶窗的控制器有多种类型，包括手动控制器、电动控制器和智能控制器等。手动控制器是一种简单的控制器，通过手动旋转控制器来调节叶片的角度。电动控制器是通过电机来控制叶片的角度，可以实现远程控制和自动控制。智能控制器可以通过感应器和计算机控制系统来自动调节叶片的角度，以实现最佳的遮阳效果和节能效果。

百叶窗在建筑行业中的应用非常广泛，可以在住宅、商业建筑、公共建筑等各种类型的建筑中使用。百叶窗的优点在于结构简单、安装方便、易于清洗和维护，同时还具有遮阳、保温、隔热、调节气氛等功能，可以提高建筑的舒适度和节能效果。选择合适的百叶窗叶片材料和控制器类型，可以更好地满足建筑的需求，实现最佳的效果。

2）遮阳帘

遮阳帘是一种能够上下移动的遮阳装置，广泛应用于住宅、办公楼、商场等各类建筑。它主要由面料、支架和控制器等组成，通过调节遮阳帘的高度，可以有效地控制阳光的进入量和室内光照度，从而达到遮阳、保温、节能的目的。

遮阳帘的面料种类繁多，主要包括纺织品、塑料和金属等。纺织品遮阳帘具有较好的隔热性能和美观度，但耐久性较差。塑料遮阳帘具有轻质、耐用、易于清洗等特点，适用于一些轻型建筑。金属遮阳帘具有较高的强度和耐腐蚀性，广泛应用于各种建筑类型。

纺织品遮阳帘采用各种面料制作，如布料、丝绸、竹纤维等。这类遮阳帘具有较好的隔热性能，可以降低室内温度，节省空调能耗。同时，纺织品遮阳帘具有较好的美观度，可以为室内增添温馨的氛围。然而，纺织品遮阳帘的耐久性较差，长时间使用容易褪色、磨损，需要定期更换。

塑料遮阳帘采用塑料制成，具有轻质、耐用、易于清洗等特点。塑料遮阳帘适用于一些轻型建筑，如遮阳棚、阳台等。塑料遮阳帘的优点在于重量轻，安装方便，不易变形。同时，塑料遮阳帘具有良好的耐腐蚀性，不怕雨水浸泡，使用寿命较长。然而，塑料遮阳帘的隔热性能较差，高温环境下容易变形，影响使用效果。

金属遮阳帘采用金属材料制成，如铝合金、不锈钢等。这类遮阳帘具有较高的强度和耐腐蚀性，广泛应用于各种建筑类型。金属遮阳帘的优点在于坚固耐用，抗风压能力强，适用于高层建筑。同时，金属遮阳帘具有良好的隔热性能，可以有效降低室内温度。然而，金属遮阳帘的缺点是重量较大，安装难度较高，且金属材料导热性强，容易传导室内外温度。

遮阳帘的控制器是遮阳帘的重要组成部分，主要分为手动控制器和智能控制器。手动控制器通过手动操作，调节遮阳帘的高度。智能控制器则可以通过感应器、定时器等设备，自动调节遮阳帘的高度，以实现最佳的遮阳效果。

总之，遮阳帘是一种操作简便、便于维护、遮阳效果明显的遮阳装置。在选择遮阳帘时，应根据建筑类型、使用需求等因素，合理选择面料类型，以达到最佳的使用效果。随着科技的不断发展，遮阳帘的种类和性能将更加丰富和优越，为人们的生活带来更多的便利和舒适。

7.2.4 综合利用可再生能源

综合利用可再生能源是提高建筑能效的重要手段。在建筑中可以配备太阳能热水器、太阳能空调和风力发电等系统，通过可再生能源来满足建筑的供暖、制冷和电力需求。这些系统的综合利用可以降低建筑对传统能源的依赖，提高建筑的能效。

（1）太阳能热水器

太阳能热水器是一种可再生能源利用设备，主要利用太阳能提供建筑的供暖和热水需求。它可以为我们提供环保、节能、经济等诸多好处。下面将详细介绍太阳能热水器的组成部分、工作原理和优点。

1）太阳能热水器的组成部分

太阳能热水器通常由两个主要部分组成：集热器和储热器。

集热器是太阳能热水器的核心部分，其主要功能是吸收太阳能并将其转化为热能，从而加热水。集热器通常由吸热性能较好的材料制成，如铜、铝等，并以黑色的表面涂层增加吸收太阳辐射的能力。涂层通常是特殊的材料，如铝氧化物、陶瓷等，以提高太阳辐射的吸收率。集热器的设计有许多种，但它们的基本原理都是相同的。集热器内部有一条管路，通过管路将水流经集热器，将吸收的热能传递给水。这种管路通常是由铜或不锈钢等材料制成，以保证导热性能和耐腐蚀性。水在流经集热器时会被加热，然后将热水储存在储水罐中，以供使用。集热器的大小和形状取决于其应用场景和需求。在一些家庭中，集热器可能只需要足够小的尺寸来满足家庭的热水需求。而在一些大型建筑物中，集热器可能需要更大的尺寸来满足更多的热水需求。此外，集热器的形状也影响其吸收太阳辐射的能力，因此设计师需要根据具体的需求来设计集热器的形状。集热器的工作原理基于热力学第一定律，即能量守恒定律。太阳能被吸收后，会被转化为热能，然后被传递给水。这个过程中没有能源的损失，因此太阳能热水器是一种非常环保和节能的设备。集热器是太阳能热水器的核心部分，能够吸收太阳能并将其转化为热能，从而加热水。集热器的设计有许多种，但它们的基本原理都是相同的。集热器通常由吸热性能较好的材料制成，并以黑色的表面涂层增加吸收太阳辐射的能力。集热器内部有一条管路，通过管路将水流经集热器，将吸收的热能传递给水。太阳能热水器是一种非常环保和节能的设备，能够为人们提供便捷的热水供应。

储热器是一种用于储存热水的设备，通常由一个或多个水箱组成。这些水箱的内部表面涂有防腐涂层，以保护水箱不受水的腐蚀。储热器可以通过保温层来减少热量的损失，以保持水的温度。储热器的作用是在低峰时段或夜间储存热水，以便在高峰时段或白天供应建筑使用。这样可以减少对传统能源的依赖，提高能源利用效率，同时降低能源成本。储热器的工作原理是，在低峰时段或夜间，将热水泵入储热器中，通过保温层保持水的温度，避免热量的散失。在高峰时段或白天，将储存在储热器中的热水泵出供应建筑使用。如果需要，储热器还可以通过太阳能或热泵等可再生能源进行加热。储热器的优点是，可以降低能源成本，减少对传统能源的依赖，同时提高能源利用效率。此外，储热器还可以提高建筑的热水供应稳定性，减少热水供应的中断风险。然而，储热器也有一些缺点。例如，储热器的容量有限，如果建筑热水需求量过大，可能需要多个储热器。此外，储热器的安装和维护成本较高，需要专业的技术人员进行操作。总结起来，储热器是一种用于储存热水的设备，可以降低能源成本，提高能源利用效率，同时提高建筑的热水供应稳定性。然而，储热器也有一些缺点，需要综合考虑建筑的热水需求量和安装维护成本等因素。

2）太阳能热水器的工作原理

太阳能热水器是一种利用太阳能将阳光转化为热能，再将热能转化为热水的设备。它的工作原理主要包括两个部分：集热器的工作和储热器的作用。

集热器是太阳能热水器最重要的部分，它通常由吸热性能较好的材料制成，如铜、铝等。在晴天时，太阳辐射强烈，集热器的表面会吸收太阳辐射，并将其转化为热能。这个过程类似于我们用锅烧开水，锅底的热能来自火焰，而太阳能热水器的集热器则利用太阳辐射的热能。热能转化为热气体，上升到集热器的顶部，从而形成一个热空气层。由于热空气比冷空气轻，因此热空气会向上流动，而冷空气则会向下流动，从而在集热器内部形成一个对流循环，促进热能的传递。

热能通过管路传递给水流经集热器的水，水变热后流入储热器，储存起来以备使用。储热器通常由一个或多个水箱组成，水箱内部涂有防腐蚀材料，以避免水与金属接触而产生腐蚀。储热器可以是独立的设备，也可以与建筑物一体化设计。在阴雨天气时，太阳能的辐射强度减弱，集热器吸收的太阳辐射能不足以将水加热到足够的温度。此时，太阳能热水器会自动切换到使用储存在储热器中的热水，以满足建筑的供暖和热水需求。

3）太阳能热水器的优点

节能环保：节能环保是当今社会发展的重要主题，而太阳能热水器作为一种利用可再生能源的设备，正好符合了这个主题。太阳能热水器利用太阳能这种取之不尽、用之不竭的可再生能源，减少对传统能源的依赖，降低能源消耗，具有很好的节能环保效果。太阳能热水器是一种利用太阳能的设备，通过收集太阳能并将其转化为热能，用来加热水。这种设备不需要消耗传统能源，如电力、天然气等，因此可以大大降低能源消耗，减少能源浪费，具有很好的节能效果。太阳能热水器是一种环保设备。传统能源的使用会产生大量的二氧化碳、氮氧化物等有害气体，对环境造成严重污染。而太阳能热水器的使用则不会产生任何有害物质，对环境没有任何影响，因此具有很好的环保效果。太阳能热水器的使用也非常方便。由于太阳能是一种无处不在的能源，因此太阳能热水器可以随时随地使用，不需要运输燃料或连接管道等，非常方便。总之，太阳能热水器作为一种利用可再生能源的设备，具有很好的节能环保效果，是现代社会发展的重要趋势。我们应该大力推广太阳能热水器的使用，为保护环境、降低能源消耗做出贡献。

经济实用：太阳能热水器是一种利用太阳能转换为热能的设备，通过集热器将太阳能转化为热能，再将热能储存起来，供给家庭的热水使用。虽然太阳能热水器的初投资较高，但是从长期使用来看，它具有很好的经济实用性。太阳能热水器的使用寿命长。一般来说，太阳能热水器的使用寿命可以达到10年以上，远高于传统热水器的使用寿命。而且，太阳能热水器的维护费用较低，只需要定期清洗集热器即可，不需要花费大量的维修费用。太阳能热水器的回收期较短。虽然太阳能热水器的初投资较高，但是随着使用时间的延长，回收期较短，一般在3~5年内可以收回投资成本。之后几乎不需要再投入，可以为家庭节省大量的热水费用。太阳能热水器是一种环保、节能的设备。它可以利用太阳能这种无限可再生的能源，将太阳能转化为热能，为家庭提供热水。相比传统的电热水器和燃气热水器，太阳能热水器可以节约大量的能源，减少家庭的能源开支，同时也可以减少对环境的污染。太阳能热水器具有很好的经济实用性，虽然初投资较高，但是随着使用时间的延长，回收期较短，而且维护费用较低，使用寿命长。同时，太阳能热水器也是一种环保、节能的设备，可以节约大量的能源，减少对环境的污染。因此，在选择热水器时，太阳能热水器是一个不错的选择。

卫生安全：卫生安全是每个人都非常关注的问题，尤其是在使用热水器时更是需要特别注意。太阳能热水器作为一种使用太阳能的清洁能源，不仅环保，而且提供的热水干净卫生，使用安全放心。太阳能热水器使用的是太阳能这种清洁能源，不会产生任何污染。相比传统的电热水器和燃气热水器，太阳能热水器使用的能源是取之不尽、用之不竭的太阳能，不会产生任何有害物质和温室气体，不会对环境造成任何污染。因此，使用太阳能热水器是一种非常环保的行为。太阳能热水器提供的热水干净卫生，不含任何有害物质。由于太阳能热水器使用的是太阳能，不需要使用任何燃料，也就不会产生任何有害物质。同时，太阳能热水器使用的水是经过过滤和处理的，可以保证水的质量和卫生程度，使用起来更加安全放心。太阳能热水器使用安全放心。太阳能热水器使用的是太阳能这种清洁能源，不需要使用任何燃料，也就不存在燃气泄漏、火灾等安全隐患。同时，太阳能热水器具有防冻、防过热、防漏水等多重保护功能，可以确保热水器的安全使用。综上所述，太阳能热水器是一种非常环保、干净卫生、安全放心的热水器。在日常生活中，我们可以选择使用太阳能热水器，既可以保护环境，也可以确保自身的卫生安全。

自动化程度高：太阳能热水器是一种环保、节能的设备，通过收集太阳能来加热水，不需要消耗非可再生的化石燃料，也不需要耗费电力等能源。而且，太阳能热水器的自动化程度很高，可以通过自动控制系统进行操作，为用户提供便捷、稳定的热水供应。太阳能热水器的自动控制系统可以根据天气情况和热水需求自动调节。当晴天时，系统会自动启动太阳能集热器，收集太阳能并将其转化为热能，然后将热水储存在储水箱中。当阴雨天气时，系统会自动使用储存的热水来供应用户的热水需求。此外，自动控制系统还可以根据用户的热水使用情况进行调节，实现热水的稳定供应。太阳能热水器的自动控制系统还具有其他的优点。比如，它可以实现远程控制，用户可以通过手机或电脑等设备来控制太阳能热水器的操作，方便用户随时随地掌握热水供应情况。另外，自动控制系统还可以实现智能化管理，通过数据分析和优化，提高太阳能热水器的效率和性能，进一步降低用户的能源消耗和费用支出。太阳能热水器是一种环保、节能的设备，通过收集太阳能来加热水，不需要消耗非可再生的化石燃料，也不需要耗费电力等能源。而且，太阳能热水器的自动化程度很高，可以通过自动控制系统进行操作，为用户提供便捷、稳定的热水供应。

应用范围广泛：太阳能热水器是一种利用太阳能转换为热能的设备，主要由太阳能集热器、水箱、管道、控制器等组成。太阳能热水器的应用范围非常广泛，不仅可以用于住宅和公共建筑的供暖和热水需求，还可以应用于农业、工业等领域。在住宅和公共建筑方面，太阳能热水器可以提供生活热水和供暖需求。太阳能热水器不需要消耗燃料，也没有排放物，是一种非常环保的设备。它可以为用户节省大量的能源费用，同时也可以减少对环境的污染。在农业领域，太阳能热水器可以应用于种植、养殖等方面。例如，在蔬菜种植中，太阳能热水器可以为温室提供热能，促进蔬菜的生长。在养殖业中，太阳能热水器可以为畜禽提供热水，提高它们的生长速度和免疫力。在工业领域，太阳能热水器也有着广泛的应用前景。例如，在纺织工业中，太阳能热水器可以为锅炉提供热能，降低生产成本。在食品工业中，太阳能热水器可以为热水供应和消毒提供热能，保障食品的卫生和品质。太阳能热水器具有环保、节能、安全等优点，其应用范围非常广泛。随着太阳能技术的不断发展和普及，太阳能热水器将会在各个领域得到更广泛的应用，为人类社会的发展和进步做出更大的贡献。

综上所述，太阳能热水器具有节能环保、经济实用、卫生安全、自动化程度高和应用范围广泛等诸多优点，是一种十分理想的可再生能源利用设备。随着科技的不断发展和太阳能热水器技术的不断进步，相信太阳能热水器将会在我国乃至全球范围内得到更广泛的应用。

（2）太阳能空调

太阳能空调是一种利用太阳能提供建筑制冷需求的环保型空调系统，主要由两个主要部分组成：太阳能集热器和吸收制冷机。下面将分别介绍这两个部分的工作原理和作用。

1）太阳能集热器

太阳能集热器是太阳能空调系统的核心部分之一，其主要作用是收集太阳能并将其转化为热能，为吸收制冷机提供热能。太阳能集热器一般由吸热性能较好的材料制成，如铜管、不锈钢等，其外表面涂有黑色或深蓝色的吸热涂料以提高吸热效率。太阳能集热器内部有一条管路，管路中流有过热水，当太阳能照射到太阳能集热器表面时，吸热涂料会吸收太阳能并将其转化为热能，使管路内的热水温度升高。这些热水通过管道输送到吸收制冷机中，为吸收制冷机提供热能。

太阳能集热器的工作原理是利用太阳能的辐射能，将其转化为热能。当太阳能照射到太阳能集热器表面时，吸热涂料会吸收太阳能并将其转化为热能，使太阳能集热器内部的水温度升高。水温度升高后，热水就会流入吸收制冷机中，为吸收制冷机提供热能。吸收制冷机利用热能驱动制冷循环，从而实现空调制冷的效果。

太阳能集热器具有许多优点。首先，太阳能集热器使用太阳能作为能量来源，是一种清洁、可再生的能源，可以减少对传统能源的依赖。其次，太阳能集热器具有较高的热效率，可以有效地将太阳能转化为热能，为吸收制冷机提供足够的热能。最后，太阳能集热器使用寿命长，维护成本低，可以为用户提供长期的服务。

太阳能集热器是太阳能空调系统中不可或缺的核心部分，具有清洁、高效、长寿命等优点，是实现可持续发展的重要技术之一。

2）吸收制冷机

吸收制冷机是太阳能空调系统的核心组成部分之一，其主要功能是利用太阳能集热器提供的热能来驱动制冷循环，从而提供冷却效果。吸收制冷机通常由四个主要部分组成：发生器、冷凝器、蒸发器和吸收器。

发生器是吸收制冷机中最重要的部分之一，其中装有吸收剂，如氨水或氢氧化锂。当太阳能集热器提供的热水流入发生器时，吸收剂会吸收热水中的热能，使其浓度增加。这个过程被称为吸收过程。接下来，吸收剂通过冷凝器进行冷凝，释放出吸收的热能，驱动制冷循环。

制冷循环中，冷凝器中的吸收剂经过压缩变成高温高压的气体，然后进入蒸发器，通过蒸发器将热量传递给冷却水，使冷却水的温度降低，从而达到制冷的效果。在这个过程中，吸收剂会吸收冷却水中的热量，使其重新变成液体，这个过程被称为吸收过程。最后，吸收剂再次流回发生器，完成制冷循环。

吸收制冷机的优点是可以利用太阳能这种免费、清洁的能源来提供制冷效果，从而减少对传统能源的依赖，降低能源消耗和环境污染。此外，吸收制冷机具有结构简单、运行可靠、维护方便等特点，因此在太阳能空调系统中得到了广泛的应用。

吸收制冷机是太阳能空调系统的重要组成部分，其主要作用是利用太阳能集热器提供的热能来驱动制冷循环，从而提供冷却效果。通过发生器、冷凝器、蒸发器和吸收器四个部分的协同工作，吸收制冷机可以实现高效的制冷效果，为建筑物提供舒适的室内环境。

3）储热罐

太阳能空调系统是一种环保、节能的空调系统，利用太阳能收集热能，通过空调系统将热能转化为冷气，从而实现室内降温。由于太阳能的不稳定性，太阳能空调系统通常需要一个储热罐来储存热能，以供夜间或天气阴雨时使用。

储热罐是太阳能空调系统中一个重要的组成部分，一般由保温材料制成，可以将储存的热能尽可能地保持住。储热罐的保温性能是影响太阳能空调系统运行效率的重要因素之一。一般来说，储热罐的保温层越厚，保温性能就越好，但是同时也会增加储热罐的重量和成本。

在选择储热罐时，需要考虑多个因素，包括储热罐的容量、保温性能、材料、形状和尺寸等。一般来说，储热罐的容量应该根据太阳能空调系统的使用需求来确定。如果太阳能空调系统需要供应的热水量较大，那么储热罐的容量也应该相应增大。此外，储热罐的保温性能也是非常重要的，应该选择保温性能好的材料，以减少热能的损失。

在使用太阳能空调系统时，需要注意储热罐的维护和保养。储热罐的保温层容易受到损坏，如果发现保温层有损坏或老化的现象，应该及时进行维修或更换。此外，储热罐内部的水质也应该定期检查和更换，以确保储热罐内部的水质清洁，避免对太阳能空调系统的运行造成影响。

太阳能空调系统需要一个储热罐来储存热能，以确保太阳能空调系统在任何时候都能够正常运行。在选择储热罐时，需要考虑多个因素，包括储热罐的容量、保温性能、材料、形状和尺寸等。在使用太阳能空调系统时，需要注意储热罐的维护和保养，以确保太阳能空调系统的正常运行。

太阳能空调系统是一种环保、高效的建筑制冷系统，利用太阳能提供制冷需求，具有广泛的应用前景。随着太阳能技术的不断发展，太阳能空调系统将会越来越受欢迎，为人们提供更加舒适的居住环境。

（3）风力发电系统

风力发电系统是利用风能转化为电能的一种可再生能源利用方式，其主要组成部分包括风力涡轮机、发电机和控制系统。风力涡轮机通过风能的转动来驱动发电机，将机械能转化为电能。风力发电系统可以根据风速和风向的变化进行调整，以确保在最佳条件下发电。

风力发电系统具有很多优点。风能是一种无限的可再生能源，使用风力发电系统可以降低对传统能源的依赖，减少能源的消耗和浪费。风力发电系统运行过程中不会产生污染和温室气体，相比之下，传统能源在开采和利用过程中会产生大量的污染和温室气体，对环境和人类健康造成严重影响。因此，风力发电系统是一种清洁、可持续的能源利用方式，可以降低碳排放和环境影响，促进可持续发展。

除了风力发电系统，综合利用可再生能源还可以通过配备太阳能热水器、太阳能空调等系统来实现。太阳能热水器利用太阳能将水加热，以满足建筑的供暖和热水需求。太阳能空调则利用太阳能提供制冷能力，以满足建筑的空调需求。这些系统可以降低建筑对传统能源的依赖，提高建筑的能效，促进可持续发展。

综合利用可再生能源是提高建筑能效的重要手段。通过配备太阳能热水器、太阳能空调和风力发电等系统，可以利用可再生能源来满足建筑的供暖、制冷和电力需求，降低建筑对传统能源的依赖，提高建筑的能效，促进可持续发展。未来，随着可再生能源技术的不断发展和进步，综合利用可再生能源将成为建筑行业的重要趋势，为保护环境和促进可持续发展做出贡献。

7.3
零碳建筑设计选材的方法体系

▶   零碳建筑设计旨在实现建筑全生命周期的碳排放为零，以下是零碳建筑设计选材的方法体系的特色。

7.3.1 碳中和材料选择

在全球范围内，建筑行业是碳排放量最高的行业之一。据统计，建筑行业的碳排放量占全球总碳排放量的30%以上。因此，要在实现碳中和的道路上取得实质性进展，必须在建筑设计和建造过程中采用低碳材料。

（1）再生木材和竹材

再生木材和竹材是优秀的低碳材料选择，有助于减缓气候变化。再生木材和竹材都是可再生资源，使用这些材料可以减少对环境的负面影响。再生木材和竹材的碳排放量比其他建筑材料低，因为它们都是通过快速生长和吸收二氧化碳来生长的。

再生木材是一种优秀的低碳材料，来源于可持续管理的森林。这些森林在采伐后能够迅速重新生长，使碳排放保持在较低水平。再生木材的使用可以减少对环境的负面影响，并且可以促进森林的可持续管理。再生木材具有良好的性能，可以作为结构材料和装饰材料使用。

竹材也是一种高速生长的植物，其生长速度远远快于其他树木。这使得竹材成为一种理想的低碳建筑材料。竹材具有良好的性能，可以作为结构材料和装饰材料使用。竹材还具有很高的强度和刚度，可以承受较大的荷载。

使用再生木材和竹材作为建筑材料可以减少对环境的负面影响，并且可以帮助减缓气候变化。这些材料都是可再生资源，使用它们可以促进可持续发展。再生木材和竹材都具有良好的性能，可以作为结构材料和装饰材料使用。因此，选择再生木材和竹材作为建筑材料是一种优秀的选择。

（2）可降解塑料

随着环保意识的不断提升，可降解塑料也越来越受到人们的关注。可降解塑料是一种能够在自然环境下分解的塑料，与传统塑料相比，具有更低的碳排放和更好的环保性能。

可降解塑料主要来源于生物质，如淀粉和木质素等。这些物质在分解时能够释放出二氧化碳，从而减少碳排放。与传统塑料相比，可降解塑料在分解时能够减少碳排放40%~50%。此外，可降解塑料还可以通过回收再利用的方式，减少对环境的影响。

可降解塑料具有优良的物理性能和化学性能，广泛应用于建筑行业中的各类构件，如管道、板材、保温材料等。这些构件在使用过程中，能够有效地减少碳排放，为实现碳中和建筑提供了有力支持。

在建筑行业中，可降解塑料的应用非常广泛。例如，可降解塑料管道是一种新型的建筑材料，具有重量轻、耐腐蚀、使用寿命长等优点。可降解塑料管道在使用过程中，能够有效地减少碳排放，为实现碳中和建筑提供了有力支持。

此外，可降解塑料板材也是一种重要的建筑材料。可降解塑料板材具有优异的保温性能和防水性能，广泛应用于外墙保温、屋顶保温等领域。可降解塑料板材在使用过程中，能够有效地减少碳排放，为实现碳中和建筑提供了有力支持。

总之，可降解塑料作为一种低碳材料，具有更低的碳排放和更好的环保性能。可降解塑料主要来源于生物质，如淀粉和木质素等，这些物质在分解时能够释放出二氧化碳，从而减少碳排放。可降解塑料广泛应用于建筑行业中的各类构件，如管道、板材、保温材料等，为实现碳中和建筑提供了有力支持。

随着环保意识的不断提升，可降解塑料的应用范围也将不断扩大。未来，可降解塑料将成为建筑行业中的重要材料之一，为实现碳中和建筑做出更大的贡献。

（3）减少使用高碳排放的材料

实现碳中和是当今全球面临的重要挑战之一。在建筑行业中，减少碳排放至关重要。水泥和钢铁是建筑行业中常见的高碳排放材料。例如，生产1t水泥将产生约0.74t二氧化碳，而制造一吨钢铁将产生约2.2t二氧化碳。因此，减少水泥和钢铁的使用量或者寻找替代品是实现碳中和建筑的关键。

首先，可以尝试减少水泥和钢铁的使用量。在设计和建造过程中，可以优化结构设计，提高材料的利用率，从而减少材料的使用量。此外，还可以选用具有更高强度和耐久性的材料，从而降低材料的消耗。通过这种方式，可以减少建筑过程中的碳排放，从而实现碳中和目标。

其次，可以寻找水泥和钢铁的替代品。例如，使用混凝土替代钢铁可以减少碳排放，同时保持结构的稳定性和承载能力。混凝土是由水泥、砂、石子等材料混合而成，其强度和耐久性均优于传统钢铁。此外，混凝土还可以通过使用再生骨料和废弃物制成，从而进一步降低碳排放。

在混凝土的制作过程中，可以使用废弃物和再生材料作为掺合料，以减少对天然资源的依赖。例如，使用粉煤灰、矿渣粉、废旧轮胎粉等材料作为混凝土的掺合料，可以降低混凝土的成本，提高其性能，同时还能减少碳排放。此外，利用废弃物和再生材料制作混凝土，有助于减少建筑行业的废弃物排放，实现资源的高效利用。

除了混凝土，还可以使用其他低碳材料作为水泥和钢铁的替代品。例如，竹材、木材等天然材料具有良好的力学性能和环保性能，可以用于建造低层建筑。此外，新型复合材料，如玻璃纤维增强混凝土（GRC）、高性能混凝土（HPC）等，也具有较高的强度和耐久性，可以用于替代传统水泥和钢铁。

总之，通过减少水泥和钢铁的使用量，或者寻找替代品，是实现碳中和建筑的重要手段。在建筑行业中，可以通过优化结构设计、提高材料利用率、使用具有更高强度和耐久性的材料，以及使用废弃物和再生材料制作混凝土等方式，来降低碳排放。此外，还可以尝试使用其他低碳材料作为水泥和钢铁的替代品，以实现碳中和目标。

在实际应用中，需要根据具体情况选择最适合的建筑材料和结构形式。这需要建筑设计师、工程师和施工人员共同努力，充分发挥各自的专业优势，从而实现碳中和建筑的目标。同时，政府和行业协会也应发挥引导作用，推广低碳建筑材料和结构技术，为实现碳中和建筑提供政策支持和技术指导。

7.3.2 能源自给自足设计

能源自给自足是实现碳中和建筑的重要目标之一。在传统的建筑设计中，建筑师通常会考虑如何最大程度地降低建筑的能耗，例如采用高效节能的设备和材料。然而，在碳中和建筑的设计中，建筑师需要更进一步，通过能源收集、存储和利用系统，实现建筑的能源自给自足。

（1）能源收集

可再生能源是实现能源自给自足的重要手段。可再生能源是指在人类时间尺度内不会枯竭、不会对环境产生危害的能源，如太阳能、风能、地热能、水能等。这些能源资源丰富，分布广泛，可以为建筑提供源源不断的能量。

太阳能作为一种可再生能源，被广泛认为是实现能源自给自足的最常见手段之一。太阳能电池板作为太阳能的转化装置，可以将阳光转化为电能，为建筑物提供清洁、可再生的能源。太阳能电池板通过光电效应将光子转化为电子，从而产生电流。当太阳光照射到太阳能电池板上时，其中的光子会与半导体材料发生相互作用，将光子转化为电子和空穴。这些电子和空穴被推向太阳能电池板的两端，形成电流。这个过程非常简单，但却可以产生非常强大的效果。太阳能电池板可被广泛应用于建筑的屋顶、墙壁和其他阳光充足的地方。在建筑设计中，建筑师可以将太阳能电池板集成到建筑中，使其成为建筑的一部分。例如，太阳能电池板可以作为屋顶瓦片、墙壁板或窗户玻璃等建筑材料的一部分，为建筑物提供能源的同时，也提高了建筑物的美学价值和可持续性。太阳能电池板的应用不仅可以为建筑物提供清洁、可再生的能源，还可以减少对传统能源的依赖，降低能源成本，并且对环境没有任何负面影响。因此，太阳能电池板的应用是一项非常有前途的技术，可以为我们的未来提供可靠、清洁、可再生的能源。

风能作为一种可再生能源，在未来能源结构中扮演着重要的角色。风力涡轮机作为常见的风能收集设备，能够将风能转化为电能，为人们的生产和生活提供清洁的能源。风力涡轮机的设计和安装可以根据不同的风力条件进行优化，以最大程度地收集风能。例如，在风力较强的地区，可以使用更大的涡轮机来收集更多的风能，而在风力较弱的地区，则可以使用较小的涡轮机来收集风能。此外，风力涡轮机还可以根据不同的地形和环境条件进行设计和安装，例如在海岸线、山区和草原等地方都可以安装风力涡轮机。风力涡轮机可以安装在陆地或海上，为建筑提供清洁的能源。在陆地上，风力涡轮机通常安装在开阔的场地上，例如草原和山区等。而在海上，风力涡轮机通常安装在浮动平台上，例如海上风电场。这些风力涡轮机不仅可以为附近的建筑提供清洁的能源，还可以通过输电线路将电力输送到更远的地方。总之，风力涡轮机作为一种重要的可再生能源收集设备，可以为人们的生产和生活提供清洁的能源。在未来，随着风能技术的不断发展和进步，风力涡轮机将会在能源领域扮演更加重要的角色。

地热能是一种可再生能源，通过利用地下温度稳定的热能来加热和冷却建筑物，具有稳定性和高效性的优点。地热能在地球表面的浅层地热资源中广泛存在，可以通过钻井和换热系统来收集和利用。在建筑设计中，建筑师可以将地热能利用系统集成到建筑中，实现冬季供暖和夏季制冷。地热能的优点在于其可靠性和可持续性。地热资源在地球表面浅层存在，采集方便，不会受到天气和气候的影响。地热能的采集和利用不会产生污染和温室气体，对环境友好，是一种可持续发展的能源。地热能的利用系统可以通过钻井和换热系统来收集和利用地下的热能。钻井可以采集地下热水或热岩，通过换热系统将地下热能转化为建筑物所需的热能。在建筑设计中，建筑师可以将地热能利用系统集成到建筑中，实现冬季供暖和夏季制冷。地热能的利用可以降低建筑物的能源消耗和能源成本。地热能的采集和利用成本相对较低，可以减少建筑物对传统能源的依赖，从而降低能源消耗和能源成本。同时，地热能的利用也可以提高建筑物的能源利用效率和环保性能。综上，地热能是一种高效的可再生能源，可以通过钻井和换热系统来收集和利用地下的热能，用于冬季供暖和夏季制冷。在建筑设计中，建筑师可以将地热能利用系统集成到建筑中，实现可持续发展和环保性能。

（2）储能系统

实现能源自给自足是建筑行业一直追求的目标，而储能系统的应用是实现这一目标的关键因素之一。随着可再生能源的应用越来越广泛，如何将这些能源储存起来以便在需要时使用成为一个重要的问题。储能系统可以采用各种形式的储能技术，如电池储能、氢能储能、压缩空气储能等，这些技术都可以将可再生能源储存起来，以便在需要时使用。

在能源自给自足的过程中，建筑师需要对整个能源系统进行协同设计。这包括能源的收集、储存和利用三个方面。在能源收集方面，建筑师需要根据建筑所处的地理位置和环境条件，选择合适的可再生能源收集设备。比如，太阳能是一种广泛应用的可再生能源，建筑师可以选择太阳能电池板来收集太阳能，并将其转化为电能。在风能资源丰富的地区，建筑师可以选择风力涡轮机来收集风能。此外，地热能和水力能也是可以利用的可再生能源。

在能源储存方面，建筑师需要根据建筑的能源需求和可再生能源的供应情况，选择合适的储能系统。电池储能是一种常见的储能技术，它将电能储存在电池中，以便在需要时使用。氢能储能则是将氢气压缩储存起来，然后在需要时将其转化为电能。压缩空气储能则是将空气压缩储存在储气罐中，然后在需要时将其释放以产生动力。这些储能系统都有其优缺点，建筑师需要根据实际情况选择最适合的储能系统。

在能源利用方面，建筑师需要将可再生能源应用于建筑的各个方面，如供暖、制冷、供电等。比如，建筑师可以将太阳能转化为热能，用来供暖或制冷。在电力方面，建筑师可以将可再生能源发电与智能电网相结合，以实现能源的有效利用。通过这些应用，可再生能源可以更加有效地为建筑提供能源。

除了上述方面，建筑师在实现能源自给自足的过程中，还需要考虑资源的可持续性，以确保能源的收集、储存和利用不会对环境造成不可逆转的影响。建筑师需要积极探索新的可再生能源技术，并不断完善能源系统的设计，以实现能源自给自足的目标。

储能系统的应用是实现能源自给自足的重要因素，建筑师需要对整个能源系统进行协同设计，包括能源的收集、储存和利用三个方面。通过合适的储能系统，可再生能源可以更加有效地为建筑提供能源，实现能源自给自足，并推动可持续发展的实现。

7.3.3 碳减排技术应用

碳减排技术是在建筑使用阶段减少碳排放的重要手段。这些技术涵盖了各个方面，从建筑材料到能源利用，以及碳捕获和碳储存。下面将详细介绍几种常见的碳减排技术。

（1）低碳混凝土

混凝土是建筑行业中最常见的材料之一，广泛应用于房屋、桥梁、道路和各种建筑物的建造中。然而，制造混凝土会产生大量的碳排放，其中大部分来自水泥生产过程中的化学反应。据估计，全球每年生产的混凝土约占人类活动产生的二氧化碳排放量的8%左右，这对环境造成了不小的负担。

为了减少混凝土中的碳含量，可以采用低碳混凝土技术。低碳混凝土的主要特点是使用较少的水泥和更多的粉煤灰或其他替代材料。这些替代材料可以部分替代水泥，从而降

低碳建筑材料应用关键技术

低混凝土中的碳含量。粉煤灰是一种工业副产品，通常被作为废弃物处理，但在混凝土制造中，它可以替代水泥，减少对环境的负面影响。

除了使用替代材料外，使用高强度混凝土也可以减少混凝土的使用量，从而进一步降低碳排放。高强度混凝土具有更高的抗压强度和耐久性，因此可以使用更少的混凝土来达到同样的效果。使用高强度混凝土还可以减少建筑物的自重，提高建筑物的抗震性能，从而提高建筑物的安全性。

低碳混凝土的生产和使用还可以通过一些其他措施来减少碳排放。例如，可以使用再生混凝土，即将废弃的混凝土破碎、筛分、再混合使用。这可以减少对新材料的需求，从而减少碳排放。还可以通过改善混凝土的搅拌和养护过程来减少碳排放。在搅拌过程中，可以使用高效的搅拌机和优化的搅拌时间，以减少能耗和碳排放。在养护过程中，可以使用高效的保温材料和优化的养护方案，以减少能耗和碳排放。

低碳混凝土技术是一种可行的、可持续的建筑材料生产方式，可以减少对环境的负面影响，降低碳排放。

（2）高效节能照明设备

照明是建筑中能源消耗的一个重要方面。传统的照明设备，如白炽灯和荧光灯，能量利用效率较低，会产生大量的碳排放。为了减少照明设备的碳排放，可以采用高效节能照明设备，如LED灯泡和智能照明系统。

LED灯泡具有较高的能量利用效率，相较于传统照明设备，可以降低80%的碳排放。LED灯泡采用半导体材料制成，能够将电能直接转化为光能，几乎没有能量损耗。而且，LED灯泡的使用寿命长，可以达到5万h，是传统白炽灯的20倍，荧光灯的10倍。因此，使用LED灯泡可以大大降低能源消耗和碳排放。

智能照明系统可以根据人员使用情况和环境需求自动调节照明亮度和开关时间，从而最大程度地降低能源消耗和碳排放。智能照明系统采用传感器和控制器，能够实时监测室内光照强度和人员活动情况，自动调节照明亮度和开关时间。比如，在办公室中，智能照明系统可以根据人员的到达和离开情况自动调节照明亮度，避免浪费能源。在商场中，智能照明系统可以根据不同区域的人员密度和光照强度自动调节照明亮度，提高商场的舒适度和节能效果。

除了采用高效节能照明设备和智能照明系统外，还可以通过其他措施来减少照明设备的碳排放。比如，采用自然光照明，利用建筑物的窗户和天窗来采集自然光，减少人工照明的使用。还可以对照明设备进行定期维护和清洁，确保照明设备的正常使用和能源利用效率。

总结起来，采用高效节能照明设备和智能照明系统是减少照明设备的碳排放的有效措施。通过这些措施，可以降低能源消耗和碳排放，保护环境，实现可持续发展。

（3）地源热泵

地源热泵是一种可再生能源技术，利用地下热能来加热和冷却建筑物。地下土壤和地下水具有稳定的温度，可以在冬季为建筑物提供热量，在夏季为建筑物提供冷量。地源热泵的工作原理是通过在地下钻井，将地下的热能转移到建筑物内，从而减少对传统能源的依赖。地源热泵可以降低建筑物的能耗和碳排放，使得建筑物更加节能和环保。

地源热泵是一种环保的技术，可以减少对传统能源的依赖，降低碳排放和环境污染。与传统的加热和冷却方式相比，地源热泵的运行成本更低，因为它利用的是免费的地下热能。此外，地源热泵的安装和使用也非常方便，只需要在地下钻井，然后将热能转移到建筑物内即可。

地源热泵的工作原理非常简单。在冬季，地源热泵将从地下提取的热量转移到建筑物内，从而加热建筑物。在夏季，地源热泵将从地下提取的冷量转移到建筑物内，从而冷却建筑物。地下土壤和地下水的温度常年保持在一个稳定的范围内，因此地源热泵可以常年运行，为建筑物提供稳定的加热和冷却。

地源热泵的优点非常多。首先，地源热泵可以降低建筑物的能耗和碳排放，使得建筑物更加节能和环保。其次，地源热泵的运行成本非常低，因为它利用的是免费的地下热能。最后，地源热泵的安装和使用也非常方便，只需要在地下钻井，然后将热能转移到建筑物内即可。

地源热泵是一种利用地下热能来加热和冷却建筑物的技术，可以降低建筑物的能耗和碳排放，使得建筑物更加节能和环保。

（4）植物绿化墙

植物绿化墙是一种新型的绿化方式，它的出现为城市绿化带来了全新的可能性。植物绿化墙是将植物种植在建筑墙面上的一种方式，这种方式不仅可以有效地减少空气中的二氧化碳含量，还可以提高建筑物的美观度、保温性能和空气质量，是一种非常环保的建筑设计理念。

植物绿化墙通过植物的光合作用吸收大量的二氧化碳，并将其转化为有机物质，从而可以有效地减少空气中的二氧化碳含量。在城市中，植物绿化墙可以成为一种非常有效的碳汇，帮助城市减缓气候变化。植物绿化墙不仅可以在建筑外墙上种植，也可以在室内种植，为室内环境带来更多的清新空气和自然气息。

植物绿化墙还可以提高建筑物的美观度。在建筑墙面上种植植物可以增加建筑物的绿意和自然感，使建筑物更加和谐地融入周围环境。同时，植物绿化墙也可以为城市增添更多的色彩和生机，让城市更加美丽。

植物绿化墙可以提高建筑物的保温性能。植物绿化墙可以增加建筑物表面的保温层，从而减少建筑物表面的热损耗。在夏季，植物绿化墙可以遮挡阳光，降低建筑物表面的温度，减少空调的使用频率；在冬季，植物绿化墙可以保暖，降低建筑物表面的温度，从而减少暖气的使用频率，节约能源。

植物绿化墙可以提高空气质量。植物可以通过吸收有害气体和微粒物，净化空气，从而改善城市环境。植物绿化墙可以有效地减少城市中的空气污染，为城市居民带来更加清新的空气。

植物绿化墙是一种非常环保的建筑设计理念，可以为城市带来更多的绿色和自然，改善城市环境，减缓气候变化。同时，植物绿化墙也可以为建筑物带来更多的功能，如保温、美化、净化空气等，是一种非常值得推广的绿化方式。

（5）碳固定材料

碳固定材料是指能够捕获和储存碳的材料，主要包括碳混凝土和碳木材等。这些材料可以通过将碳粉或其他碳素材料添加到传统的建筑材料中来制造，从而将碳储存在材料中，减少碳排放并帮助缓解气候变化。

碳混凝土是一种常见的碳固定材料，其生产过程与传统混凝土相似，只是在混凝土生产过程中添加碳粉。这些碳粉可以来自各种来源，包括生物质炭、活性炭和化石燃料燃烧产生的残渣等。碳混凝土的碳含量通常在0.5%~10%之间，可以根据需要进行调整。由于碳混凝土具有较高的碳含量，因此可以减少混凝土的生产和运输所需的能源和碳排放。

碳木材也是一种常见的碳固定材料，其制造过程是将碳粉和木材粉末混合后压制而成。碳木材的碳含量通常在10%~20%之间，比传统木材具有更高的碳储存能力。由于碳木材具有较高的碳含量和良好的机械性能，因此可以用于制造家具、地板和墙壁装饰板等。

除了上述应用，碳固定材料还可被用于建筑结构、桥梁和隧道等领域。例如，可以使用碳混凝土建造高耸的建筑结构，由于其高强度和轻质特性，可以减少建筑物的重量和碳排放。同样，碳木材可以用于制造桥梁和隧道中的支撑结构，从而提高其承载能力和耐久性。

碳固定材料是一种可持续的建筑材料，可以帮助减少碳排放并缓解气候变化。在未来，随着对碳排放和环境问题的关注不断增加，碳固定材料可能会成为一种更加广泛使用的建筑材料。

（6）碳捕获和碳储存技术

建筑物是全球碳排放的主要来源之一，为了实现碳中和建筑的目标，需要采取有效的措施来降低建筑物的碳排放。碳捕获和碳储存技术是其中一种有效的方法，可以通过多种方式来实现。

一种方法是在建筑物内设置碳捕获设备。这些设备可以捕获室内空气中的二氧化碳，并将其储存起来。这种方法的优点是可以有效地减少建筑物内部的碳排放，同时在一定程度上也可以提高室内空气的质量。此外，这种方法还可以为建筑物提供一种可再生的能源来源，因为捕获的二氧化碳可以用于生产燃料或其他化学品。

另一种方法是利用废弃物和生物质发电。废弃物和生物质都是可再生的资源，可以通过燃烧产生能量。然而，燃烧废弃物和生物质也会产生二氧化碳，这对环境造成负面影响。因此，在利用废弃物和生物质发电时，需要采取碳捕获技术，将产生的二氧化碳捕获并储存在地下或其他合适的地方。这种方法可以有效地减少二氧化碳的排放量，同时也可以为建筑物提供可再生的能源来源。

还有一种方法是将碳储存在地下。地下碳储存技术是将二氧化碳注入地下，通常是将其注入枯竭的油气田或其他地质构造中。这种方法可以有效地减少二氧化碳的排放量，并可以在一定程度上缓解气候变化带来的影响。此外，地下碳储存技术还可以为建筑物提供一种可再生的能源来源，因为捕获的二氧化碳可以用于生产燃料或其他化学品。

在推广建筑物中的碳捕获和碳储存技术方面，需要采取多种措施。这需要政府、企业和个人共同努力，加强技术研发，提高技术水平，同时也需要制定相关政策，鼓励推广这些技术。只有通过多方面的努力，才能实现碳中和建筑的目标，为保护环境做出贡献。

总之，碳减排技术是在建筑使用阶段减少碳排放的重要手段。通过采用低碳混凝土、高效节能照明设备、地源热泵、植物绿化墙、碳固定材料以及碳捕获和碳储存技术，可以降低建筑物的能耗和碳排放，实现碳中和建筑的目标。推广这些碳减排技术，对于应对气候变化、改善环境质量、实现可持续发展具有重要意义。

7.3.4 生态循环利用设计

生态循环利用设计是实现绿色建筑、降低资源消耗和环境污染的重要手段。它强调建筑的生态循环利用，包括雨水收集和利用、废弃物回收和再利用等方面。下面将详细介绍这些技术。

（1）雨水收集和利用

随着城市化进程的不断加速，城市雨水排放量逐渐增加，导致水资源紧缺和城市内涝等问题日益严重。据统计，全球每年有超过2.5万亿m^3的雨水流过城市，其中大部分被直接排放到下水道或河流中，既浪费了宝贵的水资源，又加重了城市排水系统的负担。为了解决这些问题，雨水收集和利用作为一种有效的水资源利用技术，逐渐受到人们的关注和重视。

雨水收集和利用的主要目的是通过将雨水收集起来，经过处理后再利用，从而缓解水资源短缺的问题。一般来说，雨水收集和利用主要包括以下几个步骤：

首先，雨水收集。这一步是通过在建筑物顶部设置雨水收集器来完成的。雨水收集器可以是特殊的雨水桶、雨水罐，也可以是具有渗透性的地面和绿化带。收集器将雨水收集到蓄水池中，从而实现雨水的初步收集。

其次，雨水处理。收集到的雨水经过初步过滤后，需要进行处理以满足使用需求。雨水处理设备包括过滤器、沉淀池、消毒设备等，可以根据实际情况选择相应的设备。在处理过程中，应根据用水需求，对雨水进行深度处理，如采用膜技术、活性炭等，以提高雨水水质。

最后，雨水利用。处理后的雨水可以用于浇灌植物、洗车、冷却塔补水等。在一些大型建筑中，还可以通过雨水收集和处理设备为建筑物提供自来水。此外，雨水还可以用于补充地下水，缓解城市地下水位下降的问题。通过这些方式，实现雨水资源的有效利用。

雨水收集和利用技术在我国已经得到了广泛的应用，诸如北京、上海、广州等大城市纷纷开展雨水收集和利用的实践。例如，北京故宫就通过设置雨水收集系统，实现了对雨水的有效利用，为古建筑的保护和生态环境的改善做出了贡献。同时，雨水收集和利用技术也得到了国际社会的广泛关注和应用。例如，德国、日本等发达国家通过立法形式，强制要求新建建筑必须配备雨水收集和利用系统，以提高水资源的利用效率。

总之，雨水收集和利用技术是一种行之有效的水资源利用方法，有助于缓解水资源紧缺和城市内涝等问题。在今后的城市规划和建设中，应大力推广和普及雨水收集和利用技术，实现水资源的循环利用，促进城市可持续发展。

（2）废弃物回收和再利用

废弃物回收和再利用是现代社会中非常重要的一项技术，它可以减少废弃物数量、降低碳排放、节约资源等多种作用。在建筑过程中，会产生大量的废弃物，如混凝土、砖块、木材等。这些废弃物通过回收和再利用，可以减少资源的消耗，从而降低碳排放。下面，我们将详细介绍废弃物回收和再利用的几个方面。

1）建筑材料回收

建筑材料回收是可持续发展的重要组成部分，通过将废弃的建筑材料回收后再利用，可以减少资源的消耗，降低碳排放，同时降低建筑成本，减少对环境的影响。随着城市化进程的不断加速，建筑行业的规模也在不断扩大。然而，传统的建筑过程往往会产生大量的废弃物，如混凝土、砖块、木材等。这些废弃物不仅占用了大量的土地，还会对环境造成污染。而建筑材料回收可以将这些废弃物转化为宝贵的资源，用于生产新的建筑材料或者修建道路、花园等。回收再利用建筑材料可以降低建筑成本。废弃的建筑材料可以通过再加工和改造，变成新的建筑材料，从而减少对天然资源的依赖，降低原材料的成本。同时，回收再利用建筑材料还可以减少运输和生产过程中的能源消耗，从而降低建筑成本。回收再利用建筑材料可以降低碳排放。传统的建筑过程会产生大量的二氧化碳等温室气体，而回收再利用建筑材料可以减少对天然资源的依赖，从而减少能源消耗和碳排放。这对于应对气候变化和环境保护具有重要意义。建筑材料回收是可持续发展的重要组成部分，可以减少资源的消耗，降低碳排放，同时降低建筑成本，减少对环境的影响。我们应该鼓励更多的人参与到建筑材料回收的过程中来，共同推动可持续发展的进程。

2）废弃物再利用

废弃物再利用是实现可持续发展的重要手段之一。通过将废弃物转化为新的建筑材料，不仅可以降低建筑成本，还可以提高建筑物的环保性能，减少对环境的影响。墙体材料是建筑中不可或缺的一部分，而利用废弃物制成的墙体材料可以实现资源的有效利用。例如，废旧轮胎和废弃塑料等材料可以通过技术手段加工制成轻质、耐用的墙体材料，具有较好的保温、隔声效果，同时可以减少对环境的污染。保温材料也是建筑中不可或缺的一部分，主要用于提高建筑物的保温性能，减少能源消耗。利用废弃物制成的保温材料同样可以实现资源的有效利用，例如废弃纸张、棉花等材料可以通过技术手段加工制成高效的保温材料，不仅可以提高建筑物的保温性能，还可以减少对环境的影响。除了墙体材料和保温材料，废弃物还可以用于制造其他建筑材料，例如混凝土、玻璃等。这些材料不仅可以降低建筑成本，还可以提高建筑物的环保性能，实现资源的有效利用。废弃物再利用是实现可持续发展的重要手段之一，可以通过技术手段将废弃物转化为新的建筑材料，实现资源的有效利用，降低建筑成本，提高建筑物的环保性能，减少对环境的影响。

3）废弃物能源化利用

废弃物能源化利用是一种将废弃物转化为能源的方法，可以有效减少废弃物数量并提供清洁能源。其中，生物质发电技术是一种常见的废弃物能源化利用方式，它利用有机物质转化成燃料，然后利用燃料发电。生物质发电技术的主要优点在于可以大大减少废弃物数量，这些废弃物包括农业废弃物、城市垃圾、工业废料等。同时，生物质发电技术还可以提供清洁能源，减少对化石燃料的依赖，从而降低碳排放量，保护环境。此外，生物质发电技术还可以创造就业机会，促进当地经济发展。在一些发展中国家，生物质发电技术已经成为一种重要的能源来源，为当地经济发展做出了重要贡献。需要注意的是，生物质发电技术也存在一些问题，例如成本高、技术难度大、原料供应不稳定等。因此，在推广生物质发电技术时需要考虑到这些问题，并采取适当的措施解决它们。废弃物能源化利用是一种可持续发展的方式，可以有效地减少废弃物数量，提供清洁能源，促进经济发展。生物质发电技术是其中的一种重要方式，具有很大的潜力和发展前景。

废弃物回收和再利用是一项非常重要的技术，它可以减少废弃物数量、降低碳排放、节约资源等多种作用。在建筑过程中，通过回收再利用废弃物，可以减少资源的消耗，从而降低碳排放。同时，废弃物再利用和能源化利用也可以降低建筑成本，减少对环境的影响，提供清洁能源。为了充分利用废弃物，废弃物回收和再利用技术应该是一项重要的战略，需要政府、企业和社会各方共同努力，从而实现可持续发展。

（3）生态循环利用设计的优势

生态循环利用设计是一种绿色建筑设计理念，强调建筑的生态循环利用，旨在降低资源的消耗、减少碳排放、降低建筑成本并提高环境意识。在全球碳循环中，生态循环利用设计也具有重要意义。

首先，生态循环利用设计可以节约资源。通过雨水收集和利用、废弃物回收和再利用等技术，可以有效减少水资源和建筑材料的消耗，降低能源利用。例如，采用雨水收集技术可以减少对自来水的需求，采用废弃物回收和再利用技术可以降低对原始材料的需求，从而减少资源消耗。

其次，生态循环利用设计可以减少碳排放。资源的消耗会导致碳排放的增加，而生态循环利用设计可以降低资源的消耗，从而减少碳排放。这对于应对气候变化、改善环境质量具有重要意义。例如，减少对电力的需求可以降低电力行业的碳排放，采用可再生能源技术可以进一步降低碳排放。

再次，生态循环利用设计可以降低建筑成本。通过回收利用废弃物、再利用建筑材料等，可以降低建筑成本，提高建筑的经济性。例如，采用废弃物制作的建筑材料可以降低建筑成本，同时减少对环境的污染。

最后，生态循环利用设计可以提高环境意识。强调建筑的生态循环利用，可以提高人们的环境意识，促进绿色建筑的发展。例如，生态循环利用设计可以引导人们关注资源的利用和环境的保护，促进社会对环境保护的认识和重视。

总之，生态循环利用设计是一种绿色建筑设计理念，可以节约资源、减少碳排放、降低建筑成本并提高环境意识。在全球碳循环中，生态循环利用设计也具有重要意义。通过推广生态循环利用设计，我们可以实现资源的高效利用，降低碳排放，促进绿色建筑的发展，为环境保护做出贡献。

第八章 绿色低碳建筑设计选材方法体系的示范应用

8.1

超低能耗建筑设计选材方法体系的应用实例

▶　　超低能耗建筑设计选材的方法体系在实际应用中已经取得了显著的效果。

8.1.1 瑞士苏黎世的"能源大厦"（Energy Tower）

瑞士苏黎世的"能源大厦"（Energy Tower）是一座超低能耗建筑，其设计选材的方法体系非常完善，采用了多种高效保温材料、高效节能窗户、高效空调和通风系统以及可再生能源利用等技术手段，实现了建筑的高效节能和环保。

该建筑的保温材料选用非常严格，外墙采用了三层玻璃棉保温层，厚度达到25cm，能够有效地隔绝室外温度对室内的影响，降低冷暖空调的使用频率和能耗。屋顶也采用了高效的保温材料，以防止热量散失。此外，建筑的窗户也采用了高效的节能窗户，能够有效地减少热量的流失和入侵。

除了保温材料的选择，该建筑的空调和通风系统也非常高效。建筑采用了地源热泵系统，通过地下水循环来提供制冷和供暖。同时，建筑还采用了全热交换新风系统，能够将室外空气进行预热或预冷，减少室内温度波动和空调的使用频率，从而实现节能。

可再生能源的利用也是该建筑设计的重要方面。建筑的屋顶采用了太阳能光伏板，能够提供建筑部分用电需求。同时，建筑还设置了雨水收集系统，将雨水用于绿化和景观用水，减少市政用水的需求。

"能源大厦"在建筑设计选材方面采用了多种技术手段，实现了超低能耗和环保的目标。其保温材料的选择、节能窗户的应用、高效空调和通风系统的设置以及可再生能源的利用等都为其他建筑的节能设计提供了借鉴和参考。

8.1.2 挪威特隆赫姆的Brattørkaia能源大楼

挪威特隆赫姆的Brattørkaia是一个超低能耗建筑设计的典范，它采用了多种高效保温材料、高效节能窗户、高效空调和通风系统以及可再生能源利用等方法，实现了建筑节能和高效利用的可持续目标。

首先，Brattørkaia采用了高效保温材料选择。建筑物的外墙采用了双层玻璃幕墙，内外层之间设置了空气层，以提高隔热效果。同时，在外墙和屋顶的保温层中，采用了岩棉等高效保温材料，以减少热量的流失和渗透，提高了建筑物的保温性能。

其次，Brattørkaia采用了高效节能窗户。窗户采用了双层玻璃，并在两层玻璃之间设置了惰性气体，以提高隔热效果。此外，窗户还配备了遮阳装置，可以随时调节阳光的进入量，以避免室内过热和眩光。

再次，Brattørkaia采用了高效空调和通风系统。建筑物内部配备了高效的热回收新风系统，可以将室外新风预热或预冷，以减少室内能量的流失。此外，建筑物还采用了地源热泵系统，通过地下水的温度来调节室内温度，实现了能源的高效利用。

最后，Brattørkaia利用了可再生能源。建筑物的屋顶设置了太阳能光伏板，可以收集太阳能并转化为电能，为建筑物提供部分电力需求。此外，建筑物还设置了太阳能热水器，可以通过收集太阳能来提供建筑物的部分热水需求。

综上所述，挪威特隆赫姆的Brattørkaia能源大楼采用了多种超低能耗建筑设计选材的方法体系，实现了建筑节能和高效利用的可持续目标。它的设计和实践经验为我们提供了有益的参考和借鉴，也为未来的建筑可持续发展注入了新的动力。

8.1.3 丹麦哥本哈根的"绿色灯塔"（Green Lighthouse）

丹麦哥本哈根的"绿色灯塔"（Green Lighthouse）是一座超低能耗建筑，采用了一系列先进的建筑设计选材方法体系，取得了显著的节能效果。以下是对该建筑设计的分析。

首先，高效保温材料选择是超低能耗建筑设计的关键因素之一。在"绿色灯塔"中，建筑外墙采用了新型保温材料，如岩棉和聚氨酯泡沫，以提高建筑的保温性能。此外，建筑的窗户也采用了高效节能窗户，以减少热量的流失。

其次，高效空调和通风系统也是超低能耗建筑设计的重要组成部分。在"绿色灯塔"中，采用了高效的热回收通风系统，以回收建筑物内部热量，并提高空调系统的效率。此外，建筑还采用了自然通风系统，通过开放式的设计，利用气流和风力来调节室内温度和湿度。

再次，可再生能源利用是超低能耗建筑设计的重要方面。在"绿色灯塔"中，采用了太阳能电池板来提供建筑所需的电力，并通过地源热泵系统来获取建筑物所需的热量和冷却。这些可再生能源的利用不仅减少了对传统能源的依赖，还降低了能源的使用成本和环境影响。

最后，高效节能窗户也是超低能耗建筑设计的重要组成部分。在"绿色灯塔"中，采用了高效节能窗户，以减少热量的流失。这些窗户采用了多层玻璃和隔热材料，以提高隔热性能。此外，窗户还配备了遮阳装置，以避免阳光直射，降低室内温度。

综上所述，丹麦哥本哈根的"绿色灯塔"采用了一系列先进的建筑设计选材方法体系，取得了显著的节能效果。这些方法包括高效保温材料选择、高效空调和通风系统、可再生能源利用和高效节能窗户。这些设计理念和实践经验对我国超低能耗建筑设计具有重要的借鉴意义。

8.1.4 北京市的"中国尊"大楼

北京市的"中国尊"大楼是一座超低能耗建筑，其设计选材的方法体系包括高效保温材料选择、高效节能窗户、高效空调和通风系统以及可再生能源利用等方面。

首先，在建筑的外墙设计上，中国尊大楼采用了真空板复合岩棉A级外墙外保温系统，这一系统可以有效减少热量的传递，降低建筑的能耗。此外，建筑还采用了高效节能窗户，提高了建筑的隔热性能，减少了冷暖空气的交换，降低了空调的使用频率和能耗。

其次，中国尊大楼采用了高效空调和通风系统，通过采用低温送风系统和排风热回收技术，可以实现室内温度的精确控制和能源的有效利用。此外，建筑还配备了新风系统，可以实现室内外空气的交换，提高室内空气品质，减少病菌传播。

最后，中国尊大楼还利用了可再生能源，如太阳能和风能等，为建筑提供部分能源需求，进一步降低了建筑的能耗。

综上所述，北京市的"中国尊"大楼在超低能耗建筑设计选材方面采用了高效保温材料、高效节能窗户、高效空调和通风系统以及可再生能源利用等方法，实现了建筑能耗的大幅降低，为推动绿色建筑发展做出了积极贡献。

8.1.5 上海市的"上海中心"大厦（Shanghai Tower）

上海市的"上海中心"大厦（Shanghai Tower）是一座具有代表性的超高层建筑，高度632m，共有128层，是全球第二高的摩天大楼。该建筑的设计和建设采用了一系列的超低能耗建筑设计选材的方法体系，以实现高效节能和可持续发展。

首先，在高效保温材料选择方面，上海中心大楼采用了新型的外墙保温材料，如气凝胶和陶瓷保温板等，这些材料具有优异的保温性能，能够有效降低建筑物的能耗。此外，大楼还采用了双层玻璃幕墙，其中内置了高效的隔热材料，以进一步提高建筑物的保温性能。

其次，在高效节能窗户方面，上海中心大楼采用了特殊的窗框设计和玻璃材质，以降低窗户的传热系数，减少热量的流失。此外，大楼还安装了智能化的窗户控制系统，能够根据室内外环境的变化自动调节窗户的开启程度，以保证建筑物内部环境的舒适性和节能性。

再次，在高效空调和通风系统方面，上海中心大楼采用了冰蓄冷技术、热回收技术和新风处理技术等，以降低空调系统的能耗。例如，大楼的空调系统可以通过冰蓄冷技术在夜间进行制冷，以便在白天高峰期减少空调的使用频率；同时，热回收技术可以将排风中的热量回收利用，以降低空调系统的能耗；此外，新风处理技术可以有效地过滤室外空气，提高室内空气品质，减少空调系统的能耗。

最后，在可再生能源利用方面，上海中心大楼安装了太阳能光伏发电系统和风力发电系统，以利用可再生能源降低建筑物的能耗。据报道，大楼的太阳能光伏发电系统每年可以发电约450万kWh，风力发电系统每年可以发电约220万kWh，这些可再生能源的发电量能够满足大楼部分电力需求。

综上所述，上海市的"上海中心"大厦在超低能耗建筑设计选材的方法体系方面采用了高效保温材料、高效节能窗户、高效空调和通风系统以及可再生能源利用等技术手段，实现了建筑物的高效节能和可持续发展。这些技术和方法也为其他超高层建筑的节能设计提供了有益的借鉴和参考。

8.1.6 广州市的"广东科学中心"

广州市的"广东科学中心"是一个具有现代化设计理念的建筑，其设计选材的方法体系采用了超低能耗建筑的设计理念，以达到节能、环保、舒适的效果。以下是该建筑在选材方面的具体应用：

建筑外墙采用了高效保温材料，以减少能量的流失。建筑的外墙采用了双层玻璃幕墙，内外层之间设置了空气层，以增加隔热效果。此外，建筑的屋顶也采用了高效的保温材料，以减少热量的流失。

窗户采用了高效节能窗户，以减少能量的流失。窗户采用了双层玻璃，内外层之间设置了空气层，以增加隔热效果。此外，窗户还采用了高效的密封材料，以减少热量的流失。

采用了高效的空调和通风系统，以保持室内环境的舒适度。建筑采用了地源热泵系统，以利用地下温度稳定的优势，提高空调系统的效率。此外，建筑还采用了新风系统，以保证室内空气的新鲜度和质量。

利用了可再生能源，以减少对传统能源的依赖。建筑的屋顶设置了太阳能电池板，以收集太阳能，为建筑提供电力。此外，建筑还采用了太阳能热水系统，以收集太阳能，为建筑提供热水。

综上所述，广州市的"广东科学中心"在设计选材方面采用了超低能耗建筑的设计理念，以达到节能、环保、舒适的效果。这些措施不仅有助于减少建筑的能耗，还为建筑的舒适度和健康性提供了保障，也为未来的建筑设计提供了有益的借鉴。

8.1.7 深圳市的"中国华润大厦"（China Resources Tower）

中国华润大厦位于深圳市，是一座超低能耗建筑。在建筑设计选材方面，华润置地大厦采用了一系列高效保温材料，如外墙采用隔热铝合金窗框和Low-E玻璃，屋顶采用高温隔热涂料和绿化，以及采用高效空调和通风系统，这些措施使得大厦的能耗大大降低。此外，大厦还利用了可再生能源，如安装了太阳能光伏板和风力发电机，实现了能源的高效利用。

具体来说，中国华润大厦采用了高效保温材料选择方法体系，包括外墙、屋顶和窗户的保温材料选择。外墙采用了隔热铝合金窗框和Low-E玻璃，能够有效减少热量传导和辐射，降低空调能耗。屋顶采用了高温隔热涂料和绿化，能够有效减少屋顶的散热和吸收太阳辐射，提高室内舒适度。窗户采用了高效节能窗户，能够减少热量传导和辐射，同时保证室内采光。

此外，中国华润大厦还采用了高效空调和通风系统，包括采用磁悬浮冷水机组、大风量全热回收空调机组等高效节能设备，以及采用智能化控制系统，实现对空调和通风系统的精确控制，降低能耗和提高舒适度。

最后，中国华润大厦还利用了可再生能源，如安装了太阳能光伏板和风力发电机，实现了能源的高效利用。这些可再生能源不仅能够减少能源消耗，还能够降低对环境的污染和影响，符合可持续发展的理念。

综上所述，中国华润大厦采用了一系列高效保温材料选择方法体系、高效空调和通风系统以及可再生能源利用技术，实现了超低能耗建筑的设计和建造，为建筑行业的可持续发展提供了一个良好的示范。

8.1.8 杭州市的"杭州国际会议中心"（Hangzhou International Conference Center）

杭州国际会议中心是杭州市一座现代化的建筑，位于钱塘江畔，是杭州市的标志性建筑之一。该建筑采用了一系列的超低能耗建筑设计选材的方法体系，达到了很高的节能效果。

首先，在高效保温材料选择方面，杭州国际会议中心采用了新型的保温材料，如聚氨酯泡沫、岩棉等，对建筑的外墙、屋顶和地面进行了全面的保温处理，降低了建筑的能耗损失。

其次，在高效节能窗户方面，杭州国际会议中心采用了双层中空玻璃窗，并在窗户上设置了遮阳装置，以减少阳光辐射的入射，降低了室内的空调能耗。

再次，在高效空调和通风系统方面，杭州国际会议中心采用了高效的空调系统，并配备了新风系统，以保证室内空气的质量和舒适度。此外，建筑还设置了太阳能光伏发电系统，以满足部分电力需求。

低碳建筑材料应用关键技术

最后，在可再生能源利用方面，杭州国际会议中心采用了太阳能热水系统，为建筑提供热水。同时，在建筑的屋顶上设置了绿化带，增加了绿化覆盖面积，降低了建筑的表面温度，减少了热岛效应的影响。

总的来说，杭州国际会议中心在超低能耗建筑设计选材的方法体系方面进行了全面的探索和实践，取得了显著的节能效果。据统计，该建筑的能耗仅为同类建筑的1/3左右，成为超低能耗建筑的典范之一。

8.2
近零能耗建筑设计选材方法体系的应用实例

▶　　近零能耗建筑设计选材的方法体系在实际应用中已经取得了显著的效果。

8.2.1 瑞士苏黎世联邦理工学院ETHOS住宅楼

瑞士苏黎世联邦理工学院ETHOS住宅楼是一个典型的近零能耗建筑设计案例。该建筑在设计过程中采用了多种先进技术，实现了节能、环保和舒适的居住环境。以下是对ETHOS住宅楼的分析：

ETHOS住宅楼采用了高效的隔热材料，如外墙保温系统、屋顶保温系统等，降低了建筑的传热系数，减少了热量的损失。同时，住宅楼内部的隔墙也采用了隔热材料，降低了户间传热，提高了每个单元的独立舒适性。

为了最大限度地降低能耗，ETHOS住宅楼采用了智能化的空调和通风系统。通过对室内外气温、湿度、二氧化碳浓度等参数的实时监控，系统可以自动调节空调和通风设备的运行，提供舒适的室内环境。此外，住宅楼还利用地源热泵和太阳能系统为建筑提供制冷和采暖需求。

ETHOS住宅楼的窗户采用了高性能的玻璃和框料，提高了隔热、保温和采光效果。同时，建筑还配备了外遮阳系统，可以有效地遮挡阳光，降低室内温度，降低空调能耗。

为了实现能源的可持续利用，ETHOS住宅楼综合利用了可再生能源，如太阳能、地热能等。住宅楼顶部设置了太阳能光伏板，可以为建筑提供部分电力需求。此外，建筑还利用地源热泵系统，通过深入地下的换热器，利用地热能提供制冷和采暖需求。

综上所述，瑞士苏黎世联邦理工学院ETHOS住宅楼在近零能耗建筑设计选材方面，充分考虑了隔热、空调与通风、窗户和遮阳系统以及可再生能源的利用，实现了建筑的节能、环保和舒适目标。这也是我国未来建筑行业在近零能耗建筑设计选材方面可以借鉴的有效方法。

8.2.2 德国汉堡的HafenCity大楼

HafenCity大楼位于德国汉堡港区，是一个近零能耗建筑设计的典范。它的设计选材方法体系包括了超高效隔热材料选择、精细化控制空调与通风、高性能窗户和遮阳系统以及综合利用可再生能源等多个方面。

首先，HafenCity大楼采用了超高效隔热材料，外墙采用了双层玻璃幕墙，并在两层玻璃之间设置了高效隔热材料，以减少热量的传递和流失。此外，大楼的屋顶也采用了高效的隔热材料，以保持室内温度的稳定。

其次，大楼的空调和通风系统采用了精细化控制技术，通过传感器和控制系统对室内温度、湿度和二氧化碳浓度等参数进行实时监测和调整，以保证室内环境的舒适度和空气质量。同时，大楼还采用了热回收系统，将排出室外的冷空气进行预热，以提高能源利用效率。

再次，HafenCity大楼的窗户和遮阳系统采用了高性能的设计和材料，以减少热量的流失和增加室内的自然光线。窗户采用了双层玻璃和隔热框料，以提高隔热性能。遮阳系统采用了可调节的遮阳板和窗帘，以减少阳光对室内的照射和热量的增加。

最后，HafenCity大楼还综合利用了可再生能源，包括太阳能和风能等。大楼的屋顶设置了太阳能电池板，以产生电能供应大楼的电力需求。同时，大楼还设置了风力发电机，以产生额外的电力供应。这些可再生能源的应用不仅减少了大楼对传统能源的依赖，还降低了大楼的能源消耗和环境影响。

综上所述，HafenCity大楼的设计选材方法体系充分考虑了近零能耗建筑设计的要求，采用了超高效隔热材料、精细化控制空调与通风、高性能窗户和遮阳系统以及综合利用可再生能源等多种技术手段，实现了大楼的能源效率和环境友好性。

8.2.3 丹麦哥本哈根的M/S海事博物馆（M/S Maritime Museum of Denmark）

丹麦哥本哈根的M/S海事博物馆是一个近零能耗建筑设计的典范。该建筑采用了多种绿色环保技术和可持续性设计理念，实现了节能、环保和舒适的生活工作环境。以下是该建筑设计的一些特点：

超高效隔热材料选择：该建筑采用了优质的隔热材料，以减少能源消耗。外墙采用了双层玻璃和隔热材料，使得建筑的隔热性能得到了极大的提高，降低了冬季的取暖需求和夏季的空调能耗。

精细化控制空调与通风：该建筑采用了智能控制系统，对空调和通风进行精细化控制。通过感应器和控制系统，建筑可以自动调节室内温度、湿度和空气质量，以保证舒适性和节能性。

高性能窗户和遮阳系统：该建筑的窗户采用了高性能的玻璃和框架，以减少热量的流失和入侵。同时，建筑还配备了遮阳系统，可以有效地遮挡阳光，降低室内温度，减少空调能耗。

综合利用可再生能源：该建筑采用了太阳能光伏发电技术和地下室土壤冷能利用技术，实现了能源的可持续利用。建筑的屋顶覆盖着大量的太阳能电池板，可以产生足够的电力供建筑使用，同时剩余的电力还可以并网销售。此外，建筑还利用地下室的土壤冷能进行冬季取暖和夏季制冷，实现了能源的综合利用。

综上所述，丹麦哥本哈根的M/S海事博物馆采用了多种近零能耗建筑设计选材的方法体系，实现了绿色环保、节能和舒适的生活工作环境。该建筑的设计理念和实践经验，为我们提供了一个很好的借鉴和参考，有望推动我国绿色建筑技术的发展和应用。

8.2.4 荷兰阿姆斯特丹的Passive House公寓楼

荷兰阿姆斯特丹的Passive House公寓楼是一个近零能耗建筑设计的典型案例。该建筑采用了一系列先进的建筑设计选材方法体系，以实现节能和环保的目标。

首先，该建筑采用了超高效隔热材料。建筑外墙采用了三层玻璃隔热窗，窗户框架采用隔热材料制成，以减少热量的传递。此外，建筑的屋顶和地面也采用了高效的隔热材料，以降低能耗。

其次，该建筑采用了精细化控制空调与通风系统。建筑内部配备了智能控制系统，能够根据室内温度、湿度和二氧化碳浓度等参数自动调节空调和通风系统，以提供舒适的室内环境，同时减少能源的浪费。

再次，该建筑采用了高性能窗户和遮阳系统。窗户采用了防紫外线、防辐射和隔热玻璃，以减少热量的传递和紫外线的照射。遮阳系统则能够有效地遮挡阳光，降低室内温度，减少空调的使用频率。

最后，该建筑综合利用可再生能源。建筑屋顶配备了太阳能电池板，能够将太阳能转化为电能，为建筑提供部分电力。同时，建筑还采用了地源热泵系统，利用地下水的热量进行供暖和制冷，以减少对传统能源的依赖。

综上所述，荷兰阿姆斯特丹的Passive House公寓楼采用了一系列先进的建筑设计选材方法体系，实现了近零能耗建筑设计的目标，为环保和可持续发展做出了积极的贡献。

8.2.5 美国加利福尼亚州的Scripps Ranch住宅区

Scripps Ranch住宅区位于美国加利福尼亚州，是一个致力于实现近零能耗建筑设计目标的社区。该社区采用了一系列先进的建筑设计和选材方法，以最大程度地降低能源消耗和环境影响。以下是该社区采用的一些主要方法体系的分析：

Scripps Ranch住宅区采用了高效隔热材料，如聚氨酯泡沫保温板和真空隔热板等，以减少热量传递和降低空调能耗。这些材料具有优异的隔热性能，能够在夏季和冬季保持室内温度稳定，降低空调和暖气的使用频率和能耗。

为了进一步降低空调和通风能耗，Scripps Ranch住宅区采用了精细化控制技术。例如，使用智能控制系统对室内温度、湿度和空气质量进行实时监测和调节，以保证舒适性和节能性。此外，通过采用高效的空气源热泵和地源热泵等设备，该社区实现了制冷和供暖的高效利用。

Scripps Ranch住宅区采用了高性能窗户和遮阳系统，以减少室内热量损失和室外热量摄入。这些窗户和遮阳系统具有优异的隔热性能和防晒性能，能够在夏季和冬季有效地控制室内温度和光线强度。此外，该社区还采用了低辐射玻璃和太阳能窗户等先进技术，以进一步提高窗户的隔热和发电效率。

为了实现近零能耗建筑设计目标，Scripps Ranch住宅区还采用了综合利用可再生能源的方法。例如，使用太阳能光伏发电技术和太阳能热水系统等，以满足社区的电力和热水需求。此外，该社区还采用了风力发电技术和地源热泵系统等，以进一步提高可再生能源的利用率。

综上所述，Scripps Ranch住宅区采用了一系列先进的建筑设计和选材方法，以实现近零能耗建筑设计目标。这些方法包括超高效隔热材料选择、精细化控制空调与通风、高性能窗户和遮阳系统以及综合利用可再生能源等。这些方法不仅有效地降低了能源消耗和环境影响，还为社区居民提供了舒适、健康的居住环境。

8.2.6 北京市的近零能耗建筑示范项目——未来科技城能源中心

未来科技城能源中心是北京市的一个近零能耗建筑示范项目，位于昌平区，建筑面积为21000m²。该项目采用了一系列先进的节能技术和设计理念，旨在实现建筑的近零能耗目标。以下是该建筑采用的一些主要设计和选材方法：

超高效隔热材料选择：未来科技城能源中心采用了新型高效隔热材料，如气凝胶和石墨聚苯板等，这些材料具有极佳的隔热性能，能够有效地降低建筑的能耗。

精细化控制空调与通风：建筑内部的空调和通风系统采用了智能化控制技术，可以根据人员数量、温度和湿度等参数进行自动调节，以保证建筑内部环境的舒适性和节能性。

高性能窗户和遮阳系统：未来科技城能源中心的窗户采用了高性能的玻璃和框架材

料，以降低能耗。同时，建筑还配备了遮阳系统，可以有效地遮挡阳光，降低室内温度，从而降低空调能耗。

综合利用可再生能源：建筑采用了太阳能光伏发电技术和地源热泵系统，以实现可再生能源的综合利用。这些系统可以提供建筑所需的部分电力和热能，降低对传统能源的依赖。

未来科技城能源中心通过采用上述设计和选材方法，实现了建筑的近零能耗目标。根据实际运行数据的监测和分析，该建筑的能耗仅为同类建筑的1/4左右，具有很好的节能效果和社会效益。同时，该项目也为北京市的近零能耗建筑发展提供了一个很好的示范和借鉴作用。

8.2.7 上海市的近零能耗建筑示范项目——华东师范大学校园内的生态宿舍

上海市的近零能耗建筑示范项目——华东师范大学校园内的生态宿舍，采用了一系列先进的设计选材方法体系，以实现建筑的节能目标。

首先，该项目采用了超高效隔热材料，如外墙保温系统、屋顶保温系统等，以减少建筑表面的热损耗。同时，在建筑内部的墙壁、楼板、门窗等部位也采用了高效的隔热材料，以降低室内能耗。

其次，该项目采用了精细化控制空调与通风系统，通过智能化的控制系统，对室内温度、湿度、空气质量等参数进行实时监测和控制，以保证建筑内部环境的舒适性和健康性。此外，该项目还采用了高效率的热回收新风系统，以降低空调能耗。

再次，该项目采用了高性能窗户和遮阳系统，窗户采用了三层玻璃、低辐射涂层等技术，以提高隔热效果和采光效率。遮阳系统则采用了自动化控制，根据太阳高度角和天气情况，自动调节遮阳板的角度和位置，以减少阳光辐射对室内的影响。

最后，该项目还综合利用了可再生能源，如太阳能和风能等，以满足建筑的部分能源需求。在建筑的屋顶和墙面上设置了太阳能光伏板和太阳能热水器，同时还设置了风力发电机，以收集可再生能源，实现能源的有效利用。

综上所述，华东师范大学校园内的生态宿舍采用了先进的近零能耗建筑设计选材方法体系，实现了建筑的高效节能和环保目标，为上海市的绿色建筑发展提供了有益的借鉴。

8.2.8 广州市的近零能耗建筑示范项目——广东工业大学实验楼

广东工业大学实验楼是广州市的近零能耗建筑示范项目之一，采用了一系列先进的设计选材方法体系，实现了建筑能耗的大幅降低和室内环境品质的提升。

首先，该项目采用了超高效隔热材料选择，使用了新型环保材料——气凝胶，作为外墙保温材料。气凝胶具有优异的热隔热性能和良好的耐候性能，能够有效降低建筑能耗。

其次，该项目采用了精细化控制空调与通风系统，通过智能控制系统对室内温度、湿度、空气质量等参数进行实时监测和控制，实现了室内环境的舒适性和健康性。此外，该项目还采用了高效热回收新风系统，将室外新风进行预热或预冷处理，降低空调能耗。

再次，该项目采用了高性能窗户和遮阳系统，使用了新型节能玻璃和遮阳板，能够有效阻挡阳光辐射和热传导，降低建筑能耗。

最后，该项目综合利用可再生能源，采用了太阳能光伏发电系统和太阳能热水系统，实现能源回收和再利用，进一步降低了建筑能耗。

综上所述，广东工业大学实验楼通过采用近零能耗建筑设计选材的方法体系，实现了建筑能耗的大幅降低和室内环境品质的提升，成为广州市近零能耗建筑示范项目的典范之一。

8.2.9 深圳市的近零能耗建筑示范项目——深圳职业技术大学图书馆

深圳职业技术大学图书馆是深圳市的近零能耗建筑示范项目之一。该项目采用了一系列先进的建筑设计选材方法体系，以实现高效隔热、精细化控制空调与通风、高性能窗户和遮阳系统以及综合利用可再生能源等目标。

首先，该项目采用了超高效隔热材料选择，使用了新型环保材料——气凝胶，作为图书馆的外墙保温材料。气凝胶具有优异的热绝缘性能和吸声性能，可以有效降低建筑物的能耗。此外，该项目还采用了屋顶隔热系统，以防止夏季屋顶过热，降低空调能耗。

其次，该项目采用了精细化控制空调与通风系统，通过实时监测室内温度、湿度和二氧化碳浓度等参数，自动调节空调和通风系统的运行，以提供舒适的室内环境，同时降低能耗。

再次，该项目采用了高性能窗户和遮阳系统。窗户采用了隔热玻璃和保温框料，以减少热量流失。遮阳系统则采用了可调节的遮阳板，以阻挡阳光直射，降低室内温度。

最后，该项目综合利用可再生能源，如太阳能和风能等。在图书馆屋顶设置了太阳能光伏板，可以将太阳能转化为电能，为图书馆提供电力。同时，在图书馆周围设置了风力发电机，可以将风能转化为电能，为图书馆提供额外的电力供应。

综上所述，深圳职业技术学院图书馆通过采用近零能耗建筑设计选材的方法体系，实现了高效隔热、精细化控制空调与通风、高性能窗户和遮阳系统以及综合利用可再生能源等目标，降低了建筑能耗，为建设绿色、低碳、可持续的城市做出了积极贡献。

8.2.10 杭州市的近零能耗建筑示范项目——中国美术学院象山校区

中国美术学院象山校区是杭州市的近零能耗建筑示范项目之一，采用了一系列先进的建筑设计选材方法体系，实现了建筑的节能和高效利用。以下是对该项目的分析：

中国美术学院象山校区的建筑外墙采用了高效隔热材料，如外墙外保温系统、遮阳板等，有效降低了建筑的能耗损失。此外，屋顶也采用了高效的隔热材料，减少了夏季室内空调的使用频率，降低了能源消耗。

该项目采用了智能化的空调和通风系统，通过对室内温度、湿度、二氧化碳浓度等参数的实时监测和控制，实现了精准的空调和通风控制。该系统可以根据人员使用情况和环境变化，自动调节空调和通风，降低了能源的浪费。

中国美术学院象山校区的建筑窗户采用了高性能的玻璃和框架，减少了能耗损失。同时，建筑还采用了外遮阳系统，避免了阳光直射，降低了室内温度，减少了空调的使用频率。

该项目还利用了可再生能源，如太阳能和地热能等，为建筑提供部分能源。例如，建筑的太阳能电池板可以提供部分电力，地源热泵可以提供部分制冷和采暖能源，降低了对传统能源的依赖。

综上所述，中国美术学院象山校区采用了先进的近零能耗建筑设计选材方法体系，实现了建筑的节能和高效利用。该项目的成功也为其他建筑项目的节能设计提供了宝贵的经验和借鉴。

8.3
零碳建筑设计选材方法体系的应用实例

▶　　零碳建筑设计选材的方法体系在实际应用中已经取得了显著的效果。

8.3.1　瑞士苏黎世的联邦理工学院

瑞士苏黎世的联邦理工学院（Eidgenössische Technische Hochschule Zürich，简称ETH Zurich）是一所世界知名的理工学院，其建筑设计采用了多种零碳建筑设计选材的方法体系，以实现碳中和和可持续发展目标。

首先，在碳中和材料选择方面，联邦理工学院采用了大量的可持续性和环保材料。例如，教学楼的外墙采用了天然石材和木材，这些材料具有良好的保温性能和生态友好性。此外，学院还使用了可回收的金属材料、塑料和玻璃等材料，以减少对环境的负面影响。

其次，在能源自给自足设计方面，联邦理工学院采用了多种可再生能源系统，如太阳能、风能和水能等。学院的屋顶覆盖着大量的太阳能电池板，为学院提供了大量的清洁能源。此外，学院还安装了风力涡轮机和水力发电机，以进一步提高能源自给自足率。

再次，在碳减排技术应用方面，联邦理工学院采用了多种先进的节能技术和碳减排措施。例如，学院的楼宇采用了高效的保温材料和节能灯具，以减少能源消耗。此外，学院还采用了废弃物回收和再利用系统，以减少废弃物对环境的污染。

最后，在生态循环利用设计方面，联邦理工学院强调了生态循环利用的重要性。学院的楼宇和景观设计采用了多种生态循环利用技术，如雨水收集和利用、中水回用和绿化设计等。这些技术不仅可以减少对自来水的需求，还可以有效地降低对环境的污染。

综上所述，瑞士苏黎世的联邦理工学院采用了多种零碳建筑设计选材的方法体系，以实现碳中和和可持续发展目标。这些方法包括碳中和材料选择、能源自给自足设计、碳减排技术应用和生态循环利用设计等。这些实践经验为我们提供了一个很好的借鉴和参考，以推动我国零碳建筑的发展和应用。

8.3.2 日本东京的太阳城

日本东京的太阳城是一个典型的零碳建筑设计案例，它采用了多种碳中和材料和能源自给自足设计，同时应用了碳减排技术和生态循环利用设计。

首先，太阳城采用了碳中和材料选择。建筑物的外墙和屋顶采用了新型的环保材料，如太阳能电池板、隔热材料等，这些材料可以有效地减少建筑物的能耗和碳排放。此外，太阳城的内部装修也采用了环保材料，如竹材、可回收的金属和塑料等，这些材料可以减少对环境的污染和碳排放。

其次，太阳城采用了能源自给自足设计。建筑物顶部的太阳能电池板可以发电，为建筑物提供电力。此外，太阳城还采用了地源热泵技术，通过地下水的温度来调节室内温度，减少了对传统能源的依赖。太阳城还通过风力发电和生物质能发电等技术，实现了能源自给自足，减少了对传统能源的消耗和碳排放。

再次，太阳城应用了碳减排技术。建筑物内部的照明系统和空调系统采用了节能技术，减少了对电力的消耗和碳排放。此外，太阳城还采用了废弃物处理技术，将废弃物进行分类和处理，减少了废弃物对环境的污染和碳排放。

最后，太阳城采用了生态循环利用设计。建筑物周围的绿化带和景观设计采用了本土植物和雨水收集技术，实现了生态循环和可持续发展。太阳城还通过水资源回收和再利用技术，实现了水资源的节约和生态循环利用。

综上所述，日本东京的太阳城采用了多种零碳建筑设计选材的方法体系，实现了碳中和和能源自给自足，同时应用了碳减排技术和生态循环利用设计，是一个典型的可持续发展的建筑案例。

8.3.3 美国加州的苹果飞船总部大楼（Apple Park）

Apple Park是苹果公司位于美国加州库比蒂诺的总部，它是一座旨在实现碳中和的建筑。在设计过程中，苹果公司采用了多种方法来实现这一目标。

首先，在选择建筑材料时，苹果公司注重使用碳中和材料。Apple Park的主要建筑材料是混凝土、钢材和玻璃。这些材料在生产过程中会产生大量的二氧化碳，但苹果公司采用了一种名为"碳汇"的技术，通过种植大量树木和植被，将这些材料的碳排放吸收掉，从而实现碳中和。

其次，苹果公司在Apple Park的设计中采用了能源自给自足的理念。建筑内部采用了大量的太阳能电池板，可以满足建筑的电力需求。同时，建筑还配备了热量回收系统，可以将废气转化为热能，为建筑提供暖气和热水。这些措施使得Apple Park实现了能源自给自足，减少了对外部能源的依赖。

再次，苹果公司在Apple Park的设计中应用了碳减排技术。例如，建筑的玻璃幕墙采用了一种名为"动态玻璃"的技术，可以根据阳光强度和室内温度自动调节透明度，以减少室内空调的使用。此外，建筑还采用了高效的照明系统和通风系统，以减少能源的浪费。

最后，苹果公司在Apple Park的设计中注重生态循环利用设计。例如，建筑的屋顶采用了一种名为"绿植屋顶"的技术，种植了大量植被，可以起到保温、防水的作用，同时还可以吸收二氧化碳和净化空气。此外，建筑还采用了可回收材料和可降解材料，以减少对环境的污染。

综上所述，苹果公司在设计Apple Park时采用了多种方法来实现碳中和，包括碳中和材料选择、能源自给自足设计、碳减排技术应用和生态循环利用设计。这些措施使得Apple Park成为一座环保、可持续的建筑，为全球的建筑行业树立了榜样。

8.3.4 澳大利亚阿德莱德的太阳能城市

澳大利亚阿德莱德的太阳能城市是一个典型的零碳建筑设计案例，它采用了多种方法来实现碳中和和可持续发展。

首先，在碳中和材料选择方面，太阳能城市采用了大量的可持续材料，如回收利用的建筑材料、可再生的木材和竹材等。这些材料不仅减少了对自然资源的消耗，还能够降低建筑物的碳排放量。

其次，在能源自给自足设计方面，太阳能城市采用了太阳能光伏板和太阳能热利用技术，实现了能源的自给自足。城市中的建筑物都配备了太阳能光伏板，能够利用太阳能发电，并为建筑物提供热水和暖气。此外，城市还采用了太阳能路灯和太阳能车辆充电桩等设施，进一步提高了能源利用效率。

再次，在碳减排技术应用方面，太阳能城市采用了多种减排技术，如节能照明系统、智能化控制系统和节能门窗等。这些技术能够有效地降低建筑物的能源消耗和碳排放量。

最后，在生态循环利用设计方面，太阳能城市采用了生态循环利用系统，实现了废弃物的资源化利用。城市中的垃圾和废弃物都被分类处理，并转化为有机肥料和再生资源，为城市的绿化和农业提供肥料和资源。

综上所述，澳大利亚阿德莱德的太阳能城市通过多种方法实现了零碳建筑设计的目标，取得了良好的环保和可持续发展效果。这种方法体系可以作为其他城市和建筑项目的参考，以实现碳中和和可持续发展的目标。

8.3.5 荷兰阿姆斯特丹的"绿色之心"

荷兰阿姆斯特丹的"绿色之心"是一个典型的零碳建筑设计案例，它采用了多种碳中和材料、能源自给自足设计、碳减排技术应用和生态循环利用设计等多种方法，实现了建筑的零碳排放目标。

首先，在碳中和材料选择方面，"绿色之心"采用了大量的可持续材料，如竹材、可回收的金属和塑料等，这些材料不仅能够减少碳排放，还能够降低对环境的污染。

其次，在能源自给自足设计方面，"绿色之心"采用了太阳能和风能等可再生能源，通过安装太阳能电池板和风力涡轮机，可以为建筑提供足够的能源，实现能源的自给自足。

再次，在碳减排技术应用方面，"绿色之心"采用了多种碳减排技术，如建筑外墙的垂直绿化、屋顶花园等，这些技术可以吸收大量的二氧化碳，并减少建筑表面的温度升高，从而降低建筑的能耗和碳排放。

最后，在生态循环利用设计方面，"绿色之心"采用了多种生态循环利用技术，如雨水收集和利用、建筑废弃物的回收和利用等，这些技术可以实现资源的循环利用，降低对环境的影响。

综上所述，荷兰阿姆斯特丹的"绿色之心"采用了多种零碳建筑设计选材的方法体系，实现了建筑的零碳排放目标，成为全球范围内的零碳建筑设计典范。

8.3.6 北京的联合国大楼

联合国大楼位于北京市东四环，是一座现代化的办公建筑，也是中国第一个获得LEED认证的联合国机构办公楼。该建筑在设计时充分考虑了环保、可持续发展和节能等因素，采用了一系列的零碳建筑设计选材的方法体系，具体如下：

碳中和材料选择：联合国大楼在建筑材料选择上，采用了大量的低碳、环保材料。例

　　　　　　　　　　　　　　　　　低碳建筑材料应用关键技术

如，建筑外立面采用了双层玻璃幕墙，其中填充了惰性气体，以提高隔热性能；屋顶采用了绿化植被，起到保温、防水的作用；建筑内部采用了竹制装饰板、可回收地毯等环保材料，以减少对环境的影响。

能源自给自足设计：联合国大楼通过采用太阳能光伏发电技术，实现了能源自给自足。建筑屋顶设置了大量的太阳能电池板，将太阳能转化为电能，为建筑提供电力。此外，建筑还采用了太阳能热水系统，利用太阳能提供热水，进一步降低了能源消耗。

碳减排技术应用：联合国大楼在设计时，还采用了一系列的碳减排技术。例如，建筑采用了高效节能的照明系统，使用了LED灯泡和智能控制系统，根据人员使用情况和自然光照度进行自动调节，降低了照明能耗；建筑还采用了热回收系统，将排出的热气进行回收，提高能源利用效率。

生态循环利用设计：联合国大楼在设计时充分考虑了生态循环利用的原则。例如，建筑的绿化植被采用了北京的本土植物，提高了植物的适应性和成活率；建筑内部设置了雨水收集系统，将雨水用于绿化和景观灌溉，实现了水资源的循环利用。

综上所述，联合国大楼采用了一系列的零碳建筑设计选材的方法体系，实现了环保、可持续发展和节能的目标。该建筑的成功经验值得其他建筑项目借鉴，为推动全球绿色建筑发展提供了一个良好的范例。

8.3.7 上海世博零碳馆

上海世博零碳馆是一个典型的零碳建筑设计案例，它采用了多种方法体系来实现碳中和目标。

首先，在碳中和材料选择方面，上海世博零碳馆采用了环保材料，如竹材、可回收的金属和玻璃等，以减少建筑物的碳排放量。这些材料不仅具有优良的环保性能，而且还可以降低建筑物的能耗和维护成本。

其次，在能源自给自足设计方面，上海世博零碳馆采用了太阳能和风能等可再生能源来满足建筑物的能源需求。该建筑配备了太阳能电池板和风力涡轮机，可以实现能源的自给自足，减少了对传统能源的依赖，从而降低了碳排放量。

再次，在碳减排技术应用方面，上海世博零碳馆采用了多种碳减排技术，如节能照明、高效节能空调和热能回收系统等。这些技术可以有效地降低建筑物的能耗和碳排放量，实现了碳中和目标。

最后，在生态循环利用设计方面，上海世博零碳馆采用了生态循环利用的设计理念，实现了资源的最大化利用。例如，该建筑采用了雨水收集系统，将收集到的雨水用于绿化和景观灌溉，实现了资源的循环利用，降低了对传统水资源的依赖。

综上所述，上海世博零碳馆采用了多种方法体系来实现碳中和目标，包括碳中和材料选择、能源自给自足设计、碳减排技术应用和生态循环利用设计等。这些方法体系的结合应用，使得上海世博零碳馆成为一个典型的零碳建筑设计案例，为推动可持续发展和低碳经济做出了积极的贡献。

8.3.8 天津市静海区零碳示范社区

天津市静海区零碳示范社区是一个以零碳排放为目标的建筑社区，采用了多种碳减排技术和生态循环利用设计，实现了能源自给自足。该项目在建设过程中选用了碳中和材料，如可再生的木材、竹材、可降解的材料等，减少了建筑过程中的碳排放。同时，在建筑设计中采用了能源自给自足的设计方案，通过太阳能、风能等可再生能源的利用，实现了建筑所需能源的全部自给自足，从而减少了对外部能源的依赖，降低了碳排放。

此外，该项目还应用了碳减排技术，如建筑外保温系统、热能回收系统、雨水收集系统等，降低了建筑在使用过程中的碳排放。同时，该项目还采用了生态循环利用设计，通过将废弃物转化为资源，实现了废弃物的再利用，减少了对环境的污染，同时降低了碳排放。

综上所述，天津市静海区零碳示范社区采用了碳中和材料选择、能源自给自足设计、碳减排技术应用和生态循环利用设计等多种方法，实现了零碳排放的目标，是一个具有示范意义的零碳建筑社区。

8.3.9 广东珠海横琴新区零碳示范楼

广东珠海横琴新区零碳示范楼是一个采用零碳建筑设计选材的方法体系的建筑项目，旨在实现碳中和和可持续发展目标。以下是该示范楼的主要特点和创新设计：

示范楼采用了一系列低碳、环保的建筑材料，如竹材、可回收金属、可再生木材等。这些材料不仅具有低碳、环保的特性，还能够减少对环境的污染和资源浪费。同时，示范楼还采用了高效节能的建筑材料，如隔热玻璃、太阳能电池板等，以降低建筑物的能源消耗。

示范楼采用了太阳能、风能等可再生能源，通过太阳能电池板和风力涡轮机将可再生能源转化为电能，为建筑物提供电力。此外，示范楼还采用了太阳能热水系统，通过太阳能集热板将太阳能转化为热能，为建筑物提供热水。这些可再生能源的应用不仅减少了对传统能源的依赖，还能够降低能源消耗和碳排放。

示范楼采用了一系列先进的碳减排技术，如节能照明系统、智能控制系统等。这些技术可以有效地降低建筑物的能源消耗和碳排放。同时，示范楼还采用了生态绿化技术，通过在屋顶和墙面种植植物，增加建筑物的绿化覆盖率，降低建筑物的表面温度，减少热岛效应的影响。

示范楼采用了生态循环利用设计，通过将建筑物产生的垃圾、污水等废弃物进行处理和回收利用，实现资源的循环利用和减少对环境的污染。同时，示范楼还采用了雨水收集系统，通过收集和处理雨水，为建筑物提供绿化和清洁用水。

综上所述，广东珠海横琴新区零碳示范楼采用了一系列零碳建筑设计选材的方法体系，实现了碳中和和可持续发展目标。该示范楼的成功建设为绿色建筑的发展提供了一个可借鉴的案例，推动了绿色建筑的发展和应用。

8.3.10 成都市锦江区零碳幼儿园

成都市锦江区零碳幼儿园是一所采用零碳建筑设计理念的幼儿园，其设计选材的方法体系包括碳中和材料选择、能源自给自足设计、碳减排技术应用和生态循环利用设计等方面。

在碳中和材料选择方面，幼儿园采用了塑料模板，这是一种新型的模板材料，由高分子材料制成，具有重量轻、强度高、耐腐蚀、耐磨损、不易变形等优点。相比传统的木质模板，塑料模板更加环保、耐用、易于清洁和维护，能够有效地减少建筑垃圾的产生，提高施工效率和质量。

在能源自给自足设计方面，幼儿园采用了太阳能光伏发电系统，该系统能够实现能源自给自足，为幼儿园提供清洁、可再生的能源。同时，幼儿园还采用了节能灯具和智能化控制系统，进一步降低了能源消耗。

在碳减排技术应用方面，幼儿园采用了高效节能的空调系统，该系统能够实现低温送风和低温冷却，降低了空调能耗和碳排放。此外，幼儿园还采用了热回收系统和新风系统，进一步降低了能源消耗和碳排放。

在生态循环利用设计方面，幼儿园采用了生态绿化和雨水收集系统，实现了生态循环利用和资源节约。幼儿园的绿化覆盖率达到了90%以上，通过植物吸收二氧化碳和释放氧气，降低了碳排放和改善了空气质量。同时，幼儿园还采用了雨水收集系统，将雨水用于绿化和景观灌溉，实现了水资源的节约和生态循环利用。

综上所述，成都市锦江区零碳幼儿园在设计选材方面采用了碳中和材料选择、能源自给自足设计、碳减排技术应用和生态循环利用设计等多种方法，实现了零碳建筑的设计理念，降低了能源消耗和碳排放，为环境保护和可持续发展做出了积极的贡献。